U0617307

高等学校电子信息类系列教材

模拟电子技术基础实验指导

MONI DIANZI JISHU JICHU SHIYAN ZHIDAO

主 编　李　佳　齐　凯　闫　旭

副主编　常　娟　李少娟　刘　嘉　危　波
　　　　解　冬　高睿怡　程文雄　康　艳

西安电子科技大学出版社

内 容 简 介

本书由长期从事模拟电子技术课程理论及实践教学的教师编写，侧重实验基本素养、综合应用能力及工程实践能力的培养。全书共 5 章，包括绪论、电路仿真软件、基础实验、拓展实验及自主实验。每个实验均包含基本理论、仿真实验及拓展提高内容，实验的难易程度可满足不同层次的教学需求。

本书既可作为高等院校电子信息类专业的教材，也可作为电子信息相关领域技术人员的参考书。

图书在版编目（CIP）数据

模拟电子技术基础实验指导 / 李佳，齐凯，闫旭主编. -- 西安 ：西安电子科技大学出版社，2025. 8. -- ISBN 978-7-5606-7786-6

Ⅰ. TN710. 4

中国国家版本馆 CIP 数据核字第 2025X0N905 号

策　　划　吴祯娥
责任编辑　汪　飞
出版发行　西安电子科技大学出版社（西安市太白南路 2 号）
电　　话　(029) 88202421　88201467　　邮　　编　710071
网　　址　www. xduph. com　　　　　　电子邮箱　xdupfxb001@163. com
经　　销　新华书店
印刷单位　咸阳华盛印务有限责任公司
版　　次　2025 年 8 月第 1 版　　　　2025 年 8 月第 1 次印刷
开　　本　787 毫米×1092 毫米　1/16　　印　张　17
字　　数　403 千字
定　　价　46.00 元
ISBN 978-7-5606-7786-6
XDUP 8087001-1
＊＊＊如有印装问题可调换＊＊＊

前 言

Preface

模拟电子技术实验是高等学校电子工程、通信工程、自动化等相关专业的一门重要的专业基础课，其主要任务是通过理论与实践的结合，帮助学生巩固和深化对模拟电子技术理论知识的理解，加强基本实验技能的训练，培养模拟电路的设计能力、创新思维以及解决实际问题的能力，同时树立严谨的科学作风和工程意识。

本书是根据高等院校人才培养方案和课程教学的基本要求，结合模拟电子技术的特点编写而成的。书中内容主要包括基础实验、拓展实验和自主实验。基础实验旨在帮助学生掌握模拟电子技术的基本实验技能，巩固理论知识，培养观察、分析和解决实际问题的能力；拓展实验侧重让学生运用所学知识，完成具有一定复杂度的电路设计、安装和调试任务，以提升综合设计和实践应用能力；自主实验旨在开阔学生视野，引导学生了解模拟电子技术在实际工程中的应用，培养从系统层面分析和解决问题的能力。每个实验均包含了仿真实验内容，旨在通过现代电子设计自动化（EDA）工具帮助学生掌握先进的电路分析与设计方法，提升实验效率。

本书注重理论与实践的结合，强调现代电子技术的发展和新技术的应用。本书共 5 章，第 1 章由李佳编写，第 2 章由危波编写，第 3 章由李佳、李少娟、刘嘉、解冬、高睿怡、闫旭编写，第 4 章由常娟、闫旭、李佳编写，第 5 章由齐凯、解冬编写。程文雄、康艳参与了电路设计调试和部分编写工作。全书由李佳统稿。

由于编者水平有限，书中难免存在不足之处，恳请广大读者批评指正。

编　者
2025 年 6 月

目　录

CONTENTS

第 1 章

绪　　论

模拟电子技术实验是模拟电子技术基础课程的重要组成部分。实验课程在能力的培养中占有非常重要的地位，是人才培养体系中不可或缺的部分，也是培养高素质拔尖创新型人才的关键环节。

1.1　模拟电子技术实验课程的意义

模拟电子技术实验是一门工程实践性很强的课程，是连接理论知识与实践能力的重要桥梁。一般来说，实验是在学习完理论知识后，通过实际动手操作，对理论知识进行验证，从而巩固所学理论知识的过程。模拟电子技术实验能够培养学生的基本实验技能、综合应用能力以及利用先进仿真软件进行电路设计的能力，这也是该实验课程的重要目的。近年来，随着创新能力培养需求的增长，实验课堂更是培养学生解决实际问题的工程实践能力、迭代优化的创新能力及科学严谨的作风素质的重要阵地，也可为学生灵活应用所学知识以及为后续专业课程的学习奠定基础。

实验教学和理论教学紧密关联、互为支撑，二者相辅相成。一方面，理论教学所涵盖的概念、原理具有一定的抽象性，仅凭书本学习，学生难以完全掌握其内涵，而在实验教学这一实践环节中，学生可亲身体验、动手操作，让抽象的知识具象化，进而对理论知识有更精准、深入的理解。另一方面，实验教学是一个知识拓展的过程，学生在实验中能够接触到课本之外的实际情况，获取理论学习无法覆盖的知识要点与实践经验。同时，面对实验中出现的各类实验现象，学生可运用所学理论知识进行剖析，给出相应解释，以理论指导实践，用实践反哺理论，促进理论与实践深度融合。在学习过程中，对事物的了解和认识若有理论上的描述和实践中的观察则是比较全面和深刻的。只有书本知识，缺乏实际经验和综合应用能力往往不能很好地解决实际问题。分析和解决实验过程中出现的现象及问题可以促使学生独立思考，学习新知识，扩大视野，增强理论联系实际的能力，培养创新意识和研究性思维，这也是科学工作者应该具备的能力和素质，所以实验教学和理论教学具有同样重要的意义。

1.2　模拟电子技术实验课程的特点

模拟电子技术实验是一门重要的技术基础实验课程,具有很强的实践性和鲜明的工程特点。实验中因涉及器件、电路、工艺、环境等诸多实际因素,故存在理想模型和工程实际的差别。这使得一些实验现象和结果与书本知识、课堂讲授内容存在差异。因此,要学好这门课程,就必须了解电子器件、测试仪器、测试方法、测试环境等的特点。

1. 电子器件参数的离散性

电子器件品种繁多、特性各异,进行实验时除要合理选择器件、了解器件性能外,还要注意相同型号的电子器件特性参数的离散性,如电子元件(电阻、电容、电感等)的元件值存在较大偏差,同型号的晶体三极管的 β(直流电流放大系数)值也会略有差异。这使得实际电路性能与设计要求存在一定的偏差,实验时需对实验电路进行调试。调试好的电路,一旦更换某个器件,则需要重新调试。

2. 电子器件特性的非线性

模拟电子电路中常用的半导体器件的特性都是非线性的,例如二极管、三极管以及场效应管的伏安特性。在使用模拟电子器件时,通常的处理方法是利用线性模型来等效器件的非线性特性,这就要求器件工作在线性范围内。因此,合理选择与调整器件的静态工作点,使其工作在线性范围就非常重要。

3. 测量仪器的非理想特性

理论分析时,一般认为仪器仪表具有理想的特性,但实际上信号源内阻不可能为理想值,示波器和毫伏表等测量仪器的输入阻抗也不是无穷的,这些会对被测电路产生影响。了解这种影响,选择合适的测量仪器和方法进行测量,可减小测量过程带来的误差。

4. 阻抗匹配

电子电路各单元电路之间相互连接时,经常会遇到阻抗匹配问题。前后级电路阻抗匹配不好,会影响电路的整体效果,甚至使得整体电路不能正常工作。因此,在进行电路设计时,应该选择合适参数的电路或采取一定措施,尽量使前后级电路之间阻抗匹配良好。

5. 接地问题

实际电路中所有仪器仪表都是非对称输入和输出的,所以一般输出电缆和测试电缆中都有接地线。实验中通常要求仪器、电子电路和直流电源共地。应特别注意的是,电子电路中的"地"是可以人为选定的,是整个电路系统的参考点(零电位点)。

6. 分布参数和外界电磁干扰

在一定条件下,分布参数对电路的特性可产生重大影响,电路甚至因自激而不能正常工作。这种情况在工作频率较高时更易发生。因此,元器件的合理布局和恰当连接、接地点的合理选择和地线的合理安排、必要的去耦合屏蔽措施在电子电路中都是非常重要的。

7. 测量方法的多样性和复杂性

电路的调试与测量有多种方法,针对不同问题应采用不同的测量方法,同时应考虑测量仪器接入后对电路产生的影响。在电路中只有选用适合的测量方法才能得到理想的测量数据。

上述特点决定了模拟电子技术实验具有复杂性。了解这些特点，对掌握实验技术、分析实验现象、提高工程实践能力具有重要意义。

1.3　模拟电子技术实验课程的学习方法

要学好模拟电子技术实验课程，应注意以下学习方法：

（1）掌握实验课程的学习规律。实验课程是以动手操作为主的课程，进行实验时，应该做到有的放矢，要清楚自己该做什么、怎么做等。因此，每个实验都应包含预习、实验和总结 3 个阶段。

① 预习。预习的主要任务是了解实验的目的、内容、方法及实验中必须注意的问题。预习时，要拟定实验步骤、制订记录数据的表格，并对实验结果有一个初步的估计，以便实验时可以及时检查实验结果是否正确。预习质量的高低将直接影响实验的效果。

② 实验。实验就是指按照自己预先确定的方案进行实际操作。实验中既要动手，也要动脑，要实事求是地做好原始数据的记录，分析和解决实验中遇到的各种问题，养成严谨的科学作风。

③ 总结。总结就是指实验完成后，整理实验数据，分析实验结果，对实验作出评价，总结收获。这一阶段是培养总结归纳能力和学术写作能力的重要过程。

（2）学会用理论知识指导实践。理解实验原理、制订实验方案需要用理论知识进行指导。调试电路时同样需要用理论分析实验现象，从而确定调试的方法、步骤。盲目调试虽然有时能获得正确的结果，但对实验技能的掌握、调试电路能力的提高并无益处。另外，实验结果正确与否、实验结果与理论存在的差异也需要从理论的角度来进行分析。

（3）注意实践知识与经验的积累。实践知识和经验需要通过长期积累才能丰富起来。在实验中，对于所用的仪器与器件，要了解它们的型号与规格，掌握使用方法；对实验中出现的各种实验现象与故障，要掌握它们的特征以及解决方法；对实验中的经验教训，要进行总结。

（4）自觉提高工程实践能力。实验过程中要养成主动学习的习惯，要有意识地、主动地培养发现问题、解决问题的能力，不要"事事问老师"，过多依赖指导老师，而应该尝试解决实验中遇到的各种问题，要不怕困难与失败。从某种意义上来讲，困难与失败正是提高工程实践能力难得的机会。

1.4　模拟电子技术实验课程的要求

为确保实验顺利完成，达到预期实验效果，应做到以下几点。

1. 实验前的要求

（1）认真阅读实验教材，清楚实验目的，充分理解实验原理，掌握主要参数的测量

方法。

（2）认真学习仪器仪表的使用方法，熟悉所要使用的仪器仪表的性能。

（3）对实验数据和结果有初步估算。

2．实验中的要求

（1）按时进入实验室，遵守实验室的规章制度。

（2）严格按操作规程使用仪器仪表。

（3）按照科学的方法进行实验，要求接线正确，布线整齐、合理。

（4）实验出现故障时，应利用所学知识进行分析，并尽量独立排除故障。

（5）细心观察实验现象，真实、有效地记录实验数据。

3．实验后的要求

实验完成后要认真撰写实验报告。实验报告的撰写要求如下：

（1）注明实验环境和实验条件，如实验日期、所用仪器仪表的名称等。

（2）整理实验数据，列出数据表格并画出特性曲线。

（3）对实验结果进行必要的理论分析，得出实验结论，并对实验作出评价。

（4）分析实验中出现的故障和问题，总结排除故障、解决问题的方法。

（5）简述实验收获和改进实验的意见与建议。

（6）回答思考题。

1.5　误差分析

1．误差的定义

在实际的测量中，由于受到测量仪器的精度、测量方法、环境条件或测量人员能力等因素的影响，测量值与真实值之间会有偏差，这种偏差称为测量误差。

2．误差的来源

测量误差的来源主要有以下几种。

1）仪器误差

由仪器仪表本身的电气和机械性能不完善引入的误差称为仪器误差，这是测量误差的主要来源之一。设计、制造等的不完善以及仪器使用过程中元器件老化、机械部件磨损、疲劳等因素会使仪器带有误差。仪器误差可以分为读数误差（包括出厂校准精度不准确产生的校准误差、刻度误差、读数分辨力有限而造成的误差等，如指针式仪表的零点偏移、刻度不均匀引起的误差及数字化仪表的量化误差）、仪器内部噪声（即仪器自身产生的干扰信号）引起的稳定误差和仪器响应滞后现象造成的动态误差等。

2）使用误差

使用误差又称操作误差，它是指在使用仪器过程中，因安装、调试、布置、使用不当而引起的误差。

3）人身误差

人身误差是指由于人的感觉器官和运动器官的限制，测量人员的主观及客观因素引起的误差。具体地讲，人身误差是因测量人员的操作不规范、分辨能力差、视觉疲劳、反应速度慢及不良的习惯等引起的，如操作不当、看错、读错、听错和记错等。

4）影响误差

影响误差又称环境误差，是指实际环境条件与规定条件不一致所引起的误差。它受温度、湿度、大气压、电磁场、机械振动、噪声、光照、放射性物质等因素影响。任何测量总是在一定的环境里进行的。对电子测量而言，最主要的影响因素是电源电压、电磁干扰、环境温度等。

5）方法误差

方法误差是指由于测量、计算方法不合理及理论缺陷等造成的误差。这种误差主要表现为测量时所依据的理论不严密，用近似公式或近似值计算出的数据作为测量结果或测量方法不合理。例如用谐振法测量频率时，常用的近似公式为

$$f_0 = \frac{1}{2\pi\sqrt{LC}}$$

但实际上，回路电感 L 中总存在损耗电阻 R，其准确的公式如下：

$$f_0 = \frac{1}{2\pi\sqrt{LC}}\sqrt{1 - \frac{R^2 C}{L}}$$

6）被测量不稳定误差

由测量对象自身的不稳定变化引起的误差称为被测量不稳定误差。测量是需要一定时间的，若在测量时间内被测量由于不稳定而发生变化，那么即使有再好的测量条件也是无法得到正确的测量结果的。如果振荡器的振荡频率不稳定，那么测量其频率必然会有误差。

3. 削弱和消除误差的方法

在测量工作中，对于误差的来源要认真分析，并采取相应的措施，以减少误差对测量结果的影响。下面分别以系统误差、随机误差和粗大误差为例，分析削弱和消除误差的方法。

1）系统误差

系统误差是指在多次等精度测量同一量时误差的绝对值和符号保持不变，或当条件改变时按某种规律变化的误差。系统误差的大小用准确度衡量，系统误差越小，测量的准确度越高。

引起系统误差的原因多为测量仪器不准确、测量方法不完善、测量条件变化及操作不当等。一般来说，当实验环境系统确定后，系统误差就是恒定值；当实验环境系统改变或部分改变时，系统误差也随之改变。我们应根据系统误差的性质和变化规律，通过分析，找出产生的原因，并进行校正改善，或者采用一种适当的测量方法削弱或基本消除系统误差。削弱或消除系统误差的方法一般有零示法、替代法、交换法、补偿法、微差法等。

另外，由于系统误差具有一定的确定性，因此对于无法有效消除的误差，还可用修正值来减小误差。例如，欧姆表在电池电压降低时，会造成测量值变大，这时可以在测量值上加上一个修正值（根据与准确的欧姆表对比可获得此修正值）来减小测量误差。

2）随机误差

随机误差（又称偶然误差）是指对同一量值进行多次等精度测量时，误差的绝对值和符号均以不可预定的方式无规则变化的误差。随机误差的大小用精密度衡量，随机误差越小，精密度越高。产生随机误差的主要原因是那些对测量值影响较小又互不相关的诸多因素，如各种无规律的干扰、热扰动、电磁场变化等。根据随机误差的特点，可以通过多次测量取算术平均值的方法来降低随机误差对测量结果的影响。

3）粗大误差

粗大误差是指因测量人员不正确操作或疏忽大意而造成的数据明显超出预计值的测量误差。带有粗大误差的数据是不可靠的，在可能情况下应重复测量以核对这些数据。在数据处理时，带有粗大误差的数据应该被删除，但是，对于被测电路工作不正常而造成的粗大误差，则应做进一步的测量分析。

1.6　模拟电子技术实验系统

在模拟电子技术实验中，经常使用的电子仪器有示波器、函数信号发生器、直流稳压电源、万用表、交流毫伏表、频率计及扫频仪等。这些仪器可以完成对模拟电子电路的静态和动态工作情况的测试。万用表常用来测量放大电路的静态工作点，即测量直流电压、电流、电阻等参数。函数信号发生器用来给被测电路提供各种输入信号，示波器可以用来测量电路中输入、输出信号的幅度、频率等信息。扫频仪等仪表可以用来测量电路的频率特性。在测量时，一定要注意仪器仪表与电路的共地问题，并且正确使用测试电缆线。合理地利用仪器仪表对电路进行测量，可以更好地分析电路特性，得到电路的各项指标参数。常见的实验测量电路如图 1.6.1 所示。

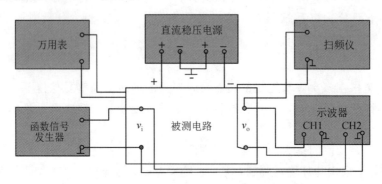

图 1.6.1　常见的实验测量电路

1. 函数信号发生器

函数信号发生器为电子电路提供所需的输入信号，包括函数信号（常见的信号有正弦信号、方波信号、三角波信号以及锯齿波信号等）和调制信号（包括幅度调制、频率调制、相位调制、脉宽调制等）。在模拟电子技术实验中，主要使用函数信号发生器的输出功能，根据要求调节信号的波形、频率、幅度等参数，信号的幅度与频率也都连续可调。在实际使用中,不同厂家、不同型号的函数信号发生器有很多种,但操作基本相似,具体可参照说明书使用。

2. 万用表

万用表是模拟电子技术实验中使用最广泛的测量仪表之一,它具有测量电压、电阻、电流、电容、晶体管等功能,在实验中常被用来测量电路的各种参数或排查电路故障。数字万用表根据显示的数字位数,精度可以分为三位半、四位半、五位半等,位数越多,精度越高,最高位只能显示 0 或 1 两个数字,称为半位。在使用万用表测量时,要注意及时调整挡位,因为挡位不同,万用表的内阻也不同,挡位调整不正确有可能在测量时损坏万用表。

3. 示波器

示波器在模拟电子技术实验中不可缺少,它可以用来观测电路中各点的波形,从而帮助人们判断电路的工作状态。常见的示波器有两通道、四通道之分,也就是同时可以观测到两路或者四路信号的波形,以便在测量中对比各点的信号情况。在观测波形的同时,示波器也能够测量信号的振幅、频率、周期等重要参数。在测量中需要注意的是示波器探头一定要可靠接地,才能保证测量的波形稳定、正确。

在实验中,除了以上仪表,还需要用到直流稳压电源、频率计等仪器仪表。在使用仪表时,一定要注意操作规范。当然,熟练地应用仪表来测量、调试电路,离不开多次练习,在实验中要敢于动手,才能熟练掌握仪器仪表的使用。

1.7 电子电路调试及故障分析处理

1. 电子电路的调试

电子电路的调试在电子工程实践中占据很重要的地位,是把理论付诸实践的重要过程,对设计的电路能否正常工作,是否能达到预期的性能指标要求,起到至关重要的作用。在电子电路设计过程中,不可能周全地考虑许多复杂、客观的因素,如元器件标称值的偏差、器件参数的离散性、分布参数的影响等,所以安装完成的实际电路往往达不到预期的指标和性能要求。这就需要通过测试与调整来发现和纠正设计与实验中出现的偏差,然后采取必要的措施加以改进,使电路能正常工作并达到设计指标要求。

调试一般包括以下几步。

1)断电检查

电路安装完毕后,不要急于通电,应该先检查电路连接是否正确,是否有连错、少线、多线的现象,各元器件引脚间连接是否正确,引脚间有无短路情况,焊点有无接触不良,电解电容极性是否接反等,同时检查直流供电情况,包括电源是否可靠接入电路,电源正负极性是否接反。此外还可用万用表测量供电端到地的电阻,检查是否存在短路情况。一般检查方法有两种:一是按照设计的电路原理图逐条支路检查;二是将实际电路与电路原理图进行对照,从两个元件引脚连线的去向检查,看每个引脚连线去处在电路图中是否存在。

2)通电观察

将电源输出调到电路供电电压值,然后接入电路。首先仔细观察电路通电后有无异常现象，观察是否有冒烟、打火、异味等现象。若出现异常现象，则应立即切断电源，重新检查，排除故障。

3）电路调试

电路调试包括电路的测试和调整。测试是指对电路的参数及工作状态进行测试，以判断电路是否正常工作；调整是在测试的基础上对电路的结构和元器件参数等进行必要的调整，使电路的各项性能指标达到设计要求。测试与调整一般需要反复交叉进行多次。电路调试的方法有两种：一是分级调试，即边安装边调试；二是联调，即整个电路全部安装完毕后进行统一调试。实验中一般采用先分级调试，再联调的方法，重点是解决各单元电路连接后相互之间的影响。此外，依据调试时是否加入输入信号，调试还分为静态调试和动态调试。

（1）静态调试。静态调试就是在没有外加输入信号的情况下，对电路的直流电压、电流进行测试和调整，主要目的是把元器件调整到合适的状态。一般放大电路就是要将三极管调整到放大状态。正确的静态工作点是放大电路的基础。通过静态调试，我们还可以及时发现损坏的元器件，准确判断电路各部分的工作状态。若发现元器件损坏，需分析原因，排除故障后再更换元器件；若发现电路工作状态不正常，则需调整电路参数，使直流工作状态符合设计要求。

（2）动态调试。静态调试完成后，在电路输入端施加符合要求的信号，按照信号流向逐级检查有关节点的信号波形、幅度、相位，并依据检查结果判断电路性能指标、逻辑关系、时序关系是否达到设计要求。若发现异常，需调整电路参数，直到电路的各项性能指标满足设计要求为止。

为提高调试效率，确保调试效果，应注意以下事项：

• 调试前应该明确主要测试点的直流电压、相应波形等主要数据，将其作为调试过程中分析判断的基本依据。

• 调试时使用的仪器设备必须连接到电路地。只有仪器设备与电路之间共地，测量结果才是正确的，才有可能作出正确的分析判断。

• 调试过程中，发现电路连接或器件接线有问题，需要更换器件、重接电路时，应先关掉电源再进行操作，不能在带电情况下更换器件和连接电路。

• 调试过程中应认真观察和测量，并做好相关记录。对与设计要求不符的现象要进行分析，从中发现问题，对设计进行改进、完善。

2. 电子电路的故障分析和处理

在电路调试过程中，通常会遇到各种故障。分析产生故障的原因，进而排除故障，是提高实验技能、积累实践经验、提高分析问题和解决问题能力、把理论知识向实践能力转化的重要途径。分析和处理故障的过程，就是通过调试发现电路中存在的故障，并结合所学理论知识作出正确的分析判断，逐步找出解决方法的过程。

1）产生故障的常见原因

电子电路的故障多样，产生的原因各不相同，一般有如下几种情况：

（1）电路安装错误引起故障，如接线错误（错接、漏接、多接、断线），元器件安装错误（电解电容正负极性接反、二极管正负极性接反、三极管引脚接错等），元器件之间碰撞造成的错误连接，集成电路插接不牢、接触不良，等等。

（2）器件性能不良引发故障，如电阻、电容、晶体管、集成电路等损坏或性能不良，参数不符合要求，实验箱、面包板内部出现短路或接触不良，等等。

（3）各种干扰引发故障，如接线、布局不合理会造成的自激振荡，接地处理不当（包括地线阻抗过大、接地点不合理、仪器设备与电路不共地等），退耦、直流滤波效果不佳造成的 50 Hz（或 100 Hz）干扰。

（4）测量仪器引发故障。仪器设备选择不当、测量方法不合理，都会给测量结果带来很大误差，直接影响分析判断，得到错误结论。

工程实践中，如果调试的不是经过验证的电子电路，那么在调试过程中出现的异常现象可能是电路设计不够合理、元器件选择不当或考虑不周所致，这种原理上的欠缺需通过修改电路设计方案或更换元器件才能解决。

2）分析查找故障的一般方法

（1）观察判断法。在没有恶性异常现象发生的情况下，可通过观察元器件外表、印制电路板连线、元器件引脚之间有无断路或短路、焊点有无松动或虚焊来发现问题，查找故障。

（2）测量分析法。有些问题必须通过测量才能发现，如连接导线内部导体开路但外部绝缘层完好，半导体器件击穿或引脚接触不良等，这些情况下就要借助万用表或示波器等仪器进行测量，找出产生故障的原因。例如，放大电路的静态工作异常就是利用万用表检查电路的直流工作点或输出端的高低电平以及逻辑关系来发现问题、查找故障的。

（3）信号寻迹法。在了解了电路工作原理、性能指标和各级工作状态的情况下，可采用信号寻迹法来检查并排除故障。在电路输入端施加符合要求的信号，用示波器由前级到后级，逐级检测各级的输入、输出波形，哪级波形出现异常，故障就出在哪级。

分析、查找故障的方法多样，要迅速、准确地找到故障并加以排除，除要有理论作为指导，熟练使用仪器设备之外，丰富的实践经验也至关重要，所以要在实践中不断总结、不断积累，才能提高分析和解决问题的能力。

第 2 章

电路仿真软件

本章系统阐述模拟电子技术实验中运用的电路仿真技术，重点讲解 Multisim 与 NGSPICE 两款主流电路仿真软件的应用。本章对"模拟电子技术"中典型电路实战案例进行介绍，旨在培养学生电路设计、仿真验证与模型解析的综合能力，使之学会仿真平台的基础操作和典型电路的分析方法，构建起"基础认知→深度理解→创新设计"的递进式学习路径。本章还对基本放大电路典型项目进行渐进式介绍，可使学生掌握大规模电路系统的仿真设计流程，培养通过仿真数据反推电路特性的科研思维，为后续创新性电子系统设计奠定基础。

2.1 Multisim

2.1.1 Multisim 概述

Multisim 是由美国国家仪器(National Instruments，NI)公司开发的电子电路仿真设计软件，作为 Windows 平台下专业的板级电路设计与验证仿真软件，其核心功能包含：原理图设计、混合信号仿真、数据可视化、连线规则检查与分层设计。它支持 SPICE 3F5/XSPICE 混合解析算法虚拟仪器，提供了虚拟仪器系统、集成符号库和 22 类可编程测试仪器交互接口，可实现波形分析仪/波特图仪/逻辑转换器的协同工作。

该软件通过构建"设计-仿真-优化"的闭环，显著降低实验成本并缩短开发周期。据 NI 官方数据显示，采用 Multisim 进行预验证可使电路设计迭代效率提升 40％以上，现已成为全球 3000 余所高校电子工程专业的标准教学平台。自 1988 年推出首个商业版本至今，Multisim 已完成 14.x 版本系列的迭代升级，本章选用 14.0 版本进行演示。

2.1.2 Multisim 用户界面

启动 Multisim 14.0 后，其图形用户界面如图 2.1.1 所示。其中每一单元的内容及作用如表 2.1.1 所示。

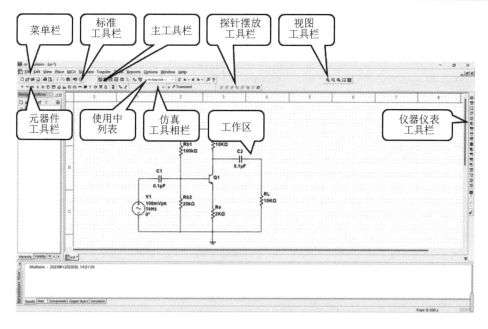

图 2.1.1　图形用户界面

表 2.1.1　功 能 描 述

单　元	功 能 描 述
菜单栏	软件个性化定制，仿真文件导入、导出，器件摆放，导线连接，电路仿真，用户手册等
标准工具栏	保存、打印、复制、粘贴等
元器件工具栏	显示了各种元器件
主工具栏	常用 Multisim 功能
探针摆放工具栏	各种类型的探针
使用中列表	显示了原理图设计中使用的所有组件的列表
仿真工具栏	启动、停止和暂停仿真
工作区	电路原理图绘制区域
视图工具栏	修改视图显示风格
仪器仪表工具栏	显示各类仪器仪表

2.1.3　原理图绘制

下面以图 2.1.2 所示的典型共射极放大电路为例介绍原理图的绘制。基本步骤为：新建设计文件、放置元器件、调整参数、布线。

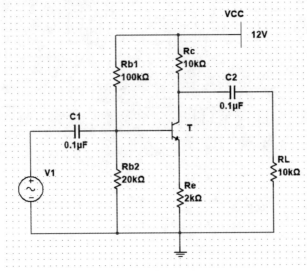

图 2.1.2 目标电路图

1. 新建设计文件

(1) 启动 Multisim，此时在工作区会打开一个名字为"Design1"的空白设计文件，如图 2.1.3(a)所示。

(2) 如图 2.1.3(b)所示，依次单击菜单栏中"File"→"Save as"，打开标准的保存文件对话框。

(3) 导航至设计文件保存位置，输入自定义文件名"ce"，单击"Save"，保存设计文件，此时 ce 文件新建完成，如图 2.1.3(c)所示。为防止数据意外丢失，建议设置自动保存策略。

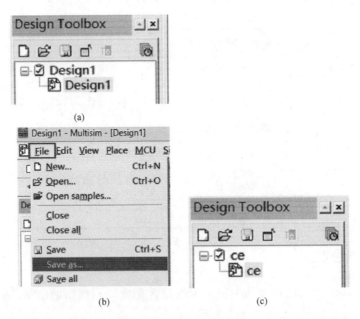

图 2.1.3 新建设计文件

2. 放置元器件

（1）如图 2.14 所示，依次单击菜单栏中"Place"→"Component..."，显示"Select a Component"（选择元器件）对话框（见图 2.1.5）。

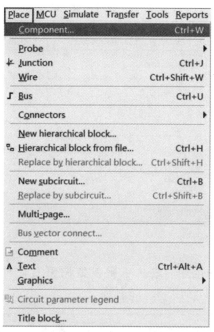

图 2.1.4　放置元器件菜单栏

（2）在选择元器件对话框的"Group"元件组中，选择"Transistors"元件组；在"Family"元件族中，选择"BJT_NPN"元件族；在"Component"元件列表中，选择"2N1711"元件，如图 2.1.5 所示。随后单击"OK"，此时元器件在光标上显示模式为"镜像"。

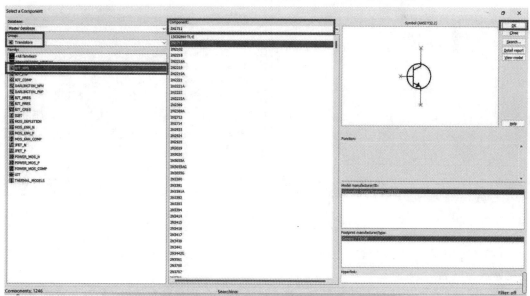

图 2.1.5　选择元器件对话框

（3）将光标移动到工作区的合适位置，单击以放置元器件。

（4）在工作区的合适位置，按照图 2.1.2 所示电路图，选择并摆放所需要的其余元器件。电路设计所需元器件的"Group"元件组和"Family"元件族位置参考表 2.1.2。

表 2.1.2　元器件位置

元件	"Group"元件组	"Family"元件族
NPN 型三极管	Transistor	BJT_NPN
VCC	Sources	POWER_SOURCES
GND	Sources	POWER_SOURCES
电阻	Basic	RESISTOR
电容	Basic	CAPACITOR
电压源	Sources	SIGAL_VOLTAGE_SOURCES

3. 调整参数

（1）在工作区双击任一电阻，进入电阻参数调整对话框，例如将电阻标签修改为"Rb2"，电阻值修改为 20 kΩ，如图 2.1.6 所示。

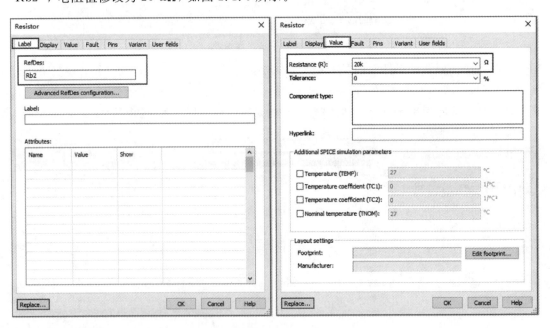

图 2.1.6　电阻参数调整对话框

（2）在工作区双击三极管，进入三极管参数调整对话框，如图 2.1.7 所示，将器件工作温度修改为室温。

（3）同理，在工作区双击某元器件，进入该元器件参数调整对话框，修改相应参数。

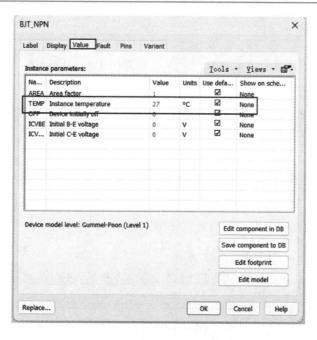

图 2.1.7　三极管参数调整对话框

4. 布线

所有的元器件都有引脚。通过引脚，可以将某元器件连接到其他的元器件或者仪器仪表。当光标放置在元器件引脚时候，光标会变成"十"字形，表明此时可以开始布线。

（1）单击元器件的引脚启动连接，待光标变成"十"字形时，移动鼠标，一根导线会出现并附着在光标上。

（2）单击另一个元器件上引脚完成连接。Multisim 会自动放置导线，并将其固定到适当的位置上，如图 2.1.8 所示。

（3）连接剩余元器件，最终完成全部布线，如图 2.1.9 所示。

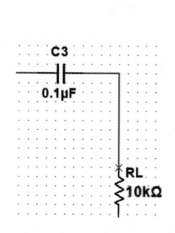

图 2.1.8　元器件的连接

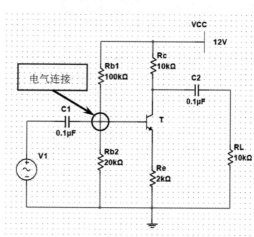

图 2.1.9　电路原理图布线设计

2.1.4 仿真分析

采用 Multisim 软件进行电路仿真分析具有显著的工程实践价值，可以在设计流程的早期阶段排除设计错误，识别并修正潜在电路缺陷，避免后期物理原型返工。通过虚拟环境替代实体元器件测试，可有效降低开发成本与物料损耗，从而节省大量的时间和成本，全面提升电路设计流程的整体效率。仿真分析基本步骤为：放置虚拟仪器仪表、设定分析模式。

1. 放置虚拟仪器仪表

(1) 如图 2.1.10 所示，依次单击菜单栏中"Simulate"→"Instruments"→"Oscilloscope"，将虚拟示波器放置在工作区电路图的待观测节点处。

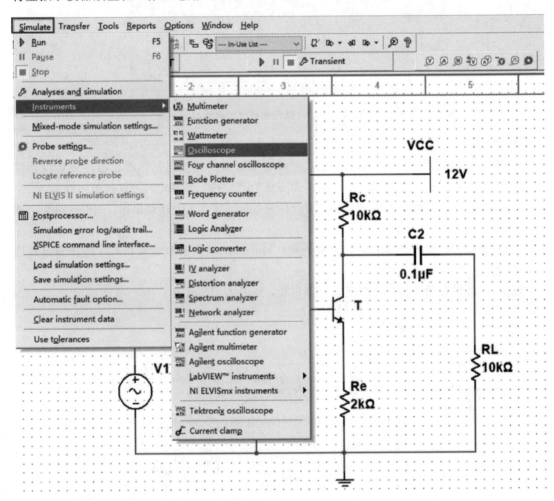

图 2.1.10　选择虚拟示波器

(2) 连接虚拟示波器的通道以及电路待测试端口，例如输入端和输出端，如图 2.1.11 所示。示波器的布线方式同元器件的布线方式。

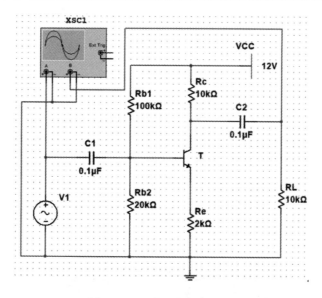

图 2.1.11　放置虚拟示波器

（3）双击虚拟示波器，调出示波器前面板，如图 2.1.12 所示。此面板使用方法类似于示波器实物，调整示波器面板参数可获得较好的波形显示效果。例如将示波器前面板"Timebase"的 Scale 调为 1 ms/Div，"Channel A"的 Scale 调为 100 mV/Div，单击"Reverse"还可以改变示波器前面板背景颜色。

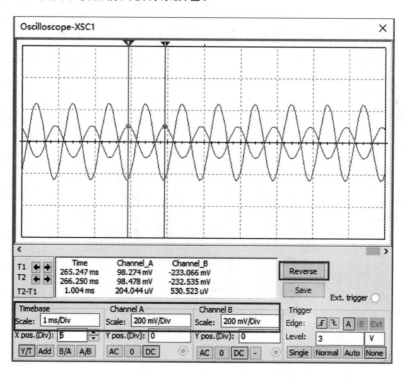

图 2.1.12　虚拟示波器前面板

（4）依次单击菜单栏中"Simulate"→"Run"，启动软件仿真器，可视化的电路输入（v_i）和输出（v_o）波形会在示波器前面板中显示出来，如图 2.1.13 所示。

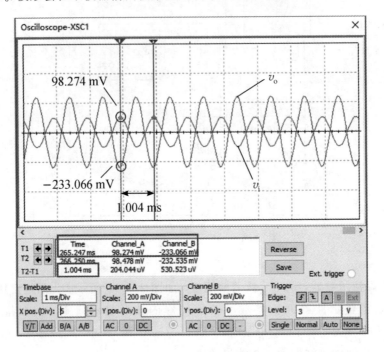

图 2.1.13　输入和输出波形

（5）根据示波器测量结果可知，输入信号幅度（98.274 mV）较小，输出信号幅度（233.066 mV）较大，放大倍数约为 2.5 倍，同时从相位上推出该电路的作用是反相放大，符合带负载共射极放大电路的理论分析结果。

2. 设定分析模式

1）静态工作点分析

（1）单击探针摆放工具栏中的"Place voltage probe"按键，如图 2.1.14。

图 2.1.14　选择电压探针

（2）依次放置电压探针到待测量节点上。这里选择三极管的基极、集电极、发射极以及输出节点为待测节点，如图 2.1.15 所示。

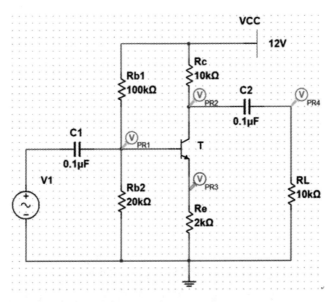

图 2.1.15　电压测量节点

（3）如图 2.1.16（a）所示，依次单击菜单栏中"Simulate"→"Analyses and simulation"，弹出"Analyses and Simulation"对话框（见图 2.1.16（b））。

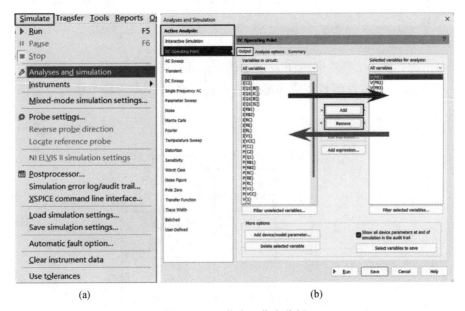

(a)　　　　　　　　　　　　　　　　　　(b)

图 2.1.16　静态工作点分析

（4）如图 2.1.16（b）所示，在"Active Analysis"列表中选择"DC Operating Point"，进行静态工作点分析，获得电路的静态工作点。在"Variables in circuit"列表中选择节点电位 V(PR1)、V(PR2)、V(PR3)和 V(PR4)，单击"Add"进入"Selected variables for analysis"列表，如果选择错误或者需要修改，可以单击"Remove"撤回测量的节点变量。单击"Run"按键，静态工作点分析开始，"Analyses and Simulation"对话框关闭，携带分析结果的"Grapher View"窗口将出现，如图 2.1.17 所示。

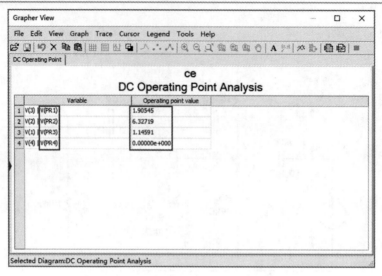

图 2.1.17　静态工作点分析结果

从电路的静态工作点分析结果中可知，基极电位约为 1.91 V，发射极电位约为 1.15 V，集电极电位约为 6.33 V，由于耦合电容"C2"隔直流，因此输出节点的电位为 0 V。这一分析将方便电子工程师获得电路(尤其是规模较大的模拟电路)的静态工作点，为后续的动态分析建立基础。如果需要计算其他节点或者支路的静态工作点，只需要在相应位置增加电压或者电流探针即可。

2) 交流扫频分析

(1) 单击探针摆放工具栏中的"Place voltage probe"按键。

(2) 将电压探针放置到待测量节点上，这里待测量节点为输出节点，如图 2.1.18 所示。

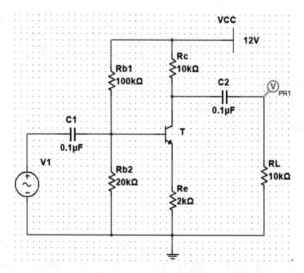

图 2.1.18　电压测量节点

(3) 如图 2.1.19(a)所示，依次单击"Simulate"→"Analyses and simulation"，弹出"Analyses and Simulation"对话框，如图 2.1.19(b)所示。

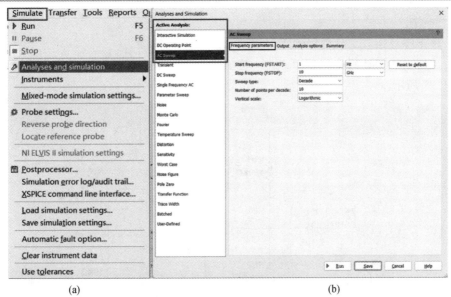

图 2.1.19　交流扫频分析

（4）如图 2.1.19(b)所示，在"Active Analysis"列表中选择"AC Sweep"，以便进行交流扫频分析，获得电路的频率响应。在"Start frequency（FSTART）"中设定起始频率为 1 Hz，在"Stop frequency（FSTOP）"中设置结束频率为 10 GHz，在"Sweep type"中设定扫描类型为 Decade，即 10 倍频率，纵坐标选择对数显示。单击"Run"按键开始交流扫频分析，"Analyses and Simulation"对话框关闭，携带交流扫频分析结果的"Grapher View"窗口将出现，如图 2.1.20 所示。

从图 2.1.20 所示电路的交流扫频分析结果中可发现，共射极放大电路在输入信号的频率大于 100 Hz 以后才能实现预定放大功能（电压放大倍数为 2.5，相位差 180°），而在低于 100 Hz 频段工作性能较差。这一分析可用来帮助电子工程师方便获得设计电路的频率响应，从而确定放大电路的通频带。

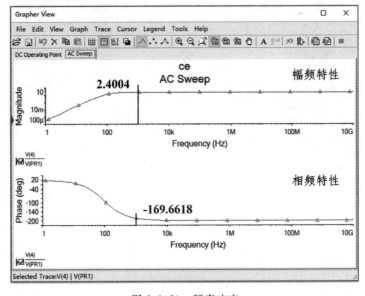

图 2.1.20　频率响应

3）瞬态分析

（1）单击探针摆放工具栏中的"Place voltage probe"按键。

（2）放置电压探针到待测量节点上，这里选择输入节点和输出节点作为待测量节点，如图 2.1.21 所示。

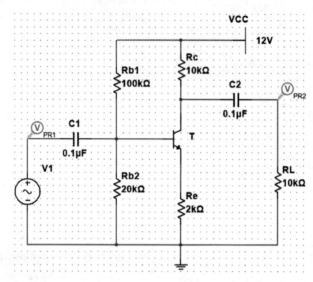

图 2.1.21　电压测量节点

（3）如图 2.1.22 所示，依次单击菜单栏中"Simulate"→"Analyses and simulation"，弹出"Analyses and Simulation"对话框。

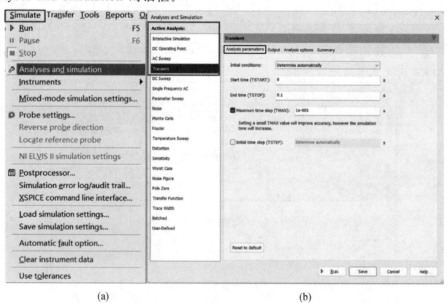

(a)　　　　　　　　　　　　　　　(b)

图 2.1.22　瞬态分析

（4）如图 2.1.22(b)所示，在"Active Analysis"列表中选择"Transient"，以便进行瞬态分析，获得电路的时域响应。在"Start time（TSTART）"中设定开始时间为 0 s；在"End time（TSTOP）"中设定结束时间为 0.1 s；在"Maximum time step（TMAX）"中设定分析

时间步长为 10 μs。单击"Run"按键开始瞬态分析，"Analyses and Simulation"对话框关闭，携带瞬态分析结果的"Grapher View"窗口将出现，如图 2.1.23 所示。

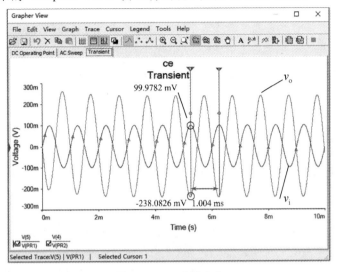

图 2.1.23 时域响应

从图 2.1.23 所示电路的瞬态分析结果中可发现，输入信号是一个振幅约为 100 mV，频率约为 1 kHz 的模拟小信号，该信号经过共射极放大电路以后，变为一个振幅大约为 240 mV，频率不变，相位相反（相差 180°）的输出信号。这说明电路实现了反相放大的功能，且放大倍数符合理论计算。这一分析可帮助电子工程师直观地观察电路工作情况，方便地设计所需要的电子电路。

4）直流扫描分析

（1）单击探针摆放工具栏中的"Place voltage probe"按键。

（2）放置电压探针到待测量节点上，如图 2.1.24 所示。

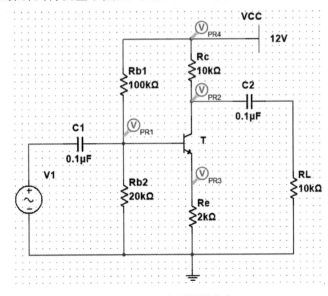

图 2.1.24 电压测量节点

（3）如图 2.1.25 所示，依次单击菜单栏中"Simulate"→"Analyses and simulation"，弹出"Analyses and Simulation"对话框。

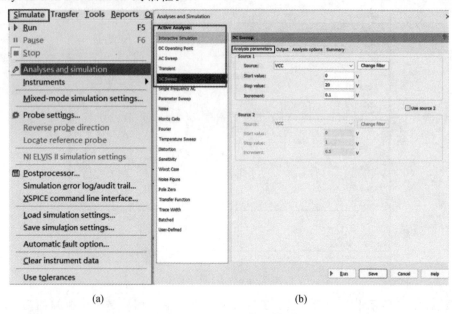

(a)　　　　　　　　　　　　　　　　　(b)

图 2.1.25　直流扫描分析

（4）如图 2.2.25(b)所示，在"Active Analysis"列表中选择"DC Sweep"，以便进行直流扫描分析，获得电路输出依赖关系。在"Source 1"中设定扫描电源为直流源 VCC，设定电源电压扫描开始值为 0 V，设定电源电压扫描结束值为 20 V，设定电源电压扫描步长为 0.1 V。单击"Run"按键开始直流扫描分析，"Analyses and Simulation"对话框关闭，携带直流扫描分析结果的"Grapher View"窗口将出现，如图 2.1.26 所示。

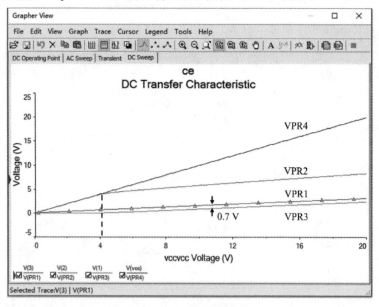

图 2.1.26　直流扫描分析结果

根据图 2.1.26 所示电路的直流扫描分析结果可知，V(PR4)跟 VCC 呈线性关系，基极电位 V(PR1)满足分压公式，跟 VCC 也呈线性关系。当 VCC 电压值较低时，基极电位 V(PR1)值较小，三极管截止，回路中无电流流过三极管。发射极电位 V(PR3)为 0 V，集电极电位 V(PR2)为 VCC。当 VCC 大于一定值时，满足基极电位 V(PR1)大于 0.7 V，即 VCC 大于 4.2 V 时，三极管导通。此时发射极电位 V(PR3)等于基极电位 V(PR1)减去 0.7 V，而集电极电位 V(PR2)与 VCC 正相关。

2.2　NGSPICE

2.2.1　NGSPICE 概述

NGSPICE 是一款开源、跨平台的混合模式通用电路仿真软件，起源于 SPICE3f5（伯克利大学开发的第三代电路仿真程序），在继承经典 SPICE 核心算法的基础上，融合了 XSPICE 扩展框架，实现了对模拟电路与数字电路的协同仿真。其发展历程体现了以下技术演进：

（1）1985 年，SPICE3 发布，该软件奠定了半导体器件建模基础。

（2）1993 年，引入了 XSPICE 框架，支持事件驱动数字仿真。

（3）2000 年，开发社区驱动，并逐步优化为 NGSPICE。

（4）当前，NGSPICE 属于工业级开源仿真工具，兼容标准 SPICE 语法。

NGSPICE 凭借其开源性、算法可靠性和混合仿真能力，成为学术研究与小规模工程设计的首选工具。对于需要平衡成本与精度的应用场景（如高校电子实验、开源硬件验证），其技术价值尤为突出。通过逐步掌握其命令行操作与建模方法，可构建完整的虚拟电子系统。

2.2.2　软件界面

NGSPICE 以包含仿真器所有源文件的归档文件形式发布。NGSPICE 官网上提供了其所有稳定版本及最新版本，人们可根据需要从官网上下载。NGSPICE 支持在多种操作系统下编译，例如 Linux、Windows、MAC、BSD、Solaris 等。本书所用 NGSPICE 部署运行在 Linux 环境中（发行版：Fedora 39），以命令行的形式使用。使用者需要具备一定的 Linux 基础，例如 Bash、Vim 等基础知识。打开 Linux 终端，并输入命令行"ngspice"，此时终端会出现关于 ngspice 的版权介绍信息，如图 2.2.1 所示。

```
test@fedora:~$ ngspice
******
** ngspice-44.2 : Circuit level simulation program
** Compiled with KLU Direct Linear Solver
** The U. C. Berkeley CAD Group
** Copyright 1985-1994, Regents of the University of California.
** Copyright 2001-2024, The ngspice team.
** Please get your ngspice manual from https://ngspice.sourceforge.io/docs.html
** Please file your bug-reports at http://ngspice.sourceforge.net/bugrep.html
** Creation Date: Sun Jan 12 00:00:00 UTC 2025
******
```

图 2.2.1　命令行界面

2.2.3　电路描述

NGSPICE 采用标准 SPICE 网表文件(以.cir 或.sp 为扩展名)作为电路描述的载体,网表文件包含定义电路拓扑结构和元件实例值的实例行,定义模型参数和运行控制命令的控制行,等等。其结构化组织遵循表 2.2.1 所示的层级架构。

表 2.2.1　层 级 架 构

模块类型	语　法	功能描述	出现频次要求
标题声明	.title ＜描述文本＞	定义电路名称/功能说明	必需(首行)
节点命名	显式/隐式节点命名	建立电路拓扑连接关系	必需
元件声明	R1 N1 N2 1k	声明元件类型、连接节点、参数值	≥1个元件
模型定义	.model NMOS NMOS(...)	设定半导体器件物理模型参数	按需
控制指令	.tran 1n 100n	配置仿真类型与参数	≥1条
注释说明	＊ 注释文本	增强网表可读性	可选
文件终止符	.end	标记网表结束位置	必需(末行)

所有的行被包装在一个网表文件中,供 NGSPICE 读取,其中有两行是必不可少的。

(1)网表文件的第一行必须为标题,这是唯一不需要任何特殊字符的注释行,可以用来标识电路设计版本信息,例如:

.title 共射极放大电路瞬态分析

(2)网表文件的最后一行必须是".end",表明文件结束,触发仿真器开始解析网表,若缺少该行将导致语法错误:

ERROR：Missing .end statement

剩余所有行的顺序是任意的,若一行不足以写完器件模型或者控制指令,可换行继续输入,但是连续行必须跟在本行之下。

2.2.4　网表文件语法

1. 节点命名

NGSPICE 中的节点主要分为数字节点、命名节点和隐式节点,如表 2.2.2 所示。

表 2.2.2　节 点 类 型

节点类型	说　　明
数字节点	纯数字编号(必须存在 节点 0 作为参考地)
命名节点	字母数字组合(如 VDD, OUT)
隐式节点	未显式声明的连接点自动分配编号

2. 元件声明

元件声明的通用格式如下:

元件标识符　连接节点【参数值】【模型名】【可选参数】

表 2.2.3 给出了常见元器件的标识符及声明示例。

表 2.2.3　常见元器件标识符及声明示例

元件类型	标识符	示　例	说　明
电阻	R	R1 1 2 1k TC=0.02	电阻 R1, 连接节点 1、2, 1 kΩ, 温度系数为 0.02
电容	C	C1 3 0 10u IC=5V	电容 C1, 10 μF, 初始电压为 5 V, 连接节点 3、0
电感	L	L1 4 5 10m IC=0.1A	电感 L1, 10 mH, 初始电流 0.1 A, 连接节点 4、5
电压源	V	VIN 6 0 SIN (0 1 1k)	独立电源输出 1 kHz 正弦波, 振幅为 1 V, 连接节点 6、0
MOS 管	M	M1 D G S B NMOS W=1u L=0.18u	4 端 NMOS 器件, 宽为 1 μm, 长为 0.18 μm

3. 模型定义

模型定义的通用格式如下:

　　.model　＜模型名词＞　＜类型＞(＜参数列表＞)

例如:

```
.model bc107b npn (is=7.049f xti=3 eg=1.11 vaf=59.59 bf=50 ise=59.74f
+           ne=1.522 ikf=3.289 nk=0.5 xtb=1.5 br=2.359 isc=192.9p nc=1.954
+           ikr=7.807 rc=1.427 cjc=5.38p mjc=0.329 vjc=0.6218 fc=0.5 cje=11.5p
+           mje=0.2718 vje=0.5 tr=10n tf=438p itf=5.716 xtf=14.51 vtf=10)
```

4. 控制指令

表 2.2.4 给出了 NGSPICE 中的常见指令及其语法格式。

表 2.2.4　常见控制指令及其语法格式

指令类型	语法格式	功能说明
直流分析	.op	静态工作点计算
	.dc VIN 0 5 0.1	电源扫描, 扫描范围为 0~5 V, 步长为 0.1 V
瞬态分析	.tran 1n 100n UIC	瞬态仿真, 扫描范围为 1~100 ns, 初始条件使用 IC
交流分析	.ac DEC 10 1 1Meg	10 倍频扫描, 扫描范围为 1 Hz~1 MHz
温度扫描	.temp −40 25 85	多温度点(如−40℃、25℃, 85℃)仿真
蒙特卡罗	.MC 100 RUN V(R1) GAUSS(5% 1)	100 次蒙特卡罗分析

图 2.2.2 示出了本章 2.1 节中所仿真共射极放大电路原理图所对应的网表文件 "ce.cir", 文件中英文字母不区分大小写, 每一行的意义见行末的注释文件。

```
共射极放大电路          ;标题行
vcc vcc 0 12           ;直流电源实例行
vi 1 0 sin(0 100m 1k);输入信号源实例行
c1 1 b 0.1u            ;电容实例行
rb1 vcc b 100k         ;电阻实例行
rb2 b 0 20k
rc vcc c 10k
c2 c 3 0.1u
rl 3 0 10k
re e 0 2k
q1 c b e bc107b        ;晶体管实例行,下面的控制行是模型定义
.model bc107b npn (is=7.049f xti=3 eg=1.11 vaf=59.59 bf=50 ise=59.74f
+          ne=1.522 ikf=3.289 nk=0.5 xtb=1.5 br=2.359 isc=192.9p nc=1.954
+          ikr=7.807 rc=1.427 cjc=5.38p mjc=0.329 vjc=0.6218 fc=0.5 cje=11.5p
+          mje=0.2718 vje=0.5 tr=10n tf=438p itf=5.716 xtf=14.51 vtf=10)
.end                   ;结束行
```

图 2.2.2   共射极放大电路的网表文件

2.2.5   电路分析

下面对图 2.2.2 所给出的电路进行分析。

（1）在 Fedora 39 中调用 NGSPICE 加载网表文件，终端输入命令"ngspice ce. cir"。此时软件模式为交互式输入模式，同时显示出网表文件的标题行，如图 2.2.3 所示。加载网表文件中如果遇到任何错误，提示消息将被输出到终端。

```
test@fedora:~$ ngspice ce.cir
******
** ngspice-44.2 : Circuit level simulation program
** Compiled with KLU Direct Linear Solver
** The U. C. Berkeley CAD Group
** Copyright 1985-1994, Regents of the University of California.
** Copyright 2001-2024, The ngspice team.
** Please get your ngspice manual from https://ngspice.sourceforge.io/docs.html
** Please file your bug-reports at http://ngspice.sourceforge.net/bugrep.html
** Creation Date: Sun Jan 12 00:00:00 UTC 2025
******
ERROR: (external)  no graphics interface;
 please check if X-server is running,
 or ngspice is compiled properly (see INSTALL)

Note: No compatibility mode selected!


Circuit: 共射极放大电路          ;标题行

ngspice 2 -> ▮
```

图 2.2.3   软件命令行界面

（2）在光标闪烁处输入命令"listing"以便查看 NGSPICE 仿真器读取的电路网表文件，如图 2.2.4 所示。

```
ngspice 2 -> listing
      共射极放大电路        ;标题行

 1 : _____        ;title___
 2 : .global gnd
 3 : vcc vcc 0 12
 4 : vi 1 0 sin(0 100m 1k)
 5 : c1 1 b 0.1u
 6 : rb1 vcc b 100k
 7 : rb2 b 0 20k
 8 : rc vcc c 10k
 9 : c2 c 3 0.1u
10 : rl 3 0 10k
11 : re e 0 2k
12 : q1 c b e bc107b
13 : .model bc107b npn (is=7.049f xti=3 eg=1.11 vaf=59.59 bf=50 ise=59.74f ne=1.522 ikf=3.289 nk=0.5 xtb=1.5 br=2.359 isc=192.9p nc=1
.954 ikr=7.807 rc=1.427 cjc=5.38p mjc=0.329 vjc=0.6218 fc=0.5 cje=11.5p mje=0.2718 vje=0.5 tr=10n tf=438p itf=5.716 xtf=14.51 vtf=10)
15 : .end
```

图 2.2.4　输入 listing 命令查看网表信息

（3）运行电路的直流分析，以便求解静态工作点。在光标闪烁处输入命令"op"。求解完毕后通过打印命令 print 显示静态工作点。由图 2.2.5 可知，基极、集电极、发射极的电位分别约是 1.8 V、6.3 V、1.1 V，该结果精度高于 Multisim 仿真的结果（见图 2.1.17），这是因为 NGSPICE 中半导体三极管模型参数更多，更加接近真实的器件。考虑半导体器件一般与温度有关系，因此需要设定器件的工作温度以及器件参数的基准温度。这两个参数可通过命令进行设定。

```
ngspice 8 -> op
Doing analysis at TEMP = 27.000000 and TNOM = 27.000000


Using SPARSE 1.3 as Direct Linear Solver


No. of Data Rows : 1
ngspice 9 -> print all
v(1) = 0.000000e+00
v(3) = 0.000000e+00
b = 1.809536e+00
c = 6.305245e+00
e = 1.161807e+00
vcc = 1.200000e+01
vcc#branch = -6.71380e-04
vi#branch = 0.000000e+00
```

图 2.2.5　直流分析

（4）运行电路的瞬态分析，以获得电路的输入、输出波形。如图 2.2.6 所示，光标闪烁处输入命令"tran 1e-5 1e-2"。设定仿真时间总长为 10 ms，仿真时间步长为 10 μs。用画图命令 plot 可视化输入、输出波形。从输入、输出波形上可发现，放大电路的放大倍数约为 2.5，且为反相放大。瞬态分析所用的初始值即为电路的静态工作点。

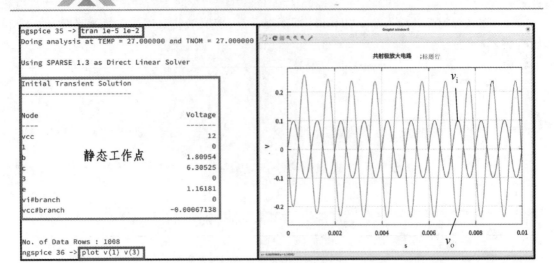

图 2.2.6　瞬态分析

（5）运行电路的交流小信号分析，以便获得电路的频率响应。需要注意的是，为了获得频率响应，必须在网表文件中给指定的外加激励标定关键字 AC 或 ac，如图 2.2.7 所示，表明电路的频率响应是该激励源引起的，此时激励源的其他功能失效。如果不设定激励源的振幅和相位，激励源默认振幅为 1，相位为 0°。此时的电路网表文件如图 2.2.7 所示。

```
共射极放大电路          ;标题行
vcc vcc 0 12           ;直流电源实例行
vi 1 0 ac sin(0 100m 1k);输入信号源实例行
c1 1 b 0.1u            ;电容实例行
rb1 vcc b 100          ;电阻实例行
rb2 b 0 20k
rc vcc c 10k
c2 c 3 0.1u
rl 3 0 10k
re e 0 2k
q1 c b e bc107b        ;晶体管实例行,下面的控制行是模型定义
.model bc107b npn (is=7.049f xti=3 eg=1.11 vaf=59.59 bf=50 ise=59.74f
+           ne=1.522 ikf=3.289 nk=0.5 xtb=1.5 br=2.359 isc=192.9p nc=1.954
+           ikr=7.807 rc=1.427 cjc=5.38p mjc=0.329 vjc=0.6218 fc=0.5 cje=11.5p
+           mje=0.2718 vje=0.5 tr=10n tf=438p itf=5.716 xtf=14.51 vtf=10)
.end                  ;结束行
```

图 2.2.7　交流小信号分析网表文件

在光标闪烁处输入命令"ac dec 10 10 10G"。设定分析频率范围为 10～10 GHz，每 10 倍频率范围内有 10 个采样点。用画图命令 plot 可视化波特图，如图 2.2.8 所示。从波特图上可以看出，频率过高或者过低都会影响放大电路的放大性能。在中频区，放大电路的放大倍数为 7.6 dB，即 2.5 倍，输出信号与输入信号的相位差为 180°，表明中频区内放大电

路可正常按照电路设计实现大约 2.5 倍的反相放大，通频带大约为 18 MHz。

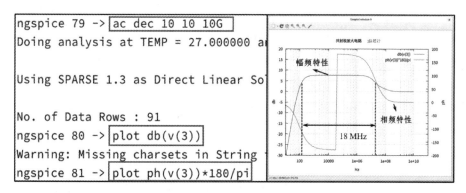

图 2.2.8 交流小信号分析

（6）运行电路的直流扫描分析，以便分析电路性能跟激励的关系。在光标闪烁处输入命令"dc vcc 0 20 0.1"。用画图命令 plot 可视化电路转移特性如图 2.2.9 所示。根据转移特性曲线可以发现，当 VCC 大于 4 V 以后，三极管才会导通，发射极电位才开始增加。

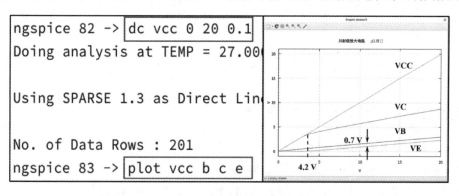

图 2.2.9 直流扫描分析

第 3 章

基 础 实 验

本章主要介绍"模拟电子技术基础"的基础实验,具体包括:晶体管的识别与检测、晶体管共射极单管放大电路、射极跟随器、FET 共源放大电路、负反馈放大电路、射极耦合差分放大电路、功率放大电路、运算电路及比较器电路。这些都是验证性的实验内容。通过本章的学习,学生可进一步熟悉常用仪器仪表的使用,掌握模拟电子技术基础实验的步骤和操作方法,提升基本实验技能。

3.1 晶体管的识别与检测

一、实验目的

(1) 了解晶体二极管和三极管的类别、型号及主要性能参数;

(2) 掌握晶体二极管和三极管的引脚识别方法;

(3) 掌握用数字万用表判别二极管和三极管的极性及其性能质量。

二、预习要求

(1) 预习晶体二极管、三极管的基本理论,了解二极管和三极管的特性;

(2) 预习用数字万用表对晶体管进行识别与检测的方法;

(3) 应用 Multisim 仿真软件对二极管、三极管的特性及电路进行仿真测试。

三、实验原理

1. 晶体二极管的识别与检测

二极管种类众多,在电路中常用 VD(或 D)加数字表示,如 VD2 表示编号为 2 的二极管。本次实验选用了比较常见的小功率整流二极管、稳压二极管和发光二极管进行识别和检测。

小功率二极管的阴极通常在表面用一个色环标出,如图 3.1.1(a)、(b)所示。有些二极管也采用"P""N"符号来标识二极管极性,"P"表示阳极,"N"表示阴极。发光二极管则通常用引脚长短来标识,长引脚为阳极,短引脚为阴极,如图 3.1.1(c)所示。

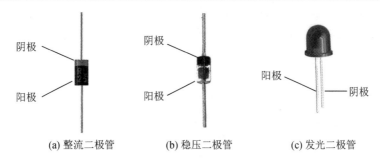

(a) 整流二极管　　　　(b) 稳压二极管　　　　(c) 发光二极管

图 3.1.1　常见二极管的实物图

1）普通二极管的极性检测

数字万用表置于二极管挡，红表笔插在"VΩ"插孔，黑表笔插在"COM"插孔。用两支表笔分别接触二极管两个电极，若显示值在 1V 以下，说明二极管处于正向导通状态，红表笔接的是阳极，黑表笔接的是阴极；若显示溢出符号"1"，表明二极管处于反向截止状态，黑表笔接的是阳极，红表笔接的是阴极。常见二极管的导通电压见表 3.1.1，根据表中参数，测试二极管导通电压，即可对二极管进行识别。

表 3.1.1　常见二极管的导通电压

类　型		管压降/V
普通二极管	硅材料	0.7
	锗材料	0.3
直插式发光二极管	红外线	略高于 1
	红色	1.5～2.0
	黄色	1.8～2.0
	绿色	2.5～2.9
	高亮度蓝光	大于 3
光电二极管		0.2～0.4

2）发光二极管的检测

对于发光二极管来说，引脚长的为阳极，短的为阴极。如果引脚长度无法比较，可以观察发光二极管内部，管体内部金属极较小的对应阳极，大的片状对应阴极。若用肉眼不易判别，则可用数字万用表二极管挡将红、黑表笔分别接在两个引脚。若有读数，则红表笔一端为阳极；若读数为溢出符号"1"，则黑表笔一端为阳极。如果二极管正反测试电压均为溢出符号"1"或近似为 0 V，可判断此管已坏。小功率的发光二极管正常工作电流在 10～30 mA 范围内。通常正向压降值在 1.5～3 V 范围内。发光二极管的反向耐压一般在 6 V 左右。为了避免由于电源波动引起正向电流值超过最大允许工作电流而导致发光二极管烧坏，通常应串联一个限流电阻来限制流过发光二极管的电流。

3）光电二极管的检测

光电二极管和普通二极管一样，也是由一个 PN 结组成的半导体器件，也具有单向导电特性。但在电路中它不作为整流元件，而是作为把光信号转换成电信号的光电传感器件。

普通二极管在反向电压作用时处于截止状态，只能流过微弱的反向电流，光电二极管在设计和制作时尽量使 PN 结的结面积相对较大，以便接收入射光。光电二极管是在反向电压作用下工作的，没有光照时，反向电流极其微弱，叫暗电流；有光照时，反向电流迅速增大到几十微安，称为光电流。光的强度越大，反向电流也越大。光的变化引起光电二极管电流发生变化，所以光电二极管可以把光信号转换成电信号，成为光电传感器件。光电二极管实物如图 3.1.2 所示。

图 3.1.2　光电二极管的实物图

在光照下，光电二极管正向导通压降与光照强度成比例，一般可达 0.2～0.4 V，其极性识别及检测可参考发光二极管。

2. 晶体三极管的识别与检测

晶体三极管（也称晶体管或三极管）是半导体基本器件之一，具有检波、整流、放大、开关、稳压、信号调制等多种功能，是电子电路的核心元件。结构上可以把三极管看作两个背靠背的 PN 结，对 NPN 型来说基极是两个 PN 结的公共阳极，对 PNP 型来说基极是两个 PN 结的公共阴极，如图 3.1.3 所示。

实验中一般选用常见的 TO-92 封装小功率三极管，如低频小功率硅管 9013（NPN）、9012（PNP），低噪声管 9014（NPN），高频小功率管 9018（NPN）以及开关管 8050（NPN）等，其外形及引脚排列见图 3.1.4。

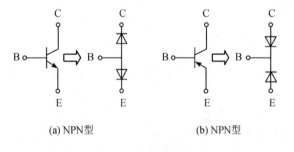

(a) NPN型　　　　　　(b) NPN型

图 3.1.3　晶体三极管结构示意图

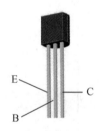

图 3.1.4　TO-92 封装小功率三极管引脚图

1）三极管基极与管型的判别

（1）确定基极。将数字万用表置于二极管挡，红表笔任接一个引脚，用黑表笔依次接触另外两个引脚，如果两次显示的值均小于 1 V 或都显示溢出符号"1"，则红表笔所接的引脚就是基极 B；如果在两次测试中，一次显示值小于 1 V，另一次显示溢出符号"1"，则表明红表笔接的引脚不是基极，再用其他引脚重新测试，找出基极。

（2）确定管型。将数字万用表置于二极管挡，红表笔接基极，用黑表笔先后接触其他两个引脚，如果两次显示值都在 0.5～0.7 V 范围（硅材料三极管 PN 结正向压降为 0.6 V 左右，锗材料三极管 PN 结正向压降为 0.2 V 左右），则被测三极管属于 NPN 型；若两次都显示溢出符号"1"，则表明被测三极管属于 PNP 型。

2）三极管发射极与集电极的判别

以 NPN 型三极管为例，将数字万用表置于 h_{FE} 挡，使用 NPN 插孔。把基极引脚插入 B

孔，剩余两个引脚分别插入 C 孔和 E 孔。若测出的 h_{FE} 为几十到几百，说明三极管属于正常接法，放大能力强，此时 C 孔插的是集电极 C 的引脚，E 孔插的是发射极 E 的引脚；若测出的 h_{FE} 值只有几或十几，则表明被测三极管的集电极 C 与发射极 E 插反了，这时 C 孔插的是发射极 E 的引脚，E 孔插的是集电极 C 的引脚。为了使测试结果更可靠，可将基极 B 的引脚固定插在 B 孔，把集电极 C 与发射极 E 调换重复测试两次，以显示值大的一次为准，C 孔插的引脚对应集电极 C，E 孔插的引脚对应发射极 E。

3）三极管质量好坏的测试

以 NPN 型为例，将基极 B 开路，测量 C、E 极间的电阻。用万用表红笔接发射极，黑笔接集电极，若阻值在几万欧以上，说明穿透电流较小，三极管能正常工作；若 C、E 极间电阻小，则管子工作不稳定，在技术指标要求高的电路中不能使用；若测得阻值近似为 0，则说明三极管已被击穿；若阻值为无穷大，则说明三极管内部已经断路。三极管发射结和集电结的测试同二极管。

4）三极管 β 值测量

$\beta(h_{FE})$ 表示三极管的直流电流放大系数。将数字万用表置于 h_{FE} 挡，若被测三极管属于 NPN 型，则将三极管的各引脚插入相应的 NPN 插孔中；若被测三极管属于 PNP 型，则将三极管的各引脚插入相应的 PNP 插孔中。此时显示屏就会显示被测三极管的 h_{FE} 值。

3. 整流桥的识别与简单测试

整流桥就是指将整流二极管封装在一个壳内，分全桥和半桥。全桥是指将连接好的桥式整流电路的 4 个二极管封装在一起。整流桥的表面通常标注内部电路结构或者交流输入端以及直流输出端的名称，交流输入端通常用"AC"或符号"～"表示，直流输出端通常用符号"+""-"表示。整流桥的外形和内部结构图如图 3.1.5 所示，通常在其外壳上分别标注出交流输入端 A、B 和直流输出端的正极 C、负极 D。

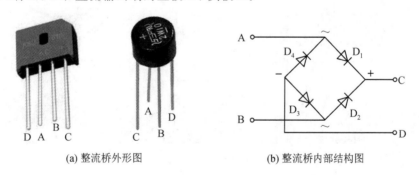

(a) 整流桥外形图　　　　　　　　　　(b) 整流桥内部结构图

图 3.1.5　整流桥外形引脚及内部结构图

测试方法与步骤为：红表笔接整流桥负极 D，黑表笔接整流桥正极 C，此时测试结果为整个整流桥的压降参考值；如需分别测试每个芯片的压降值，则用黑表笔接整流桥正极 C，红表笔分别探测两个交流引脚，或用红表笔接整流桥负极 D，黑表笔分别探测两个交流引脚，此时所测结果为内部独立二极管芯片的压降参数值。

上述测试结果为该整流桥内部二极管芯片压降的参考值，如表 3.1.2 所示，有示数说明该芯片正常。如果有不一致的情况出现，比如显示为溢出符号"1"，则说明整流桥中该芯片已经损坏。

表 3.1.2　整流桥引脚间压降

测试端	正向电压	反向电压
A-B	OL	OL
A-D, B-D	OL	0.6V
A-C, B-C	0.6V	OL
C-D	OL	1.2V

注:表中 OL 表示万用表显示溢出符号"1"。

如果整流桥无标注,可用以下方法判别整流桥的引脚:

(1) 将数字万用表置于二极管挡位上。

(2) 将红表笔固定接某一引脚,用黑表笔分别接触其余 3 个引脚。如果测量显示值一个在 1 V 以下,其余两个都显示溢出符号"1",则红表笔所接的就是交流输入端 A 或 B(交流电没有正负之分,所以 A、B 引脚可以互换);如果测量显示值都显示溢出符号"1",则红表笔所接的引脚就是直流输出端的正极 C;如果测量显示值两个在 1 V 以下,一个为 1 V 以上,则红表笔所接的引脚就是直流输出端的负极 D。

(3) 将红表笔更换一个引脚,重复步骤(2),直至确定出 4 个引脚为止。

四、电路仿真

打开 Multisim 仿真软件,在虚拟仪表工具栏中找到 IV 分析仪,按照图 3.1.6(a)连接二极管。运行仿真软件,打开 IV 分析仪,在面板中选择元件为二极管,如图 3.1.6 所示,之后可测量出二极管的伏安特性,如图 3.1.6(b)所示。

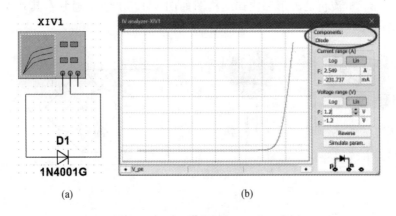

(a)　　　　　　　　　　　　　　　　(b)

图 3.1.6　二极管伏安特性测试

按照图 3.1.7(a)选择元器件并连接电路,由于图中的二极管 D1 处于反向截止状态,所以 D1 所在支路开路,故电流表 U1 所测电流几乎为零,电压表 U2 所测电压约为直流电压源"V1"的电压值。改变图 3.1.7(a)中的二极管 D1 的方向,得到图 3.1.7(b),二极管 D2 处于正向偏置,电流表 U6 所测为流过二极管的支路电流,电压表 U7 所测电压为二极管 D2 的正向导通压降,仿真结果可验证二极管的单向导电性。

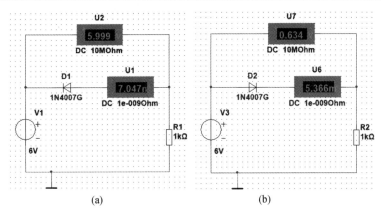

(a)　　　　　　　　　　　　　(b)

图 3.1.7　二极管的单向导电性［Multisim 软件中，Ohm 表示欧姆(Ω)，Mohm 表示兆欧(MΩ)］

按图 3.1.8 所示电路搭建仿真电路，图中的稳压二极管 1N4730 的稳压值为 3.9 V。图 3.1.8(a)中的直流电压源为 3V，没有达到稳压二极管 D3 的反向击穿电压，因此 D3 处于反向截止状态，D3 所在支路开路，电流表 U2 所测电流为 0，电压表 U1 和 U3 所测电压分别为电阻"R3"和"R4"对直流电源的分压。

图 3.1.8(b)中的直流电压源为 6 V，稳压二极管 D4 处于反向击穿状态，因此与 D4 并联的电阻 R6 两端的电压即为稳压二极管 D4 的稳定电压，约为 3.9 V，电流表 U5 所测电流为稳压二极管工作于反向击穿状态时的电流。

图 3.1.8(c)中的稳压二极管 D5 处于正向导通状态，导通电压就是一个普通二极管的导通压降，因此与 D5 并联的电阻"R8"两端的电压即为稳压二极管 D5 的正向导通电压，为 0.576 V。

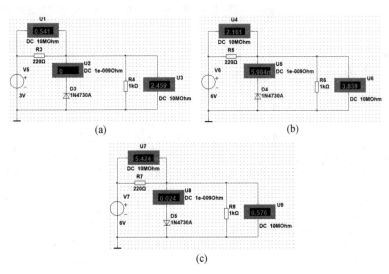

(a)　　　　　　　　　　　　　(b)

(c)

图 3.1.8　稳压二极管的应用

如图 3.1.9 所示，开关二极管 1N4148 为硅二极管，交流信号源"v_{i1}"提供正弦波，当输入正弦波幅值 $v_{i1} \geqslant 5.7$ V 时，二极管导通，输出电压为 5.743 V；当输入正弦波幅值 $v_{i1} < 5.7$ V 时，二极管截止，电阻"R10"两端的输出 $v_o = v_{i1}$。如图 3.1.10 所示，输入信号

正半周的幅值被限定在 5.7 V 左右，故图 3.1.9 所示电路为单向限幅电路。

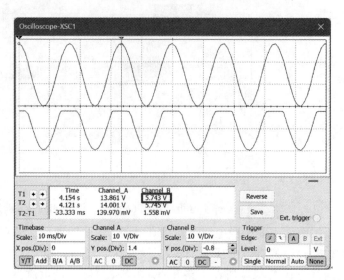

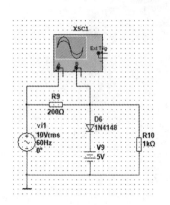

图 3.1.9　单向限幅电路　　　　　　　　图 3.1.10　单向限幅电路波形

如图 3.1.11 所示，交流信号源"vi2"提供正弦波，当输入正弦波幅值 $-5.7\ \text{V} \leqslant v_{i2} \leqslant 5.7\ \text{V}$ 时，电路中两个二极管 D7 和 D8 均截止，电阻"R12"两端的输出 $v_\text{o} = v_{i2}$；当 $5.7\ \text{V} \leqslant v_{i2}$ 时，二极管 D7 导通、D8 截止，$v_\text{o} = 5.746\ \text{V}$；当 $v_{i2} \leqslant -5.7\ \text{V}$ 时，二极管 D7 截止、D8 导通，$v_\text{o} = -5.746\ \text{V}$。如图 3.1.12 所示，输出波形的正负半周的幅值都被限定在 $\pm 5.746\ \text{V}$，故图 3.1.11 所示电路为双向限幅电路。

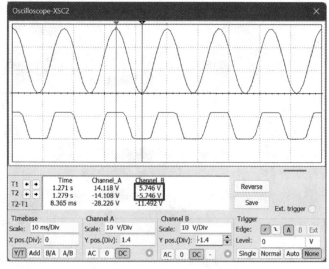

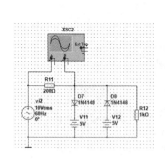

图 3.1.11　双向限幅电路　　　　　　　　图 3.1.12　双向限幅电路波形

不同颜色发光二极管的导通压降，可以参考图 3.1.13 仿真电路来测试。不同发光二极管实际的导通压降以万用表实际测量为准。

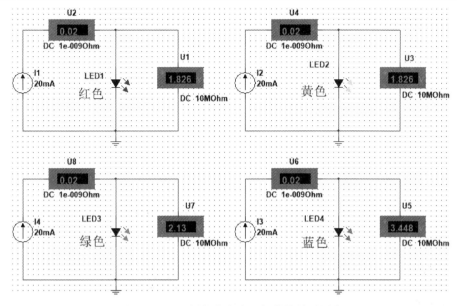

图 3.1.13　不同颜色发光二极管的导通压降

打开 Multisim 仿真软件，在虚拟仪表工具栏中找到 IV 分析仪，按照图 3.1.14(a)连接三极管。运行仿真软件，打开 IV 分析仪，在面板中选择元件类型为 BJT NPN 型，接着可测量出三极管的输出伏安特性为一簇曲线，如图 3.1.14(b)所示。

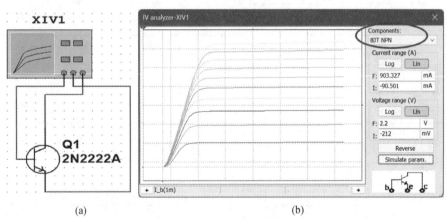

(a)　　　　　　　　　　　　　　　(b)

图 3.1.14　三极管伏安特性测试

五、实验仪器

本次实验需要的实验仪器如表 3.1.3 所示。

表 3.1.3　实 验 仪 器

序号	仪器名称	主要功能	数量
1	数字万用表	测量静态工作点电压	1
2	多功能实验板	搭建电路	1
3	不同型号的晶体管	功能测试	若干

六、实验内容

本次实验内容包括：
(1) 晶体二极管的测试。
(2) 晶体三极管的测试。

七、实验步骤

(1) 判断表 3.1.4 中所列二极管的引脚极性及材料，判断二极管能否正常工作，记录相应结果。

表 3.1.4　二极管测试数据记录表

二极管型号	材料（硅、锗）	引脚极性 A —▭— B	能否正常工作
1N4007			
1N4730			
2AP9			

(2) 电路如图 3.1.15 所示，要求流过发光二极管的电流为 10 mA，确定电路中的限流电阻 R 的大小，测试不同颜色发光二极管的正向导通压降，将测量结果记入表 3.1.5 中。

表 3.1.5　发光二极管测试数据记录表

发光二极管	正向导通电压	限流电阻 R 的大小
绿色		
红色		

(3) 按照图 3.1.16 连接电路，观察当光线亮暗程度发生变化时，发光二极管的亮度如何变化，总结光电二极管使用注意事项。

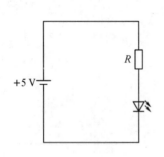
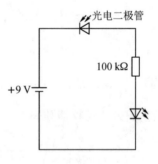

图 3.1.15　发光二极管导通压降测量电路　　图 3.1.16　光电二极管应用电路

(4) 判断表 3.1.6 所列三极管的管型、材料及引脚极性，并测量其 β 值，将测量结果记入表 3.1.6 中。

表 3.1.6 三极管测量

	三极管	管型	材料	引脚①	引脚②	引脚③	β
	9012						
	9014						

（5）用万用表测试所给整流桥，判断其引脚及整流桥的质量好坏。

八、思考题

（1）测量发光二极管质量好坏时，能否将 9 V 电源直接加到发光二极管两端？

（2）使用稳压二极管和光电二极管时，二极管在电路中应如何连接？

（3）在判断晶体三极管的引脚极性时，应先判断出哪个极性，为什么？

九、知识拓展

蓝色发光二极管和其他颜色的发光二极管并联，应注意什么问题？

电路如图 3.1.17 所示，红色发光二极管和蓝色发光二极管并联使用，红色发光二极管点亮，而蓝色发光二极管不会点亮。为什么会出现这种情况呢？这是因为不同颜色发光二极管的正向导通压降不一样。图中，红色和蓝色发光二极管直接并联使用，由于红色发光二极管的正向导通压降较小，一般在 1.5～2 V，而蓝色发光二极管正向导通压降一般在 2.8～3.4 V，这样直接并联使用时，只有红色发光二极管会点亮，蓝色发光二极管两端的电压被钳位在红色发光二极管的正向导通电压附近，根本达不到其导通电压，从而导致蓝色的发光二极管无法点亮。

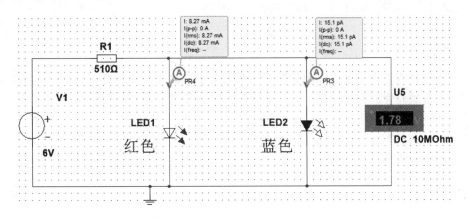

图 3.1.17 发光二极管非正常并联电路

若想让并联的不同正向导通压降的发光二极管都可以点亮，则可以对图 3.1.17 所示电路进行改进，给正向导通压降不同的发光二极管分别串联一个限流电阻，得到如图 3.1.18 所示的电路，这样并联使用的发光二极管都可点亮。在电源电压不变时，对于正向压降较小的发光二极管，如红色和绿色发光二极管，串联的限流电阻阻值应适当大一些，而对于正向导通压降较高的发光二极管，如蓝色和白色发光二极管，串联的限流电阻阻值可适当小一些，这样电路中的发光二极管可同时点亮，并且亮度较一致。

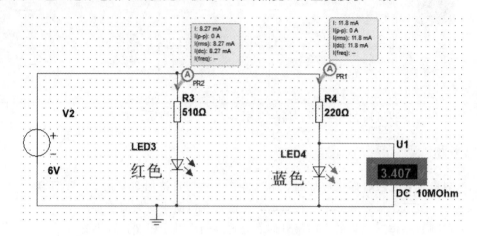

图 3.1.18　发光二极管并联电路

3.2　单管共射极放大电路

一、实验目的

（1）掌握放大电路静态工作点的调试方法。

（2）掌握放大电路电压放大倍数、输入电阻、输出电阻的测试方法。

（3）熟悉常用电子仪器及模拟电路实验设备的使用。

（4）学会用 Multisim 仿真实验内容。

二、预习要求

（1）预习晶体管共射极放大电路的基本理论，了解放大电路的性能指标的测试方法。

（2）熟悉晶体管放大电路的工作原理，了解实验步骤。

（3）参照实验原理电路，确定放大电路的静态工作点，估算电压放大倍数 A_v、输入电阻 R_i 和输出电阻 R_o。

（4）应用电路设计仿真软件 Multisim，对单管共射极放大电路进行仿真、分析。

三、实验原理

三极管是一个非线性器件，放大电路为了获得尽可能高的放大倍数，同时又不进入非线性区而产生波形失真，必须选择合适的静态工作点。

1. 静态工作点的选取与调整

本实验采用基极分压式偏置单管共射极放大电路，如图 3.2.1 所示。它的偏置电路采

用 R_{B1} 和 R_{B2} 组成的分压电路，并在发射极中接有电阻 R_E，以稳定放大电路的静态工作点。当在放大电路的输入端加入输入信号 v_i 后，在放大电路的输出端便可得到一个与 v_i 相位相反、幅值被放大了的输出信号 v_o，从而实现了电压放大。

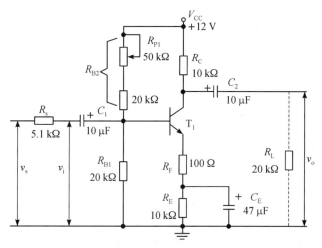

图 3.2.1　共射极放大电路原理图

静态工作点常选直流负载线的中点，即 $V_{CE} = \dfrac{V_{CC}}{2}$ 或 $I_C = \dfrac{I_{CS}}{2}$ ($I_{CS} = \dfrac{V_{CC}}{R_C}$，为集电极饱和电流)，这样可以获得最大的输出动态范围，如图 3.2.2 所示。

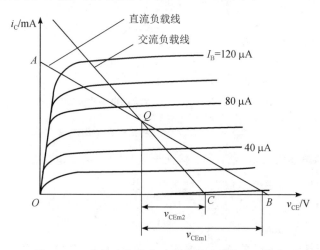

图 3.2.2　从最大的输出动态范围选择静态工作点

反映输出动态范围的参数是最大不失真电压 v_{CEm}。图 3.2.2 中当 Q 点位于中间位置时最大不失真电压近似为 v_{CEm1}，带载时的最大不失真电压是 v_{CEm2}。在同一个静态工作点 Q 下，$v_{CEm1} > v_{CEm2}$。

在图 3.2.1 所示电路中，当流过偏置电阻 R_{B1} 和 R_{B2} 的电流远大于晶体管 T_1 的基极电流 I_B 时(一般为 5～10 倍)，则它的静态工作点可用下式估算 (V_{CC} 为供电电源，其值为 +12 V)：

$$V_B \approx \frac{R_{B1}}{R_{B1} + R_{B2}} V_{CC}$$

$$I_{EQ} = \frac{V_B - V_{BE}}{R_E} \approx I_{CQ}$$

$$V_{CEQ} = V_{CC} - I_C(R_C + R_E)$$

可见，静态工作点与电路元件参数 V_{CC}、R_C、R_{B1}、R_{B2} 及晶体管的 β 值有关。实际放大电路中，静态工作点的调整通常通过改变偏置电阻 R_{B2} 来实现，所以偏置电阻 R_{B2} 常选用电位器 R_{P1} 来代替。为了防止在调整的过程中，将电位器阻值调得过小使 I_C 过大而烧坏晶体管，可用一只固定电阻与电位器 R_{P1} 串联得到 R_{B2}。R_{P1} 调大，则 I_{CQ} 变小，工作点降低；R_{P1} 调小，则 I_{CQ} 变大，工作点升高。

工程实践中，静态工作点 I_{CQ} 的测量一般采用间接测量法，即先测晶体管发射极 E 对地的电压 V_E，再利用 $I_{CQ} \approx I_{EQ} = \dfrac{V_E}{R_E}$ 求得 I_{CQ}。

2. 静态工作点对输出波形失真的影响

电压放大电路的基本要求是：在输出电压波形基本不失真的情况下，有足够的电压放大倍数。也就是说，放大电路中的晶体管必须工作在放大区，这一要求可以通过静态电路的设置来满足。由图 3.2.2 可见，静态工作点的位置决定了输出动态范围。当静态工作点设置不当或输入信号过大时，放大电路的输出电压会产生非线性失真。若静态工作点偏高，则放大电路在加入交流信号以后易产生饱和失真，此时 v_o 的负半周将被削底，如图 3.2.3(a) 所示；若静态工作点偏低，则易产生截止失真，即 v_o 的正半周被压缩，如图 3.2.3(b) 所示。一般截止失真不如饱和失真明显。

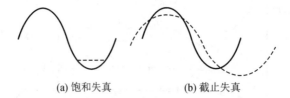

(a) 饱和失真　　　　　(b) 截止失真

图 3.2.3　静态工作点对输出波形的影响

3. 放大电路的电压放大倍数(A_v)、输入电阻(R_i)和输出电阻(R_o)

放大电路的放大能力用电压放大倍数 A_v 来表示，即

$$A_v = \frac{v_o}{v_i}$$

式中：v_o 为输出信号电压；v_i 为输入信号电压。实验中可用示波器测得 v_o 和 v_i 的幅值大小，也可用示波器同时观察输入和输出信号电压的波形及其相位关系。

放大电路输入电阻 R_i 的大小反映放大电路消耗前级信号功率的大小。为了测量放大电路的输入电阻，将图 3.2.1 简化成图 3.2.4，在被测放大电路的输入端与信号源之间串入一个已知电阻 R_s，加入交流电压 v_s，在放大电路正常工作的情况下，用交流毫伏表测出 v_{R_s} 和 v_i，然后计算输入电阻，即

$$R_i = \frac{v_i}{i_i} = \frac{v_i}{\dfrac{v_{R_s}}{R_s}} = \frac{v_i}{v_s - v_i} R_s$$

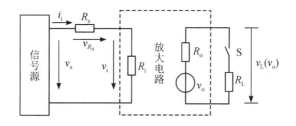

图 3.2.4 输入、输出电阻测量电路

注意：由于电阻 R_s 两端没有电路公共接地点，所以测量 R_s 两端电压 v_{R_s} 时必须先分别测出 v_s 和 v_i，然后按 $v_{R_s} = v_s - v_i$ 求出 v_{R_s} 值；电阻 R_s 的值不宜取得过大或过小，以免产生较大的测量误差，通常取 R_s 与 R_i 为同一数量级为好，本实验可取 $R_s = 5.1$ kΩ。

放大电路输出电阻 R_o 的大小反映了放大电路带负载的能力。R_o 越小，放大电路输出等效电路就越接近于恒压源，带负载的能力就越强。由戴维南定理可得到如图 3.2.4 所示的输出等效电路，在放大电路正常工作的条件下，测出输出端不接负载 R_L 的输出电压 v_o 和接入负载后的输出电压 v_L，根据

$$v_L = \frac{R_L}{R_o + R_L} v_o$$

即可求出输出电阻

$$R_o = \left(\frac{v_o}{v_L} - 1 \right) R_L$$

在测试中应注意，必须保持 R_L 接入前后输入信号的大小不变。

4. 放大电路的频率特性

放大电路的频率特性包括幅频特性和相频特性，本次实验主要测量放大电路的幅频特性。放大电路中包含阻容元件，它们对不同频率的输入信号呈现的阻抗不同，使得电路对不同频率信号的放大能力不同，电压放大倍数 A_v 是输入信号频率 f 的函数。如图 3.2.5 所示，$|A_{vm}|$ 为中频电压放大倍数。通常规定电压放大倍数随频率变化下降到中频放大倍数的 $1/\sqrt{2}$ 倍，即 $0.707|A_{vm}|$ 所对应的频率分别称为下限频率 f_L 和上限频率 f_H，通频带 BW = $f_H - f_L$。

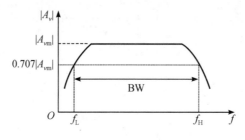

图 3.2.5 幅频特性曲线

测试放大电路的幅频特性可采用前述测 A_v 的方法，每改变一个信号频率，测量其相应的电压放大倍数。测量时，注意取点要恰当，在低频段与高频段应多测几个点，在中频段可以少测几个点。此外，在改变频率时，要保持输入信号的幅度不变，且输出波形不得失真。

四、电路仿真

按照图 3.2.1 所示的实验原理图，用 Multisim 软件搭建仿真电路，以便了解电路的性能与实验方法。利用仿真软件中的各种测量仪表，如示波器、信号源、电流表、电压表、探针等来灵活地测量电路的参数，为实物实验的顺利进行做好准备。仿真电路如图 3.2.6 所示。

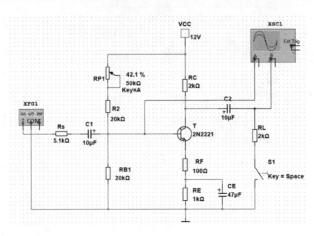

图 3.2.6　共射极放大电路仿真电路

1. 共射极放大电路静态工作点的调试

仿真电路连接完成后，将信号源"＋"极输出端和 COM 端接地（$v_i = 0$ V）。通过键盘字母 A 键（或 Shift＋A 键）来调节 R_{P1} 的大小，使集电极的电位 V_C 约为 6.95 V。可以在晶体管基极、集电极和发射极分别放置电压探针或虚拟万用表（选择直流电压挡）来测试晶体管 V_B、V_E、V_C 的值，如图 3.2.7 所示。

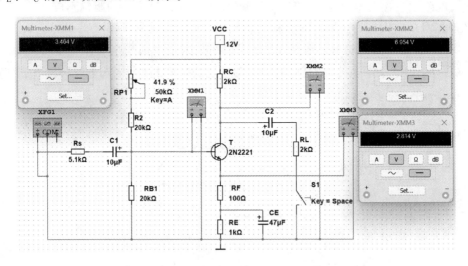

图 3.2.7　共射极放大电路静态工作点测量仿真电路

2. 共射极放大电路性能指标的测试

静态工作点调试完成后，将信号源恢复正常连接，设置信号源输出正弦波，频率为

1 kHz，正弦波振幅 $V_p=30$ mV，则此正弦波峰峰值 $V_{pp}=60$ mV，如图 3.2.8 所示。在电路 v_s、v_i 和 v_o 处放置电压探针，调节信号源的幅度大小，使得电压探针监测到的 v_i 处的有效值（图中用 V（rms）表示）近似为 10 mV，此时 v_s 的有效值为 21.2 mV；当负载 $R_L=2$ kΩ 时用电压探针测得 v_o 的有效值为 89.9 mV，如图 3.2.9 所示；用示波器观察放大电路输入和输出波形，示波器通道 A 接放大电路的输入信号，通道 B 接输出信号，测得输入、输出波形如图 3.2.10 所示。断开负载 R_L 测得输出电压有效值为 174 mV，如图 3.2.11 所示，输入、输出波形如图 3.2.12 所示。

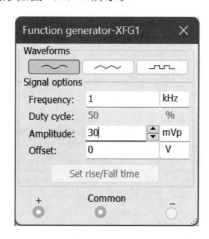

图 3.2.8　共射极放大电路动态测试信号源的设置

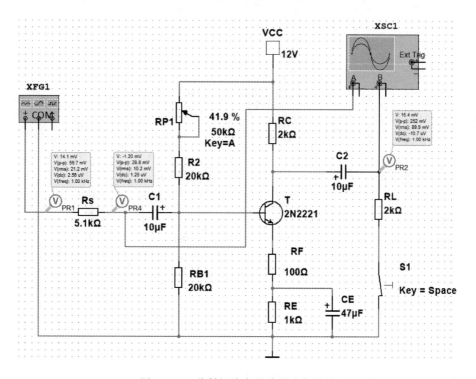

图 3.2.9　共射极放大电路的动态测试

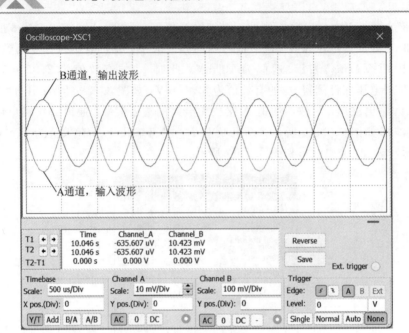

图 3.2.10　共射极放大电路的输入、输出波形

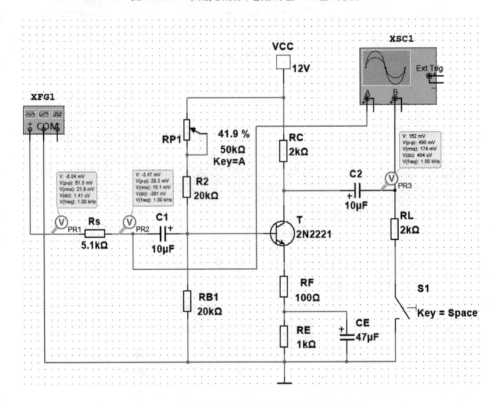

图 3.2.11　共射极放大电路空载时的输出电压

3. 观察静态工作点对输出波形失真的影响

（1）置 $R_L = 2$ kΩ，保持静态工作点 $V_C = 6.95$ V 不变，测出静态时的 $I_C = 2.52$ mA，

$V_\mathrm{E}=2.81$ V。逐步加大输入信号振幅，使之约为 630 mV，并使输出电压 v_o 足够大但不失真，测出此时静态时的 $I_\mathrm{C}=2.52$ mA、$V_\mathrm{E}=2.81$ V，如图 3.2.13 所示，此时输入、输出波形如图 3.2.14 所示。

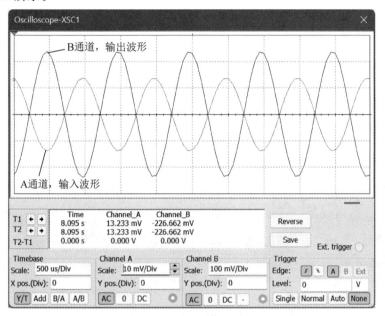

图 3.2.12 共射极放大电路空载时输入、输出波形

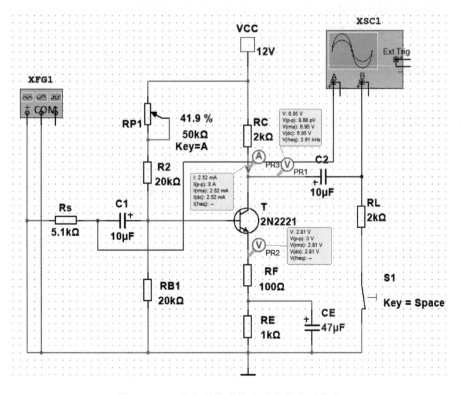

图 3.2.13 最大不失真输出时的静态工作点

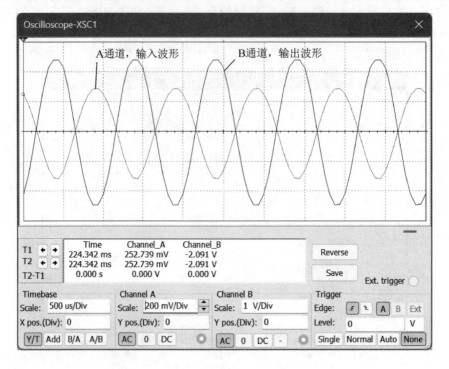

图 3.2.14　最大不失真输出时输入、输出波形

（2）保持输入信号不变，调节 R_{P1}，使波形出现负半周的饱和失真，如图 3.2.15 所示。然后将信号源置零，测出饱和失真情况下的 I_{C}、V_{C} 和 V_{E} 的值，如图 3.2.16 所示。

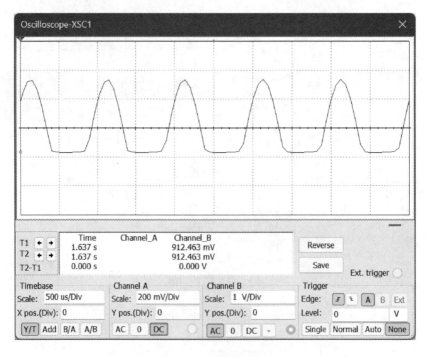

图 3.2.15　饱和失真波形

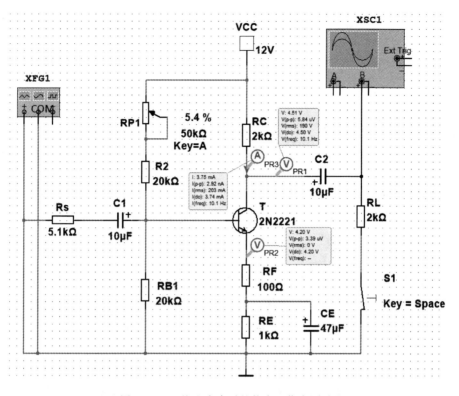

图 3.2.16　饱和失真时的静态工作点测试

（3）保持输入信号不变，调节 R_{P1}，使波形出现正半周的截止失真，如图 3.2.17 所示。然后将信号源置零，测出截止失真情况下的 I_C、V_C 和 V_E 的值，如图 3.2.18 所示。

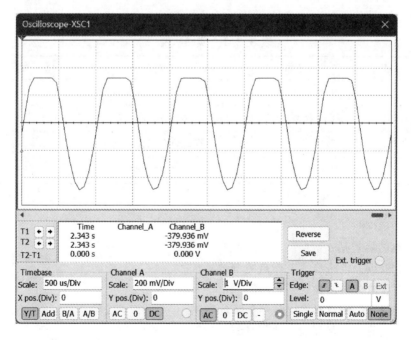

图 3.2.17　截止失真波形

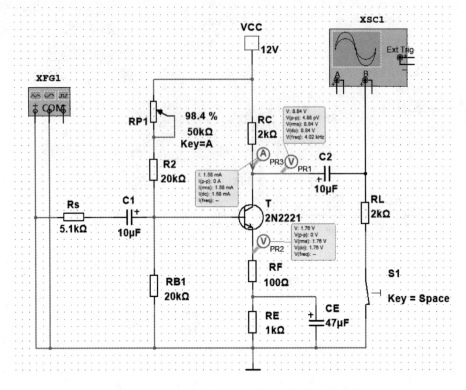

图 3.2.18   截止失真时的静态工作点测试

五、实验仪器

本次实验需要的实验仪器如表 3.2.1 所示。

表 3.2.1   实验仪器

序号	仪器名称	主要功能	数量
1	双踪示波器	观测输入、输出的波形及电压	1
2	函数信号发生器	提供输入信号	1
3	数字万用表	测量静态工作点电压	1
4	多功能实验板	搭建电路	1

六、实验内容

本次实验内容包括：

（1）共射极放大电路静态工作点的调试。

（2）共射极放大电路性能指标的测试。

（3）观察静态工作点对输出波形失真的影响。

（4）共射极放大电路幅频特性的测试。

七、实验步骤

1. 共射极放大电路静态工作点的调试

（1）关闭系统电源。用导线连接图 3.2.1 所示的电路。在接通直流电源前，先将 R_{P1} 调至最大（逆时针旋转到底），输入端信号 v_i 接地（$v_i=0$ V）。

（2）接通 +12 V 直流电源，调节 R_{P1}，使 $V_C=6.95$ V（大致在负载线中点位置）。用万用表直流挡测量 V_B、V_E、V_C 值，并将结果记入表 3.2.2 中。

表 3.2.2　静态工作点测量

测 量 值			计 算 值		
V_B/V	V_E/V	V_C/V	V_{BE}/V	V_{CE}/V	I_C/mA

2. 共射极放大电路性能指标的测试

（1）测量电压放大倍数。在放大电路输入端加入频率为 1 kHz 的正弦信号 v_s，调节函数信号发生器的输出旋钮使放大电路输入电压 $v_i=10$ mV，同时用示波器观察放大电路输出电压 v_o 波形，保证输出波形不失真。分别测量 $R_L=2$ kΩ 和 $R_L=\infty$ 时 v_o 的值，将测量数据记录在表 3.2.3 中，并用示波器观察 v_o 和 v_i 的相位关系。

表 3.2.3　$v_i=10$ mV 时的实验测量数据

$R_L/k\Omega$	v_i	v_o/mV	A_v	v_o 和 v_i 的相位关系
2	10 mV			
∞				

（2）测量输入电阻（R_i）和输出电阻（R_o）。置 $R_L=2$ kΩ，静态工作点保持不变。在输入信号端输入一个频率为 1 kHz 的正弦信号，在输出电压 v_o 不失真的情况下，测出 v_s、v_i 和 v_L。断开 R_L，测量输出电压 v_o，利用公式 $R_i=\dfrac{v_i R_s}{v_s-v_i}$ 计算出 R_i，利用公式 $R_o=\left(\dfrac{v_o}{v_L}-1\right)\times R_L$ 计算出 R_o，将结果记入表 3.2.4 中。

表 3.2.4　输入、输出电阻测量

测 量 值				计 算 值	
v_s/mV	v_i	v_L/mV	v_o/mV	$R_i/k\Omega$	$R_o/k\Omega$
	10 mV				

3. 观察静态工作点对输出波形失真的影响

（1）置 $R_L=2$ kΩ，调节 R_{P1}，使 $V_C=6.95$ V。逐步加大输入信号，使输出电压 v_o 足够大但不失真，测出此时最佳静态工作点下的 I_C 和 V_{CE} 值（记入表 3.2.5 中），并记录此刻 v_o 和 v_i 的波形。

（2）保持输入信号不变，逐步增大 R_{P1}，使波形出现失真，测出失真情况下的 I_C 和 V_{CE} 值（记入表 3.2.5 中），并记录此刻 v_o 的波形。

（3）保持输入信号不变，逐步减小 R_{P1}，使波形出现失真，测出失真情况下的 I_C 和 V_{CE} 值（记入表 3.2.5 中），并记录此刻 v_o 的波形。

注意：每次测 I_C 和 V_{CE} 值时要使输入信号为零（即 $v_i = 0$ V）。

表 3.2.5　静态工作点对输出波形的影响

I_C/mA	V_{CE}/V	v_o 波形	失真情况	晶体管工作状态

4. 共射极放大电路幅频特性的测试

置 $R_L = 2$ kΩ，函数信号发生器输入信号 $v_i = 130$ mV，调节 R_{P1}（改变静态工作点），使输出信号最大且不失真。改变信号频率 f，逐点测出相应的输出电压 v_o。为了频率 f 取值合适，可先粗测一下，找出中频范围，然后仔细读数，并将数据记入表 3.2.6 中。

表 3.2.6　幅频特性曲线数据

f/Hz					
v_o/V					
A_v					

（$f_L = $ ＿＿＿＿＿，$f_0 = $ ＿＿＿＿＿，$f_H = $ ＿＿＿＿＿。）

注意：示波器所测量的信号为峰峰值，万用表测量的值为有效值。测 f_H 和 f_L 时，先使输出信号达到最大不失真波形，并保持此时的输入信号幅值不变。记录此时 v_o，即输出信号幅值为中频时的 v_o 值。然后改变信号源的频率，先增加 f，使 v_o 值降到中频时的 0.707 倍，但要保持输入信号不变，此时输入信号的频率即为 f_H；之后降低频率，使 v_o 值降到中频时的 0.707 倍，此时输入信号的频率即为 f_L。

八、思考题

（1）如果测量时发现放大倍数远小于理论计算值，可能是什么原因造成的？

（2）测量放大电路输入电阻时，若串联电阻阻值比输入电阻阻值大很多或小很多，则对测量结果有何影响？

（3）本次实验中，输出波形出现削底失真时是什么失真？

九、知识拓展

下面介绍半导体器件型号的命名方法。

半导体器件型号由五个部分组成（场效应器件、半导体特殊器件、复合管、PIN 型管和激光器件的型号命名只有第三、四、五部分）。五个部分意义如下：

第一部分：用数字表示半导体器件的电极数目，2 表示二极管、3 表示三极管。

第二部分：用字母表示半导体器件的材料和极性。

对于二极管，字母 A 表示 N 型锗材料、字母 B 表示 P 型锗材料、字母 C 表示 N 型硅材料、字母 D 表示 P 型硅材料。

对于三极管，字母 A 表示 PNP 型锗材料、字母 B 表示 NPN 型锗材料、字母 C 表示 PNP 型硅材料、字母 D 表示 NPN 型硅材料、字母 E 表示化合物材料。

第三部分：用字母表示半导体器件的类别。其中，P 表示普通管、V 表示微波管、W 表示稳压管、C 表示参量管、Z 表示整流管、L 表示整流堆、S 表示隧道管、N 表示阻尼管、U 表示光电管、K 表示开关管、X 表示低频小功率管($f < 3$ MHz，$P_c < 1$ W)、G 表示高频小功率管($f > 3$ MHz，$P_c < 1$ W)、D 表示低频大功率管($f < 3$ MHz，$P_c > 1$ W)、A 表示高频大功率管($f > 3$ MHz，$P_c > 1$ W)、T 表示闸流管(可控整流器)、Y 表示体效应器件、B 表示雪崩管、J 表示阶跃恢复管、CS 表示场效应管、BT 表示特殊晶体管、FH 表示复合管、PIN 表示 PIN 二极管、GJ 表示激光二极管。

第四部分：用数字表示同一类型产品的登记顺序号。

第五部分：用字母表示规格号。

国产三极管型号命名及含义如表 3.2.7 所示。

表 3.2.7　国产三极管型号命名及含义

第一部分 电极数目		第二部分 材料和极性		第三部分 类别		第四部分 登记顺序号	第五部分 规格号
数字	含义	字母	含义	字母	含义		
3	三极管	A	锗材料、PNP 型	G	高频小功率管	用数字表示同一类型产品的登记顺序号	用字母 A、B、C、D 等表示同一型号的器件的挡位等
				X	低频小功率管		
		B	锗材料、NPN 型	A	高频大功率管		
				D	低频大功率管		
		C	硅材料、PNP 型	T	闸流管		
				K	开关管		
		D	硅材料、NPN 型	V	微波管		
				B	雪崩管		
		E	化合物材料	J	阶跃恢复管		
				U	光电管		
				CS	结型场效应晶体管		

例如，3DG18 表示 NPN 型硅材料高频三极管。

3.3　射极跟随器

一、实验目的

（1）通过实验了解射极跟随器的特性。

（2）掌握射极跟随器各项技术指标的测量方法。

（3）了解射极跟随器频率特性的测量方法。

二、预习要求

（1）复习与射极跟随器相关的理论知识。

（2）根据理论知识对实验电路的静态工作点、电压放大倍数、输入电阻等性能指标进行工程估算。

三、实验原理

因共集电极放大电路的信号从基极输入，从发射极输出，故又称射极输出器。它是一个电压串联负反馈放大电路，具有输入电阻高、输出电阻低、电压放大倍数接近 1 等特点，其输出电压能够在较大范围内跟随输入电压做线性变化，且输入、输出信号相位相同，因此它又称为电压跟随器，其电路原理图如图 3.3.1 所示。

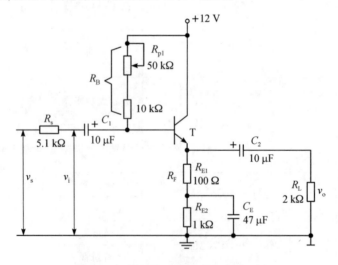

图 3.3.1　射极跟随器电路实验原理图

1. 输入电阻 R_i

放大电路的输入电阻就是指从信号源两端向放大电路输入端看进去的等效电阻，定义为输入电压与输入电流值之比。由图 3.3.1 可得该电路的输入电阻为

$$R_i = \frac{v_i}{i_i} = R_B \text{ // } [r_{be} + (1+\beta)(R_{E1} \text{ // } R_L)]$$

其中

$$r_{be} = r_{bb'} + (1+\beta)\frac{0.026}{I_{EQ}}$$

由输入电阻表达式可知，射极跟随器的输入电阻 R_i 比共射极单管放大电路的输入电阻 $R_i = R_B // r_{be}$ 要高得多。

2. 输出电阻 R_o

放大电路的输出电阻就是指从负载两端向放大电路输出端看进去对应的无源二端网络（独立源置零）的等效电阻。由图 3.3.1 可得该电路的输出电阻为

$$R_o = R_{E1} \text{ // } \frac{r_{be}}{1+\beta} \approx \frac{r_{be}}{1+\beta}$$

若考虑信号源内阻 R_s，则

$$R_o = R_{E1} \text{ // } \frac{r_{be} + R_B \text{ // } R_s}{1+\beta}$$

由上式可知，射极跟随器的输出电阻 R_o 比共射极单管放大电路的输出电阻 $R_o = R_c$ 低得多。三极管的 β 愈高，输出电阻愈小。

3. 电压放大倍数

电压放大倍数反映放大电路放大电压信号的能力，定义为输出电压与输入电压之比，由图 3.3.1 可得该电路的电压放大倍数为

$$A_v = \frac{(1+\beta)(R_{E1} \text{ // } R_L)}{r_{be} + (1+\beta)(R_{E1} \text{ // } R_L)}$$

上式说明射极跟随器的电压放大倍数小于 1 且为正值。这是电压负反馈的结果。但射极跟随器的射极电流仍比基极电流大 $1+\beta$ 倍，所以它具有一定的电流放大和功率放大作用。

4. 电压跟随范围

电压跟随范围是指射极跟随器输出电压 v_o 跟随输入电压 v_i 做线性变化的区域。当 v_i 超过一定范围时，v_o 便不能跟随 v_i 做线性变化，即 v_o 波形产生了失真。为了使输出电压 v_o 正、负半周对称，并充分利用电压跟随范围，静态工作点应选在交流负载线中点，测量时可直接用示波器读取 v_o 的峰峰值，即电压跟随范围。

四、电路仿真

通过 Multisim 仿真软件可以对电路进行仿真实验，了解电路的性能与实验方法。根据实验电路图搭建仿真电路，利用仿真软件中的各种测量仪表，如示波器、信号源、电流电压表、探针等来灵活地测量电路的特性，为实物实验的顺利进行做好准备。射极跟随器仿真实验电路如图 3.3.2 所示。

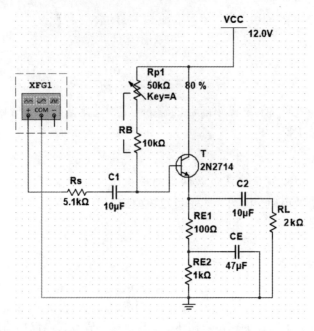

图 3.3.2　射极跟随器仿真实验电路

1. 调试静态工作点

断开电路中的电容，将输入信号置零，放置探针，测量电路中三极管发射极电位和集电极电流。调整 R_{p1}，使发射极电位 $V_{E1} = 8.31$ V，以保证三极管工作在放大状态。调试和测量如图 3.3.3 所示。

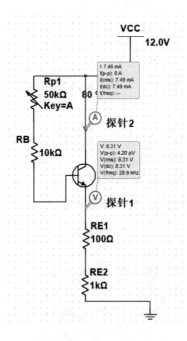

图 3.3.3　静态工作点调试

2. 放大倍数的测量

在图 3.3.4 所示仿真电路中，在输入端加入交流信号，输入信号幅值大约为 20 mV，用示波器的两路探头分别测量输入电压与输出电压。从示波器仿真结果可以看出，输入信号(通道 A)的电压约为 13.22 mV，输出信号(通道 B)的电压约为 12.72 mV，射极跟随器的输入、输出电压同相。

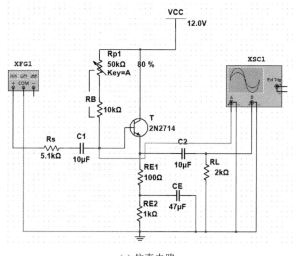

(a) 仿真电路

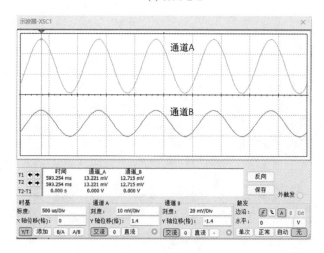

(b) 输入、输出波形

图 3.3.4　电压放大倍数测量

3. 输入电阻的测量

在图 3.3.5 所示仿真电路中，在输入端加入交流信号，输入信号幅值大约为 20 mV，用示波器的两路探头分别测量信号源电压与输入电压。从示波器仿真结果可以看出，信号源电压(通道 B)幅值约为 19.97 mV，输入电压(通道 A)幅值约为 13.24 mV，信号源内阻的 $R_s = 5.1$ kΩ，由此估算出该仿真电路的输入电阻约为 7.83 kΩ。

当将电路的负载电阻 R_L 提高到 50 kΩ，信号源电压几乎不变时，输入电压增加为 13.376 mV，如图 3.3.5(c)所示，可见射极跟随器的输入电阻与负载有关。除此之外，射极跟随器的输出电阻与信号源内阻也有关系，在多级电路级联时需要特别注意。

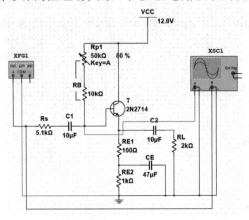

(a) 仿真电路

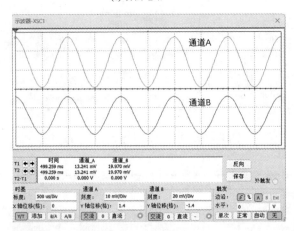

(b) 信号源、输入波形

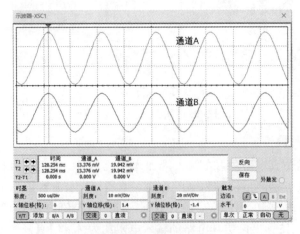

(c) 50 kΩ负载时信号源、输入波形

图 3.3.5　输入电阻测量

五、实验仪器

本次实验需要的实验仪器如表 3.3.1 所示。

表 3.3.1　实验仪器

序号	仪器名称	主要功能	数量
1	双踪示波器	观测输入、输出的波形及电压	1
2	函数信号发生器	提供输入信号	1
3	数字万用表	测量电源电压、直流静态工作点	1
4	实验电路模块	搭建实验电路	1
5	直流稳压电源	为电路提供直流电源	1

六、实验内容

本次实验内容包括：

（1）测量射极跟随器的静态工作点。

（2）测量射极跟随器的放大倍数。

（3）测量射极跟随器的输入、输出电阻。

（4）测量射极跟随器的频率特性。

七、实验步骤

1. 测量静态工作点

（1）关闭直流电源。按图 3.3.1 正确连接线路，将 P_{p1} 调至最大。

（2）打开直流电源。取 $V_{CC}=12$ V，$v_i=0$ V，调节 R_{p2}，使 $I_C=6$ mA（即 $V_E=6.6$ V），用万用表测量静态工作点，结果记入表 3.3.2 中。

表 3.3.2　静态工作点数据

测量值			计算值		
V_B/V	V_E/V	V_C/V	V_{BE}/V	V_{CE}/V	I_C/mA

2. 测量电压放大倍数、输入电阻和输出电阻

在电路输入端加入频率为 1 kHz 的正弦信号 v_s，调节函数信号发生器的输出信号幅值，使电路输入电压 v_i 的有效值约为 10 mV，当负载 $R_L=2$ kΩ 时，用示波器测量输出电压 v_L，利用公式 $A_{vL}=\dfrac{v_L}{v_i}$ 计算 A_{vL}；当负载 $R_L=\infty$ 时，用示波器测量输出电压 v_o，利用公

式 $A_{vo} = \dfrac{v_o}{v_i}$ 计算 A_{vo}。利用公式 $R_i = \dfrac{v_i}{v_s - v_i} R_s$ 以及 $R_o = \dfrac{v_o}{v_L - 1} R_L$ 计算 R_i 和 R_o，将相应数据记入表 3.3.3 中。

表 3.3.3　电压放大倍数、输入电阻、输出电阻数据

测　量　值				计　算　值			
v_i/mV	v_o/mV	v_L/mV	v_s/mV	A_{vo}	A_{vL}	$R_i/\mathrm{k\Omega}$	$R_o/\mathrm{k\Omega}$

3. 测试频率响应特性

静态工作点保持不变，$R_L = 2\ \mathrm{k\Omega}$，输入信号幅值不变，以 $f = 1\ \mathrm{kHz}$ 为中心频率，分别向上和向下调节信号源频率 f，测量对应的输出电压，计算电压放大倍数，结果记入表 3.3.4 中，依据表中数据绘制幅频特性曲线。

表 3.3.4　频率响应特性数据

序号	f/kHz	v_o/mV	A_v
1			
2			
3			
4			
5			
6			
7			
8			
9			
10			
11			

八、思考题

（1）将射极跟随器电路动态参数的实测值与理论值进行对比，说明误差出现的可能原因。

（2）根据实验结果，对比共射极放大电路的指标参数，说明共集电极放大电路的电路特点。

（3）射极跟随器在电子系统中有哪些常见应用？

（4）射极跟随器在什么情况下会产生失真？如何减少失真？

（5）射极跟随器在电路中如何保证稳定性？

九、知识拓展

1. 延迟式电子门铃

图 3.3.6 是一种具有延迟功能的电子门铃的电路图，三极管 T_1、T_2 构成一个延迟开关电路。当开关 S_1 被按下时，电源通过 S_1 向电容 C_1 充电，由于充电时间常数较小，C_1 两端很快就充到电源电压。T_1 通过 R_1 获得偏置电流，其发射极电流在电阻 R_2 两端产生压降，当压降大于 $0.7\,V$ 时，T_2 即开始导通，同时 T_3、T_4 组成的对称型无稳态自激多谐音频振荡器开始工作，T_4 集电极输出方波音频信号，该信号经 R_7 加至 T_5 的基极，并经 T_5 构成的共集电极放大电路进行功率放大，推动扬声器 BP 发声。当松开 S_1 后，C_1 存储的电荷就通过 R_1 向 T_1 基极放电，使 T_1、T_2 继续维持导通状态，T_3、T_4 振荡器仍能维持振荡，所以响声仍能持续。C_1 电荷基本释放完时，T_1、T_2 恢复截止状态，振荡器停止振荡，门铃恢复到原来的静止状态。

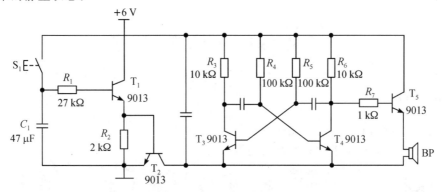

图 3.3.6　延迟式电子门铃的电路图

电路中电路延迟时间由 C_1 的容量和 R_1 的阻值决定，取值越大延迟时间越长。同时更改 R_4、R_5 的阻值，或同时更改 C_3、C_4 的电容值，可以调节振荡器的振荡频率，即改变门铃发声的音调高低。平时电路处于静止状态，$T_1 \sim T_5$ 均处于截止状态，扬声器 BP 无声，电路基本不耗电。

2. 音频放大器

图 3.3.7 是一个三级放大电路构成的简单音频放大器，兼有振铃功能，如果将两个这样的电路连接起来，就可以组成一对有线对讲机。声音通过驻极话筒 MIC 收集后，经过电容 C_1 送入三极管的基极，T_1、T_2 和 T_3 组成共射-共射-共集电极放大电路并将信号进行三级放大。前两级共射极放大电路放大输入信号的幅值，最后一级采用共集电极放大电路，利用共集电极放大电路输入电阻大、输出电阻小、动态范围较大的特点，实现功率放大。放大的功率信号经 T_3 的集电极输出至扬声器 BP，发出音频信号。S_1 作为呼叫开关，当 S_1 闭合时，R_3 和 C_2 产生低频的振荡信号，通过正反馈加至 T_1 的基极，并由 T_1、T_2 和 T_3 放大后，通过 BP 发出呼叫声。

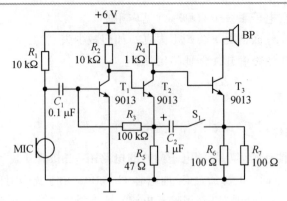

图 3.3.7 简易音频放大器

电路采用的是直接耦合方式，静态工作电流较大，如果使用电池供电将会比较耗电。电阻 R_6、R_7 并联使用，得到约 50 Ω 电阻，通过这两个电阻也可以控制 BP 上的音量，对电路的静态工作电流亦会产生明显影响。R_1 是驻极话筒的偏置电阻，其阻值大小对话筒的灵敏度会产生影响，不同厂家生产的驻极话筒，其自身灵敏度也有所区别，偏置电阻一般取值范围为 1～10 kΩ。

3.4 FET 共源放大电路

一、实验目的

（1）了解结型场效应管的性能和特点。

（2）进一步熟悉放大器动态参数的测量方法。

二、预习要求

（1）复习场效应管放大电路的基本理论知识。

（2）根据晶体管放大电路的实验方法自行设计实验步骤。

（3）用 Multisim 仿真实验内容。

三、实验原理

场效应晶体管（Field Effect Transistor）简称场效应管，它是一种电压控制型半导体器件。根据结构的不同，场效应管可分为结型场效应管和绝缘栅型场效应管两大类。由于场效应管栅、源之间处于绝缘或反向偏置状态，因此输入电阻很高（一般可达 10^6 Ω 以上）。场效应管具有热稳定性好、抗辐射能力强、噪声系数小、制造工艺简单、便于大规模集成等优点，因此得到了广泛应用。

1. 结型场效应管的特性和参数

场效应管的特性曲线主要有转移特性曲线和输出特性曲线。图 3.4.1 所示为 N 沟道结型场效应管 3DJ6F 的转移特性曲线和输出特性曲线。其直流参数主要有饱和漏电流 I_{DSS}、

夹断电压 V_P 等，交流参数主要有跨导 g_m。

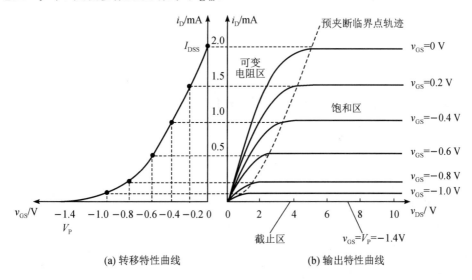

图 3.4.1　N 沟道结型场效应管 3DJ6F 的转移特性曲线和输出特性曲线

表 3.4.1　3DJ6F 的典型数值及测试条件

参数名称	测试条件	参数值
饱和漏电流 I_{DSS}/mA	$V_{DS}=10$ V，$V_{GS}=0$ V	$1\sim3.5$
夹断电压 V_P/V	$V_{DS}=10$ V，$I_{DS}=50\ \mu A$	$|1\sim9|$
跨导 g_m/(μA/V)	$V_{GS}=10$ V，$I_{DS}=3$ mA，$f=1$ kHz	>100

2. 场效应管放大电路性能分析

图 3.4.2 为结型场效应管共源极放大电路。

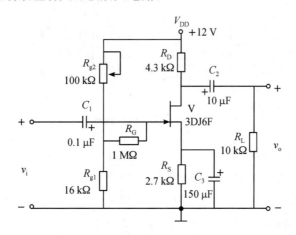

图 3.4.2　结型场效应管共源极放大电路

根据放大电路的直流通路，栅极电位 V_G 由电阻 R_{g1} 和 R_{g2} 分压决定，即

$$V_G = \frac{R_{g1}}{R_{g1} + R_{g2}}$$

静态下的源极电位 V_S 由电阻 R_S 两端电压决定，即

$$V_S = I_D R_S$$

其静态工作点 V_{GS} 和 I_D 通过联立方程组解得，即

$$V_{GS} = V_G - V_S = \frac{R_{g1}}{R_{g1} + R_{g2}} V_{DD} - I_D R_S$$

$$I_D = I_{DSS} \left(1 - \frac{V_{GS}}{V_P} \right)$$

中频电压放大倍数为

$$A_v = -g_m R'_L = -g_m (R_L \text{ // } R_D)$$

跨导为

$$g_m = -\frac{2 I_{DSS}}{V_P} \left(1 - \frac{V_{GS}}{V_P} \right)$$

输入电阻为

$$R_i = R_G + R_{g1} \text{ // } R_{g2}$$

输出电阻为

$$R_o \approx R_D$$

3. 电压放大倍数的测量方法

放大电路的放大能力用电压放大倍数 A_v 来表示，即 $A_v = \dfrac{v_o}{v_i}$。式中 v_o 为输出信号电压，v_i 为输入信号电压。在实验中可以用交流毫伏表或者示波器测量 v_o 和 v_i 的大小。示波器还可用来观察输入和输出信号电压的波形及其相位关系。电压放大倍数的测量电路如图 3.4.3 所示。

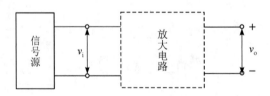

图 3.4.3　电压放大倍数的测量电路

4. 输入电阻的测量方法

放大电路输入电阻 R_i 是从放大电路的输入端看进去的等效电阻，输入电阻大小反映放大电路消耗前级信号功率的大小。R_i 的值越大，表明放大电路从信号源汲取的电流越小，放大电路所得到的输入电压 v_i 就越接近信号源电压 v_s。换句话说，放大电路能从信号源获取更大的输入信号。测量 R_i 的方法有很多，常见的方法有如下几种。

1）输入换算法

如果输入电阻为低阻，则输入电阻 R_i 可用如图 3.4.4 所示的电路进行测量。在被测放大电路前加一个电阻 R，通过信号源输入正弦信号，用示波器分别测量 R 两端对地的电压 v_s 和 v_i，则

$$R_i = \frac{v_i}{v_s} - v_i \times R$$

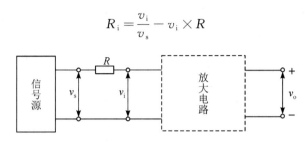

图 3.4.4　输入换算法测量输入电阻

需要注意的是，输入端接的电阻 R 不宜过大，否则容易引入干扰。同时接入的电阻 R 也不宜过小，电阻 R 过小会产生较大的测量误差。R 的合理取值是与 R_i 在同一个数量级，在实际测量中，一般取 R 接近 R_i，或将 R 换成一个可变电阻 R_P，调节 R_P 的值，使 $v_i = v_s/2$，此时 $R_i = R_P$。

2）输出换算法

如果放大电路的输入电阻很高，则输入电阻 R_i 可以通过输出换算法来测量，具体的测量电路如图 3.4.5 所示。

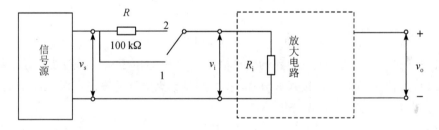

图 3.4.5　输出换算法测量输入电阻

在放大电路的输入端串入电阻 R，把开关 S 掷向位置"1"（使电阻 $R = 0\ \Omega$），测量放大电路的输出电压 $v_{o1} = A_v v_s$；保持 v_s 不变，再把 S 掷向位置"2"（即接入 R），测量放大电路的输出电压 v_{o2}。由于两次测量中 A_v 和 v_s 保持不变，故

$$v_{o2} = A_v v_i = \frac{R_i}{R + R_i} v_s A_v$$

由此可以求出

$$R_i = \frac{v_{o2}}{v_{o1} - v_{o2}} R$$

同样为了降低测量误差，式中 R 和 R_i 不能相差太大。

3）替代法

用替代法测量放大电路输入电阻的电路如图 3.4.6 所示。替代法测试原理为：使用函数信号发生器产生正弦信号，首先将开关 S 拨至 1 位置，用示波器测量并记录当前电压 v_i；然后将开关 S 拨至 2 位置，用示波器测量当前电压，调节电位器 R_P 使测量电压等于开关 S 位于 1 位置时的电压 v_i，此时 R_P 的阻值等于放大电路输入电阻 R_i 的值。

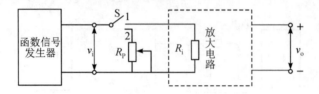

图 3.4.6　替代法测量输入电阻

5. 输出电阻的测量方法

放大电路的输出电阻 R_o 是从放大电路输出端看进去的等效电阻，输出电阻的大小反映了放大电路带负载的能力。由于负载与输出电阻具有串联的关系，因此输出电阻 R_o 的值越小，带负载的能力越强。放大电路输出端可以等效为一个理想电压源 v_o 和输出电阻 R_o 相串联，如图 3.4.7 所示。

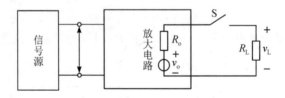

图 3.4.7　输出电阻测量方法

当开关 S 打开时，测量放大电路的输出电压 v_{o1}，此时由于输出回路处于开路状态，输出电压 $v_{o1} = v_o$；当 S 闭合（即接入 R_L）时，再次测量放大电路的输出电压 v_{o2}，此时电阻 R_o 和电阻 R_L 处于串联状态，根据分压公式，则

$$v_{o2} = \frac{R_L}{R_o + R_L} v_o$$

由于 $v_{o1} = v_o$，因此可以求出输出电阻 R_o：

$$R_o = \frac{v_{o1} - v_{o2}}{v_{o2}} R_L$$

在测量中应注意，必须保持 R_L 接入前后输入信号的大小不变。

四、电路仿真

对图 3.4.2 结型场效应管共源极放大电路，用 Multisim 软件进行仿真。通过电路仿真了解电路的性能，利用仿真软件中的各种测量仪表，如示波器、信号源、电流表、电压表、探针等来灵活地测量电路的参数，为实物实验的顺利进行做好准备。仿真电路如图 3.4.8 所示。

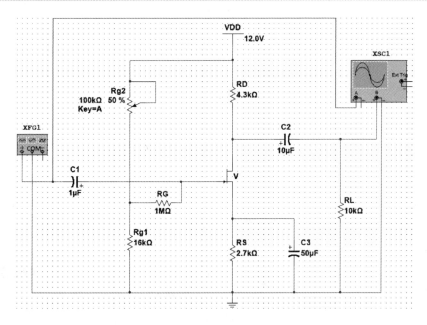

图 3.4.8　场效应管共源极放大仿真电路

由于 Multisim 中没有 3DJ6F 类型场效应管，我们选用参数相近的 N 沟道场效应管进行替代，通过查阅模型参数（见图 3.4.9）可知，该场效应管的阈值电压（夹断电压）为 -2 V。

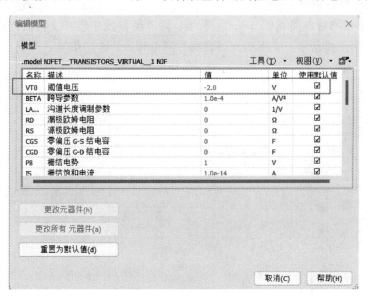

图 3.4.9　场效应管模型参数

1. 调试静态工作点

调试静态工作点时，首先将输入信号 v_i 调节为 0 V，然后调节电位器 R_{g2}，使用电压探针或者电压表分别测量栅极 G、源极 S、漏极 D 的电位，使得静态工作点处于场效应管输出特性曲线饱和区（恒流区）的中间位置，仿真电路如图 3.4.10 所示。

输入信号 v_i 调节为 0 V，即将函数发生器信号选项，振幅设置为 0，调节电位器 R_{g2} 至 50%。场效应管各极电位测量如图 3.4.10 所示，由图可得 V_{GS} 约为 0.47 V，$V_{DS}=7.727$ V，则 $V_{DS}>V_{GS}-V_P$，静态工作点处于饱和区(恒流区)。

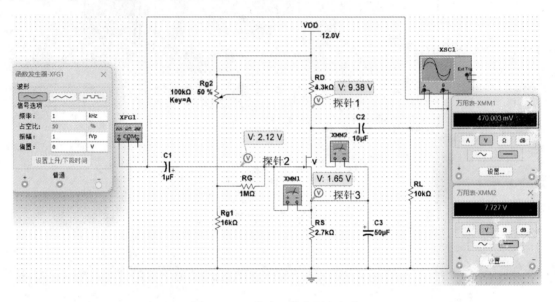

图 3.4.10　静态工作点测量电路

2. 测量电压放大倍数 A_v

电压放大倍数测量电路如图 3.4.11 所示，调节函数发生器，使其输出频率为 1 kHz、振幅为 50 mV 的正弦信号，使用示波器观察并测量输入、输出信号。

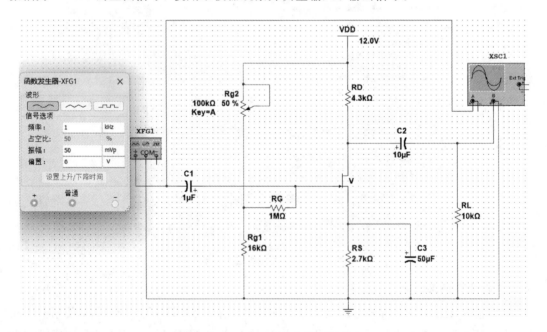

图 3.4.11　电压放大倍数测量电路

　　图 3.4.12 中通道 A 测量输入信号，通道 B 测量输出信号，通过测量可知，输入信号最大值 $V_{im}=49.383$ mV（50 mV 左右），输出信号最大值 $V_{om}=73.073$ mV，输入与输出信号相位相反，由此可以计算出电压放大倍数 $A_v\approx-1.48$，故可以得出结论：输入信号在经过场效应管放大电路后信号被放大了，由于放大倍数为负数，因此输入信号与输出信号之间相位相差 180°。

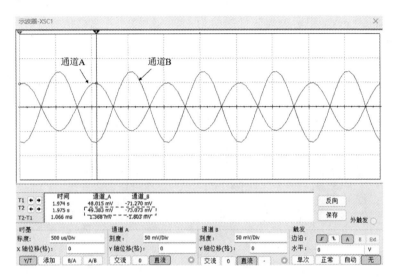

图 3.4.12　输入信号和输出信号测量结果

　　若进一步增大输入信号振幅，放大过程中信号有可能会进入可变电阻区或者截止区，输出信号会产生失真。以输入信号（通道 A 所示）振幅约 2 V 为例，输出信号（通道 B 所示）产生明显失真，失真情况如图 3.4.13 所示。因此，在调试过程中，输入信号要结合场效应管的传输特性以及放大电路的特征，选取合理的值，以免放大过程中产生失真。

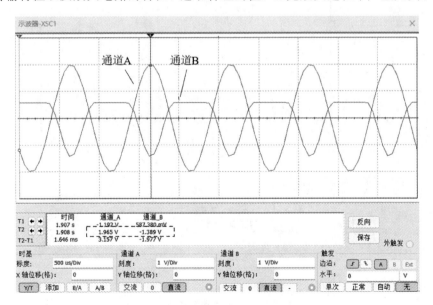

图 3.4.13　失真情况测试图

3. 测量输入电阻 R_i

场效应管由于栅、源之间处于绝缘或反向偏置状态，因此输入电阻 R_i 很高。根据场效应管的特点，输入电阻的测量宜采用输出换算法，仿真电路如图 3.4.14 所示。首先，将开关 S 置于位置"1"，调节函数发生器，使其输出频率为 1 kHz、振幅为 50 mV 的正弦信号，用示波器观察输入信号，由于函数发生器与放大电路之间由导线直接连接，因此理论上输入信号的振幅是 50 mV，用示波器测量的值为 49.468 mV，若忽略仿真过程中产生的误差，可以认为放大电路的输入信号振幅为 50 mV。

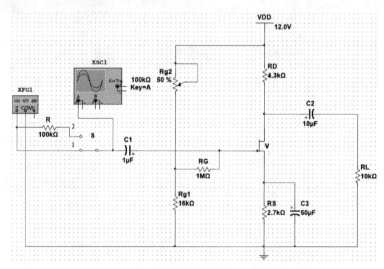

(a) 开关 S 置于位置"1"时测试电路

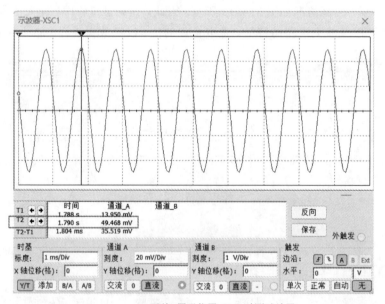

(b) 开关 S 置于位置"1"时测试结果

图 3.4.14　输入电阻仿真电路

其次，将开关 S 置于位置"2"，保持函数发生器输出频率 1 kHz、振幅 50 mV 的正弦信号不变，再次用示波器观察输入信号，由于函数发生器与放大电路之间串联了阻值 100 kΩ 的电阻 R，因此输入信号的振幅会发生变化。再次用示波器测量输入信号，测试结果如图 3.4.15 所示，输入信号振幅为 11.449 mV，根据输出换算法公式

$$R_i = \frac{v_{o2}}{v_{o1} - v_{o2}} R$$

可得输入电阻 $R_i \approx 31$ kΩ。

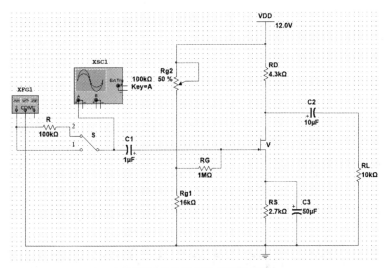

(a) 开关S置于位置"2"时测试电路

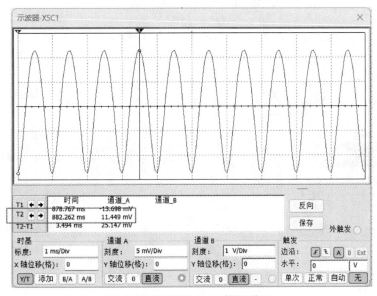

(b) 开关S置于位置"2"时测试结果

图 3.4.15　输入电阻仿真电路

4. 测量输出电阻 R_o。

输出电阻的测量仿真电路如图 3.4.16 所示，输入端保持函数发生器输出频率 1 kHz、振幅 50 mV 的正弦信号不变，输出端设置开关 S，用示波器分别测量放大电路接入负载和未接入负载两种情况下的输出信号，测量结果如图 3.4.17 所示。

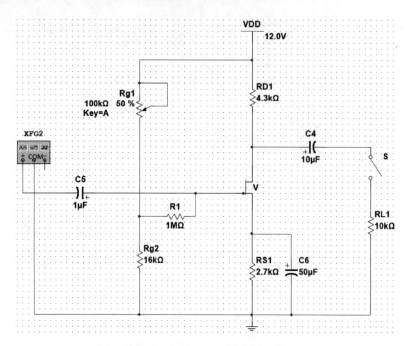

(a) 未接入负载时输出电阻的测量仿真电路

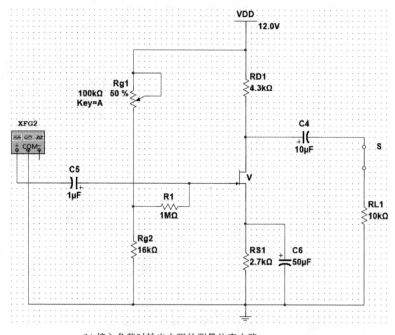

(b) 接入负载时输出电阻的测量仿真电路

图 3.4.16　输出电阻仿真电路

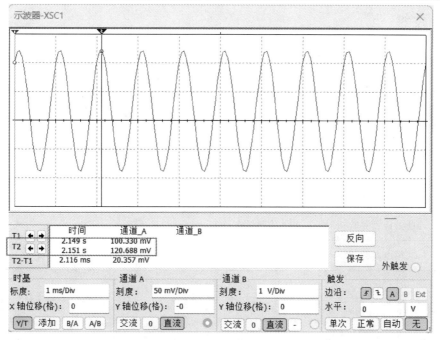

(a) 未接入负载时的测量结果

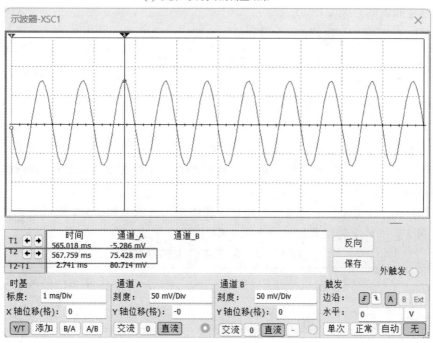

(b) 接入负载时的测量结果

图 3.4.17　输出电阻仿真测量结果

将场效应管放大器接入和非接入负载两种情况下的测量值代入输出电阻 R_o 公式

$$R_o = \frac{v_{o1} - v_{o2}}{v_{o2}} R_L$$

可得，输出电阻 $R_o = 6 \text{ k}\Omega$。

五、实验仪器

本次实验需要的实验仪器如表 3.4.2 所示。

表 3.4.2 实验仪器

序　号	仪器名称	主　要　功　能	数　量
1	双踪示波器	观测信号波形，测量信号各项参数	1
2	函数信号发生器	提供输入信号	1
3	数字万用表	测量静态工作点电压和电阻	1
4	场效应管实验板	提供待测试电路	1
5	模电实验箱	提供电路直流工作电源与需要的器件	1

六、实验内容

本次实验内容包括：

（1）测量和调整静态工作点。

（2）测试电压放大倍数、输出电阻和输入电阻。

七、实验步骤

1. 静态工作点的测量和调试

（1）按照图 3.4.10 连接电路，令 $v_i = 0$ V，接通 +12 V 电源，用直流电压表测量 V_G、V_S 和 V_D。检查静态工作点是否在场效应管输出特性曲线（见图 3.4.1）饱和区的中间部分（$V_{GS} = -0.8 \sim -0.6$ V，$V_{DS} = 6 \sim 8$ V）。如果静态工作点在场效应管输出特性曲线饱和区的中间部分，则将结果记入表 3.4.3 中。

（2）若静态工作点不在场效应管输出特性曲线饱和区的中间部分，则适当调整 R_{g2} 后，再测量 V_G、V_S 和 V_D，将结果记入表 3.4.3 中。

表 3.4.3 静态工作点的测量

测　量　值			计　算　值		
V_G/V	V_S/V	V_D/V	V_{DS}/V	V_{GS}/V	I_D/mA

2. 测量电压放大倍数 A_v、输入电阻 R_i 和输出电阻 R_o

1）测量 A_v 和 R_o。

在放大电路的输入端加入 $f = 1$ kHz 的正弦信号 v_i（约 $50 \sim 100$ mV），并用示波器监测输出电压 v_o 的波形。在输出电压 v_o 没有失真的条件下，用示波器分别测量 $R_L = \infty$ 和

$R_L=10$ kΩ 时的输出电压 v_o。(注意:保持 v_i 振幅不变),将结果记入表 3.4.4 中。用示波器同时观察 v_i 和 v_o 的波形,描绘二者的相位关系。

表 3.4.4 A_v 和 R_o 的测量

测量值			计算值		
v_i/mV	v_o/V		A_{vo}	A_{vL}	$R_o/\text{k}\Omega$
	$R_L=\infty$	$R_L=10$ kΩ			

2)测量 R_i

按图 3.4.14 改接实验电路,选择合适大小的输入电压 v_i(约 $50\sim100$ mV),将开关 S 搬向位置"1",测出 $R=0$ Ω 时的输出电压 v_{o1};然后将开关 S 搬向位置"2"(接入 R),保持 v_s 不变,再测出 v_{o2},根据公式

$$R_i=\frac{v_{o2}}{v_{o1}-v_{o2}}R$$

求出 R_i,将结果记入表 3.4.5 中。

表 3.4.5 R_i 的测量

测 量 值		计 算 值
v_{o1}/V	v_{o2}/V	$R_i/\text{k}\Omega$

八、思考题

(1)场效应管输入回路的耦合电容 C_1(见图 3.4.2)为什么可以取得小一些(可以取 $C_1=0.1$ μF)?

(2)在测量场效应管静态工作电压 V_{GS} 时,能否将直流电压表直接并联在 G 与 S 两端?为什么?

(3)为什么测量场效应管的输入电阻时要用测量输出电压的方法?

九、知识拓展

除结型场效应管以外较为常见的还有绝缘栅型场效应管,也称为金属氧化物半导体场效应管(简称 MOS 管)。

1. MOS 管的特性和参数

下面以 N 沟道增强型 MOS 管(型号 2N7000)为例进行介绍。查阅该器件手册,得到器件参数如表 3.4.6 所示,其特性曲线如图 3.4.18 所示。

表 3.4.6　2N7000 器件参数

符号	参数	条件	最小值	典型值	最大值	单位
V_{DSS}	漏源击穿电压	$V_{GS}=0$ $I_D=10\ \mu A$	60	—	—	V
I_{DSS}	零栅极电压时的漏极电流	$V_{DS}=48\ V$，$V_{GS}=0\ V$	—	—	1	μA
		$V_{DS}=48\ V$，$V_{GS}=0\ V$ $T_C=125℃$	—	—	1	
I_{GSSF}	栅极-体泄漏正向电流	$V_{GS}=15\ V$，$V_{DS}=0\ V$	—	—	10	nA
I_{GSSR}	栅极-体泄漏反向电流	$V_{GS}=-15\ V$，$V_{DS}=0\ V$	—	—	−10	nA
$V_{GS(th)}$	栅源阈值电压	$V_{DS}=V_{GS}$，$I_D=1\ mA$	0.8	2.1	3	V

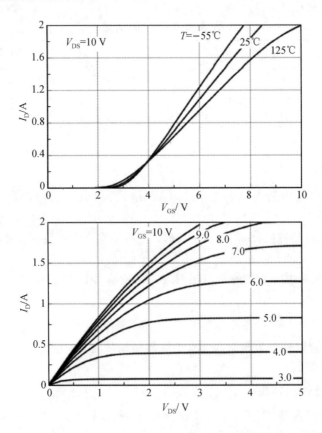

图 3.4.18　2N7000 转移特性曲线和输出特性曲线

2. 静态工作点的调整

（1）按照图 3.4.19 连接电路，令 $v_i = 0$ V，接通 +12 V 电源，用直流电压表测量 V_G、V_S 和 V_D。检查静态工作点是否在 MOS 管输出特性曲线（见图 3.4.18）饱和区的中间部分。如果静态工作点合适，则将结果记入表 3.4.7 中。

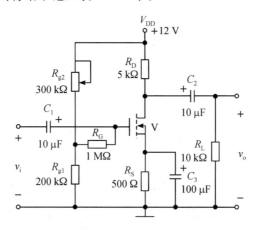

图 3.4.19　MOS 管共源极放大电路

表 3.4.7　静态工作点的测量

测　量　值			计　算　值		
V_G/V	V_S/V	V_D/V	V_{DS}/V	V_{GS}/V	I_D/mA

（2）若静态工作点不在 MOS 管输出特性曲线饱和区的中间部分，则适当调整 R_{g2} 后，再测量 V_G、V_S 和 V_D，确保 V_{GS} 在 5 V 左右，将结果记入表 3.4.7 中。

3. 电压放大倍数 A_v、输入电阻 R_i 和输出电阻 R_o 的测量

1）测量 A_v 和 R_o

在放大电路的输入端加入 $f = 1$ kHz 的正弦信号 v_i（约 50～100 mV），并用示波器监测输出电压 v_o 的波形。在输出电压 v_o 没有失真的条件下，用示波器分别测量 $R_L = \infty$ 和 $R_L = 10$ kΩ 时的输出电压 v_o（注意：保持 v_i 振幅不变），将结果记入表 3.4.8 中。用示波器同时观察 v_i 和 v_o 的波形，描绘二者的相位关系。

表 3.4.8　A_v 和 R_o 的测量

测　量　值			计　算　值		
v_i/mV	v_o/V		A_{vo}	A_{vL}	R_o/kΩ
	$R_L = \infty$	$R_L = 10$ kΩ			

2）测量 R_i

按图 3.4.20 改接实验电路，选择合适大小的输入电压 v_i（约 50～100 mV），将开关 S

掷向位置"1"，测出 $R=0\ \Omega$ 时的输出电压 v_{o1}；然后将开关 S 掷向位置"2"（接入 R），保持 v_i 不变，再测出 v_{o2}，根据公式

$$R_i = \frac{v_{o2}}{v_{o1} - v_{o2}} R$$

求出 R_i，将结果记入表 3.4.9 中。

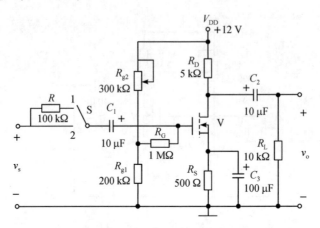

图 3.4.20　改接后的 MOS 管共源极放大电路

表 3.4.9　R_i 的测量

测　量　值		计　算　值
v_{o1}/V	v_{o2}/V	$R_i/\mathrm{k\Omega}$

4. MOS 管的常见应用——大功率开关

　　MOS 管可作为一种大功率开关（即开关管）。首先，MOS 管导通后呈纯电阻（可变电阻区）且导通后电阻极小（数十毫欧级），所以导通后自身功耗极低，几乎不发热，电压几乎全部输送到负载上。其次，MOS 管导通不需要栅极电流，输入阻抗极高，因此不需要从控制信号中吸收电流。

　　图 3.4.21 是 MOS 管作为大功率开关使用时的测试电路。

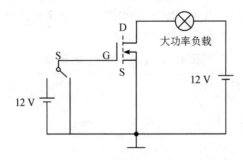

图 3.4.21　MOS 管作为大功率开关时的测试电路

　　当开关接通 10 V 直流电源时，由于 I_D 很大，MOS 管进入可变电阻区，此时 V_{DS} 很小，管子相当于开关闭合状态，使大功率负载与 12 V 电源形成回路，负载工作。当开关直

接接地时，由于 $V_{GS}=0$ V，MOS 管进入截止区，$I_D=0$ A，此时 MOS 管相当于开关断开，负载不工作。

用 Multisim 仿真软件按照实验电路搭接仿真电路，观测到的负载(灯泡作为负载)的工作情况及负载工作时的电压与电流情况如图 3.4.22 所示。

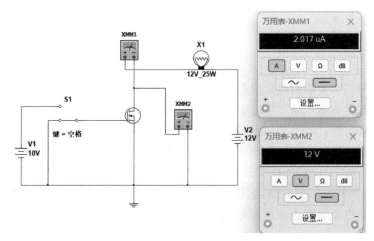

(a) MOS管工作在截止区

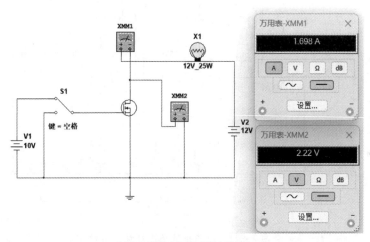

(b) MOS管工作在可变电阻区

图 3.4.22　MOS管作为开关使用时负载上的电压与电流

3.5　负反馈放大电路

一、实验目的

(1) 通过实验了解串联电压负反馈对放大电路性能的改善。

(2) 了解负反馈放大电路各项技术指标的测量方法。

(3) 掌握负反馈放大电路频率特性的测量方法。

二、预习要求

（1）复习与负反馈放大电路相关的理论知识。

（2）根据理论知识对实验电路的静态工作点、闭环电压放大倍数、闭环输入电阻等性能指标进行工程估算。

三、实验原理

反馈就是将放大电路的部分或者全部输出量（电压或电流），通过一定的方式送回到放大电路的输入端来影响输入量。当放大电路引入深度负反馈时，其增益主要取决于反馈网络，从而提高增益的稳定性。此外，负反馈还可以改变输入电阻、输出电阻、扩展频带，减小非线性失真等性能指标。在实际放大电路中，为了改善各方面的性能，常常要引入负反馈。

图 3.5.1 给出了带有负反馈的两级阻容耦合放大电路的实验电路图。在电路中，T_1、T_2 构成一个两级共射放大电路，R_f、C_6 把输出电压 v_o 引回输入端，加在晶体管 T_1 的发射极上，形成反馈电压 v_f，构成电压串联负反馈。

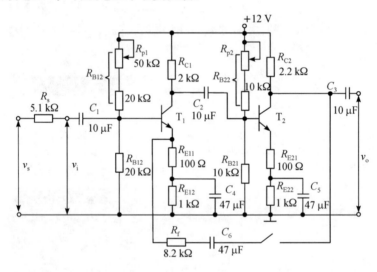

图 3.5.1 电压串联负反馈放大电路

1. 电压串联负反馈对放大电路性能指标的影响

如图 3.5.2 所示，x_i、x_f、x_{id}、x_o 分别表示输入信号、反馈信号、净输入信号和输出信号，箭头表示传输方向，A 为开环增益，F 为反馈系数，A_f 为闭环增益。（本实验电路因为引入电压串联负反馈，电路的输入信号、反馈信号、净输入信号和输出信号均为电压，所以增益和反馈系数为 A_v 和 F_v。）

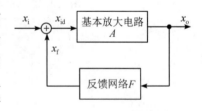

图 3.5.2 反馈放大电路框图

负反馈放大电路闭环增益的一般表达式为

$$A_f = \frac{A}{1+AF}$$

反馈深度为 $1+AF$。当 $1+AF\gg1$ 时，电路引入深度负反馈，$A_f\approx\dfrac{1}{F}$。

（1）负反馈改变了放大电路的输入电阻与输出电阻。

负反馈对放大电路输入阻抗和输出阻抗的影响比较复杂。不同的反馈形式，对阻抗的影响不一样。一般并联负反馈能降低输入阻抗，而串联负反馈能提高输入阻抗；电压负反馈能使输出阻抗降低而电流负反馈能使输出阻抗升高。

输入电阻为 $R_{if}=(1+A_vF_v)R_i$，输出电阻为 $R_{of}=\dfrac{R_o}{1+A_vF_v}$。

（2）负反馈扩展了放大电路的通频带。

引入负反馈后，放大电路的上限频率与下限频率的表达式分别为

$$f_{Hf}=(1+A_vF_v)f_H$$

$$f_{Lf}=\frac{1}{1+A_vF_v}f_L$$

$$BW=f_{Hf}-f_{Lf}\approx f_{Hf}\quad(f_{Hf}\gg f_{Lf})$$

可见，引入负反馈后，f_{Hf} 向高端扩展了 A_vF_v 倍，f_{Lf} 向低端扩展了 A_vF_v 倍，通频带加宽。

（3）负反馈提高了放大倍数的稳定性。

当反馈深度一定时，有

$$\frac{\mathrm{d}A_{vf}}{A_{vf}}=\frac{1}{1+A_vF_v}\cdot\frac{\mathrm{d}A_v}{A_v}$$

可见引入负反馈后，闭环放大倍数 A_{vf} 的相对变化量 $\dfrac{\mathrm{d}A_{vf}}{A_{vf}}$ 比开环放大倍数的相对变化量 $\dfrac{\mathrm{d}A_v}{A_v}$ 小，即闭环增益的稳定性提高了。

2. 静态工作点的工程估算

本实验电路（见图 3.5.1）采用两个共射极放大电路，用阻容耦合的方式进行级联，第一级和第二级电路的静态工作点互不干扰。第一级放大电路的静态分析如下（第二级静态分析类推）：

$$V_{B1Q}\approx\frac{R_{B12}}{R_{B12}+R_{B11}}\times(12\text{ V})$$

$$I_{E1Q}\approx\frac{V_{B1}-0.7\text{ V}}{R_{E12}+R_{E11}}\approx I_{C1Q}$$

$$I_{B1Q}\approx\frac{I_{C1Q}}{\beta}$$

$$V_{CE1Q}=12\text{ V}-I_{C1Q}R_{C1}-I_{E1Q}(R_{E1}+R_{E2})$$

3. 电压增益、输入电阻和输出电阻的工程估算

当断开反馈网络时，放大电路为两级共射放大电路，因此它的开环电压增益为

$$A_v=A_{v1}A_{v2}=-\frac{\beta_1(R_{C1}/\!/R_{L1})}{r_{be1}+(1+\beta_1)R_{E11}}\times\frac{\beta_2(R_{C2}/\!/R_{L2})}{r_{be2}+(1+\beta_2)R_{E21}}$$

开环输入电阻为

$$R_i = R_{B11} /\!/ R_{B12} /\!/ [r_{be2} + (1 + \beta_2) R_{E21}]$$

开环输出电阻为

$$R_o \approx R_{C2}$$

当接入反馈网络时，放大电路引入深度负反馈。深度负反馈放大电路的特点是"虚短、虚断"，因此估算闭环增益为

$$A_{vf} = 1 + \frac{R_f}{R_{E11}}$$

闭环输入电阻为

$$R_{if} = R_{B11} /\!/ R_{B12}$$

闭环输出电阻为

$$R_{of} \approx R_{C2} /\!/ R_f$$

四、电路仿真

通过 Multisim 仿真软件可以对电路进行仿真实验，以便了解电路的性能与实验方法。根据实验电路图搭建仿真电路，之后利用仿真软件中的各种测量仪表，如示波器、信号源、电流电压表、探针等来灵活地测量电路的参数，为实物实验的顺利进行做好准备。仿真电路如图 3.5.3 所示。

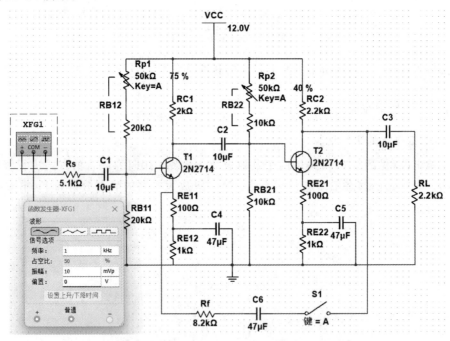

图 3.5.3　电压串联负反馈放大电路的仿真电路

1. 调试静态工作点

第一级和第二级的静态工作点互不干扰，只需调整每一级放大电路的静态工作点即可。断开电路中的电容，将输入信号置零，放置探针，测量两级电路中三极管电极电位和电流。调整 R_{p1}，使 T_1 发射极电位 $V_{E1} = 2.22$ V，以保证 T_1 工作在放大状态；调整 R_{p2}，使 T_2 发射极

电位 V_{E2} 约为 2.2 V，以保证 T_2 工作在放大状态。静态工作点调试电路如图 3.5.4 所示。

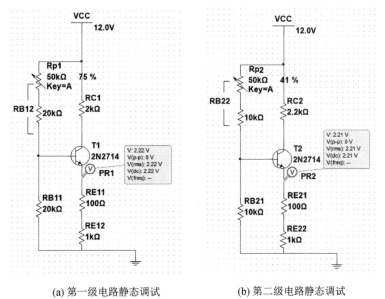

(a) 第一级电路静态调试　　　　　(b) 第二级电路静态调试

图 3.5.4　静态工作点调试电路

2. 放大倍数的测量

1）测量开环电压放大倍数

如图 3.5.5(a)所示，在仿真电路中断开反馈网络，在输入端加入小信号。由于要求整个多级放大电路的放大倍数大于 100，且输出波形不失真，因此输入信号振幅大约为 10 mV。用示波器的两路探头分别测量输入电压与输出电压，结果如图 3.5.5(b)所示，由图可计算出该电路的开环电压放大倍数约为 118.58。

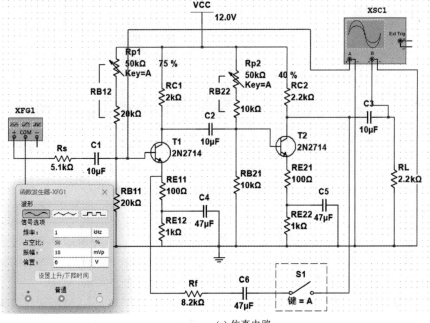

(a) 仿真电路

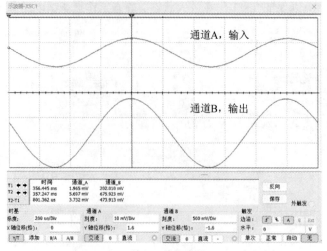

(b) 输入、输出波形

图 3.5.5　开环电压放大倍数测量

2）测量闭环电压放大倍数

在图 3.5.5(a)所示仿真电路中，闭合反馈支路开关将反馈网络连入电路，在输入端加入小信号，输入信号振幅为 10 mV，用示波器的两路探头分别测量输入电压与输出电压，可以估算出引入负反馈后电路的电压放大倍数。从仿真结果（见图 3.5.6）可见，闭环时电路的电压放大倍数约为 72.57，相比没有接入反馈时，电压增益有所下降。

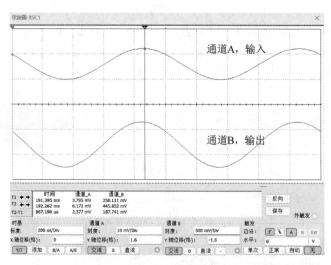

图 3.5.6　闭环电压放大倍数测量时输入、输出波形

3. 通频带的测量

电压串联负反馈放大电路的通频带测量仿真电路如图 3.5.7(a)所示。将波特测试仪分别接入电路的输入、输出端，断开反馈支路，可得放大电路开环的幅频特性曲线，如图 3.5.7(b)所示。由仿真结果可知，该放大电路开环时的带宽约为 3.83 MHz。

闭合反馈支路开关，放大电路闭环时的幅频特性曲线如图 3.5.7(c)所示，引入负反馈后带宽增加为 5.097 MHz，可见放大电路引入反馈降低了增益却增加了通频带。

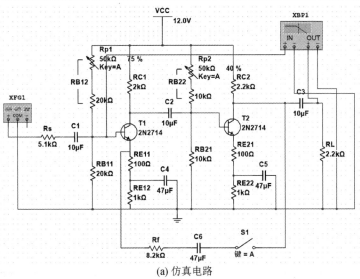

(a) 仿真电路

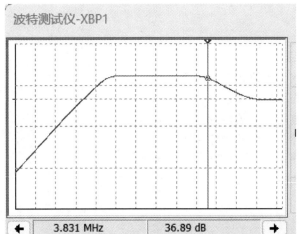

(b) 开环幅频特性曲线

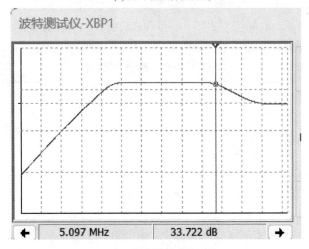

(c) 闭环幅频特性曲线测量

图 3.5.7 通频带的测量

五、实验仪器

本次实验需要的实验仪器如表 3.5.1 所示。

表 3.5.1　实 验 仪 器

序号	仪 器 名 称	主 要 功 能	数量
1	双踪示波器	观测输入、输出的波形及电压	1
2	函数信号发生器	提供输入信号	1
3	数字万用表	测量电源电压、直流静态工作点	1
4	实验电路模块	搭建实验电路	1
5	直流稳压电源	为电路提供直流电源	1

六、实验内容

本次实验内容包括：
（1）测量两级放大电路的静态工作点。
（2）测量开环放大倍数及输入、输出电阻。
（3）测量闭环电压放大倍数及输入电阻。
（4）测量负反馈放大电路的频率特性。
（5）观察负反馈对非线性失真的改善情况

七、实验步骤

1. 测量静态工作点

（1）按图 3.5.1 正确连接线路，先断开反馈支路（R_f、C_6 先不接入）。

（2）打开直流电源。取 $V_{CC}=12$ V，$v_i=0$ V，调节 R_{p1}、R_{p2} 使 $V_{E1}=2.2$ V，$V_{E21}=2$ V，用万用表直流挡分别测量第一级、第二级的静态工作点，将结果记入表 3.5.2 中。

表 3.5.2　静态工作点

	V_B/V	V_E/V	V_C/V	I_C/mA	V_{CE}/V
第一级					
第二级					

2. 测量开环电压放大倍数和输入、输出电阻

断开负反馈支路，在电路中加入 $f=1$ kHz 的正弦信号，用示波器观察输入电压，并调节函数信号发生器，使输入信号 v_i 振幅约为 10 mV。接着测量 A_v、R_i 及 R_o 值，并将结果填入表 3.5.3 中。

表 3.5.3　基本放大电路测量数据

	v_s/mV	v_i/mV	v_o/V	v_L/V	A_v	A_{vL}	R_i/kΩ	R_o/kΩ
$R_L = 2$ kΩ								

3. 测量闭环电压放大倍数和输入、输出电阻

在接入负反馈支路($R_f = 8.2$ kΩ)的情况下,测量负反馈放大电路的 A_v、R_i、R_o,并将其值填入表 3.5.4 中,输入信号频率为 1 kHz,v_i 的振幅为 10 mV。

表 3.5.4　负反馈放大电路测量数据

	v_s/mV	v_i/mV	v_o/V	v_L/V	A_{av}	A_{avL}	R_{if}/kΩ	R_{of}/kΩ
$R_L = 2$ kΩ								

4. 测量负反馈放大电路的频率特性

保持输入信号 v_i 的振幅 10 mV 不变,以 $f_o = 1$ kHz 为中心频率,改变信号源频率,用交流毫伏表或示波器检测 v_o 的变化情况,找出放大电路开环和闭环时的上、下限截止频率 f_L、f_H,并将测量结果填入表 3.5.5 中。根据测量结果,说明电压串联负反馈对放大电路通频带的影响。

表 3.5.5　负反馈放大电路通频带测量数据

	f_L/Hz	f_o/Hz	f_H/Hz
开环			
闭环			

5. 观察负反馈对非线性失真的改善情况

(1) 电路接成基本放大电路(断开负反馈支路),输入 $f = 1$ kHz 的交流信号,输出端接示波器,逐渐增大输入信号的幅度,使输出波形出现轻度非线性失真,记录此时的波形与输出电压的幅度。

(2) 加入负反馈支路,并增大输入信号的幅度,使输出电压幅度与步骤(1)中记录的输出电压幅度相同,观察并记录此时的输出信号波形。

八、思考题

(1) 将基本放大电路和负反馈放大电路动态参数的实测值与理论值进行对比,说明误差出现的可能原因。

(2) 根据实验结果,说明负反馈对放大电路的增益、带宽、输入电阻、输出电阻有何影响。

(3) 负反馈有哪些类型?如何判断一个电路中的反馈类型?

(4) 负反馈放大电路有哪些优点和缺点?

九、知识拓展

1. 万用表交流电压测量电路

MF-20 型万用表是一个灵敏度高、用途多的便携式仪表，可分别测量交直流电压、电流、电阻及音频电平。在测量交流电压时，它具有内阻高及可测量小信号的优点，其最小量程满刻度交流电压为 15 mV。交流电压测量电路就是为测量小信号而设定的，交流小信号经多级放大电路放大后，再经整流电路变为直流，然后由直流电流表显示出被测信号的大小。

MF-20 型万用表交流电压测量电路如图 3.5.8 所示，电路分为放大电路和整流显示电路两大部分。其中，放大电路主要由半导体三极管 $T_1 \sim T_5$ 组成。放大电路根据直流通路结构的不同又可分为两个单元电路，第一单元电路由 $T_1 \sim T_3$ 组成，第二单元电路由 T_4、T_5 组成，两单元电路之间采用阻容耦合的方式连接。

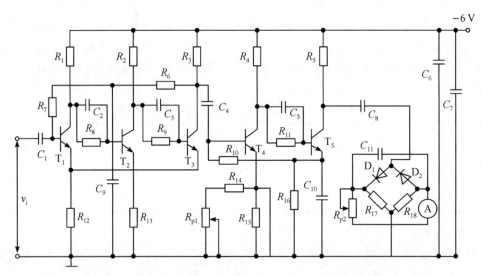

图 3.5.8　MF-20 型万用表交流电压测量电路

整流显示电路可进一步分为整流及显示两个单元电路。其中，整流单元电路由 D_1、D_2、R_{17}、R_{18} 组成；显示单元电路包含直流微安表 Ⓐ，它也是整流电路的负载；C_{11} 为滤波元件。

放大电路的两个单元电路之间是采用耦合电容 C_4 耦合的，所以两个单元电路的直流回路是彼此独立的，即两个单元电路的静态工作点互不影响。其中 $R_6 \sim R_9$ 为第一单元放大电路的基极偏置电阻，R_{10}、R_{11} 为第二单元放大电路的基极偏置电阻，用来设定各三极管的静态工作点。

输入的被测交流信号 v_i 经 C_1 耦合至 T_1 进行放大，再经 C_2 耦合至 T_2 进行放大，然后又经 C_3 耦合至 T_3 进行放大，即完成第一单元电路的放大，并由 T_3 的集电极输出。T_3 输出的信号经 C_4 输入第二单元电路中 T_4 的基极，再经 C_5 耦合至 T_5，最后由 T_5 集电极输出，经 C_8 输送至整流显示电路。

为稳定三极管的静态工作点，在两个单元放大电路的直流回路中都设有直流负反馈，在第一单元放大电路中，R_6、R_7 是一个反馈支路，另一个反馈支路由 T_3 发射极反馈到 T_1 的发射极。在第二个单元放大电路中，由 T_5 的发射极反馈至 T_4 的基极。

为保证 MF-20 型万用表测量交流小信号的精度，提高放大电路放大倍数的稳定性，在放大电路中引入交流负反馈。电路中主要的交流负反馈通路包括从 T_3 发射极到 T_1 发射极的电流串联负反馈，及从 T_5 集电极经微安表Ⓐ到 T_4 发射极的负反馈。

上述各种负反馈仅局限于各单元放大电路内部的级与级之间，而两个单元放大电路之间不设置负反馈回路，目的在于防止电路产生自激振荡。

整流电路的输入电压为 T_5 集电极与地之间的交流电压，负载为微安级表Ⓐ。由 D_1、D_2、R_{17}、R_{18} 组成的桥式整流电路完成整流工作，通过的电流可由电位器 R_{p2} 调节。

2. 光电放大器

图 3.5.9 所示为一个光电放大器。

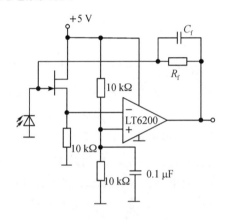

图 3.5.9　光电放大器

图 3.5.9 中的二极管是光电二极管，当光线照射强度发生变化时，流过它的电流和它两端的电压降都会发生变化。这就导致场效应晶体管栅极电压发生变化（此为待测信号）。场效应晶体管组成了一个高输入电阻的共漏极放大电路。源极输出电压输入运放 LT6200 的反相输入端，引起运放输出电压发生变化。

R_f、C_f 组成反馈支路，将输出信号送回到了场效应管的栅极，形成了反馈环路，该反馈为电压并联负反馈。

3.6　射极耦合差分放大电路

一、实验目的

（1）掌握差分放大电路静态工作点的调整与测量方法。

（2）熟悉差分放大电路的工程估算方法。

（3）掌握射极耦合差分放大电路动态参数的测量方法。

二、预习要求

（1）复习与差分放大电路相关的理论知识。

（2）根据理论知识对实验电路的静态工作点、电压放大倍数等性能指标进行工程估算。

（3）利用仿真软件对实验电路进行仿真。

三、实验原理

差分放大电路（简称差放）是一种特殊的直接耦合放大电路，是模拟电子技术基本单元电路之一。差分放大电路特有的对称结构与引入的共模负反馈，使它具有放大差模信号、抑制共模信号的功能。在差分放大电路中，零点漂移（零漂）可以被看作一对共模信号，因此，差分放大电路具有抑制零点漂移的能力。在集成运算放大器中，几乎都采用差分放大电路作为输入级来抑制零漂。

图 3.6.1 是射极耦合差分放大电路。它具有两个输入端（对应电路中的 A 与 B）与两个输出端（v_{o1}，v_{o2}），可组成双入双出、双入单出、单入双出和单入单出 4 种组态的差分放大电路。开关 S 与 C 或 D 端相接时分别将电阻 R_E 或电流源接入电路中。当开关 S 拨向 C 端时组成长尾式差分放大电路，直流电压源 -12 V 与 R_E 决定了差分放大电路 T_1、T_2 管偏置电流的大小。R_E 越大，差放的共模抑制比越大，抑制零点漂移的能力越强，但 R_E 过大会影响 T_1、T_2 的工作状态，使其不能正常放大。当开关 S 拨向 D 端时，将比例电流源接入电路，构成恒流源偏置的差分放大电路。用电流源电路取代发射极电阻 R_E，能够为差分放大电路提供稳定的偏置电流，并且提高差分放大电路的共模抑制能力，从而解决了长尾式差分放大电路共模抑制比与直流偏置相矛盾的问题。调零电位器 R_{P1} 用来调节差分放大电路的对称性，使输入信号 $v_i = 0$ V 时，双端输出电压 $v_o = 0$ V。三极管 T_3、T_4 与电阻组成了比例型镜像电流源。电位器 R_{P2} 用来调节比例电流源参考电流的大小，从而调节电流源输出电流的大小。

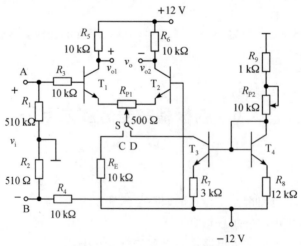

图 3.6.1   射极耦合差分放大电路

1. 差分放大电路的有关概念

差分放大电路具有特殊的对称结构，电路具有两个输入端与两个输出端。根据两个输入端接入信号的不同关系，可以将一对输入信号分为差模信号与共模信号。差分放大电路对于两种信号所体现出的性质是完全不同的，可以概括为"放大差模、抑制共模"。为更好地掌握差分放大电路的性质，我们应先了解一些相关的概念。首先，设两个输入信号为 v_{i1}、v_{i2}。

1）差模信号与共模信号

差模信号：一对大小相等，相位相反的信号。

共模信号：一对大小相等，相位相同的信号。

差模输入电压是指两个输入信号的差值，可表示为 $v_{id} = v_{i1} - v_{i2}$；

共模输入电压是指两个输入信号的均值，可以表示为 $v_{ic} = 1/2(v_{i1} + v_{i2})$。

任意大小的两个输入信号可写成一对差模信号与一对共模信号叠加的形式，可以表示为

$$v_{i1} = v_{ic} + \frac{v_{id}}{2}, \quad v_{i2} = v_{ic} - \frac{v_{id}}{2}$$

2）电压增益与共模抑制比

差模电压增益用于衡量差分放大电路对差模信号的放大能力。若差模输出电压用 v_{od} 来表示，则差模电压增益可以表示为 $A_{vd} = v_{od}/v_{id}$；共模电压增益用于衡量差分放大电路对共模信号的放大能力，若用 v_{oc} 表示共模输出电压，则共模电压增益 $A_{vc} = v_{oc}/v_{ic}$；差分放大电路总的输出电压可以表示为差模输出电压与共模输出电压的叠加，即 $v_o = v_{od} + v_{oc} = A_{vd}v_{id} + A_{vc}v_{ic}$。共模抑制比 K_{CMR} 用来衡量差分放大电路对共模信号的抑制能力，可以表示为 $K_{CMR} = |A_{vd}/A_{vc}|$。

2. 静态工作点的工程估算

当 S 拨向 C 端，电路接入 R_E 时，静态工作点可以由下式估算：

$$I_{C1} = I_{C2} \approx I_{E1} = I_{E2} = \frac{V_{EE} - V_{BE}}{\dfrac{R_{B1}}{1+\beta} + \dfrac{1}{2}R_{P1} + 2R_E}$$

当 S 拨向 D 端，电路接入恒流源时，偏置电流的大小由比例型镜像电流源提供，利用比例型电流源输出电流的计算方法估算得到：

$$I_{C1} \approx I_{C2} \approx \frac{1}{2}I_{C3} = \frac{1}{2}\frac{R_8}{R_7}I_{C4} \approx \frac{1}{2}\frac{R_8}{R_7} \cdot \frac{0 - V_{BE} - (-12)}{R_9 + R_{P2} + R_8}$$

通过静态工作点的估算，可以确定组成差放的一对三极管能否工作在放大状态。因此，静态工作点的估算是分析放大电路很重要的一步。

3. 电压增益的估算及测量

差分放大电路的特点是"放大差模，抑制共模"，因此，差分放大电路对差模信号与共模信号有着不同的特性，所以电压放大倍数也分为差模电压放大倍数 A_{vd} 和共模电压放大倍数 A_{vc}。由于差分放大电路有两个输入端与两个输出端，因此，电路有双入双出、双入单出，单入双出和单入单出 4 种电路组态。单入可以看作一端输入信号为零的特殊的双端输入形式，因此在分析时只考虑双出和单出两种形式。

当开关 S 拨向 C 端，接入 R_E 构成长尾式放大电路时，电路可以进行如下分析。

1）差模分析

当输入差模电压 $v_{id} = v_{i1} - v_{i2}$ 时，输出信号从两个输出端之间取得，即 $v_{od} = v_{o1} - v_{o2}$，称为双端输出，则其差模电压增益为

$$A_{vd} = -\frac{\beta\left(R_5 /\!/ \frac{1}{2}R_L\right)}{R_3 + r_{be1} + (1+\beta)\frac{1}{2}R_{P1}}$$

当从电路的一个输出端取得输出电压，负载接在该输出端与电路地之间时，即从 T_1 管的集电极或 T_2 管的集电极输出，输出电压可表示为 $v_{od1} = v_{o1}$、$v_{od2} = v_{o2}$，则单端输出时的 A_{vd1} 和 A_{vd2} 如下：

$$A_{vd1} = -A_{vd2} = -\frac{1}{2}\frac{\beta(R_5 /\!/ R_L)}{R_3 + r_{be1} + (1+\beta)\frac{1}{2}R_{P1}}$$

2）共模分析

当输入共模电压 $v_{ic} = v_{i1} = v_{i2}$，双端输出时，由于两个输出端的输出信号 v_{o1} 与 v_{o2} 是一对大小相同、方向相同的完全一致的信号，因此输出信号 $v_{oc} = v_{oc1} - v_{oc2} = 0$ V，则共模电压放大倍数 A_{vc} 如下：

$$A_{vc} = \frac{|v_{oc1} - v_{oc2}|}{v_{ic}} \approx 0$$

在单端输出时，差放的共模输出电压 $v_{oc1} = v_{o1}$，$v_{oc2} = v_{o2}$，则其共模电压增益可以表示为

$$A_{vc1} = A_{vc2} = -\frac{\beta(R_5 /\!/ R_L)}{R_3 + r_{be1} + (1+\beta)(\frac{1}{2}R_{P1} + 2R_E)}$$

从分析可知，差分放大电路在双端输出时，依靠电路的对称结构来抑制共模信号，而在单端输出时，电路失去了对称性，此时差放依靠射极偏置电阻 R_E 引入共模负反馈来抑制共模信号。

当开关打在 D 端接入电流源时，在差模状态下，电路的差模电压增益与长尾式差分放大电路的分析一致。在共模电压输入时，将增益表达式中的 R_E 替换为电流源交流等效电阻 r_o 即为此时电路的共模电压增益。由于电流源的直流等效电阻非常大，所以接入电流源后，差放的共模电压增益比长尾式差分放大电路小得多，从而提高了电路的共模抑制比。

3）差模增益与共模增益的实验测量方法

通过实验的方法测量差分放大电路的差模电压增益与共模电压增益时，需要在输入端分别接入一对差模信号或一对共模信号，并测量出差模输出电压与共模输出电压，从而计算出两种电压增益。

差模信号大小相等、方向相反。实验时，利用一台信号源也可以为差分放大电路提供一对差模信号，并测量此时电路的输出，测量方法如图 3.6.2 所示。函数信号发生器的两个输出端分别接在差放的两个输入端 A、B，此时，两输入端便接入一对差模信号，差模输

入电压 v_{id} 即为信号源的输出电压值，用示波器或交流毫伏表等测量仪器在两输出端之间测量出双端输出时的电压，即可得到双入双出差放的差模电压增益。

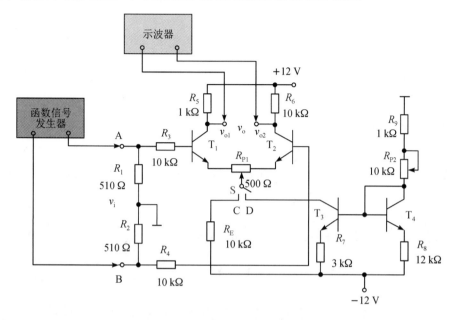

图 3.6.2 差模输入、双端输出测量电路

共模信号大小相等、方向相反，在给电路接入共模信号时，可将电路的两输入端 A、B 用导线短接，将信号源的两输入端接在 A 或 B 任意一端和地之间。此时差放的两个输入端即接入了一对共模信号，电路的共模输入电压 v_{ic} 即为信号源的输出电压。若测量单端输出时的增益，则在任意输出端对地测量即可，测量电路如图 3.6.3 所示。

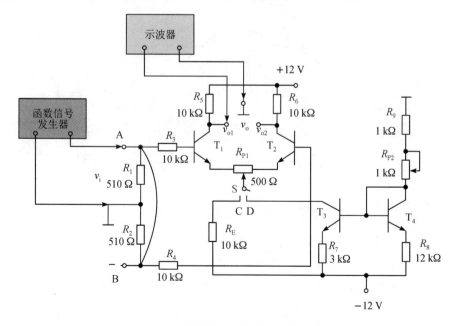

图 3.6.3 共模输入、单端输出测量电路

4. 频率响应

差分放大电路的频率响应与共射极放大电路的基本相同，但因差分放大电路采用直接耦合，因此具有较好的低频响应。

5. 输入、输出电阻

差分放大电路的差模、共模输入电阻以及输出电阻的测量方法与 3.2 节所采用的测量方法相同，即用电阻分压的原理通过测量电压，从而间接地计算输入、输出电阻。

6. 差模传输特性

差模传输特性是指在差分放大电路差模信号输入时，输出电压 v_{o1}、v_{o2} 随输入电压 v_{id} 的变化规律。在电路确定以后，实验中可以采用示波器测量差模传输特性曲线。差分放大电路的单端输出差模传输特性曲线如图 3.6.4 所示。从传输特性可以看出，只有输入在一个非常小的范围内（$\pm V_T$）时，输入与输出才近似呈线性关系；当输入信号过大时，输出与输入就呈现非线性关系。若要扩大其线性范围，可以引入负反馈。

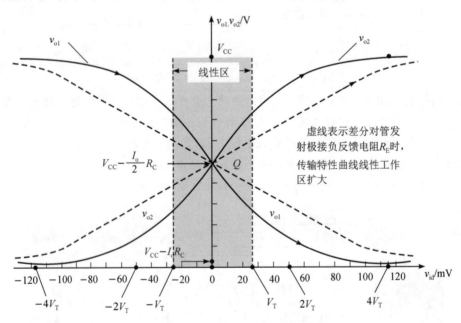

图 3.6.4   单端输出差模传输特性曲线

四、电路仿真

通过 Multisim 仿真软件可以对电路进行仿真实验，以便了解电路的性能与实验方法。根据实验电路图搭建仿真电路，再利用仿真软件中的各种测量仪表，如示波器、信号源、电流电压表、探针等来灵活地测量电路的参数，可为实物实验的顺利进行做好准备。仿真电路如图 3.6.5 所示。

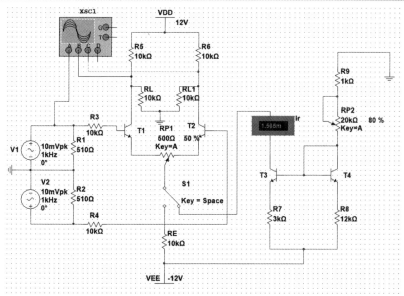

图 3.6.5 仿真电路

1. 调试静态工作点

当电路分别接入 R_E 和电流源时，静态工作点是不同的。当接入 R_E 时，R_E 与 V_{EE} 的值确定后，差放的静态偏置电流 I_E 就确定了，此时只需调整调零电阻保证电路对称，即输入信号为零，两个输出端的直流电位就相等。当接入电流源时，则需要先调节电流源的参考电阻 R_{P2} 的值，使电流源的输出电流为 1.5 mA 左右，然后用探针来测量两种情况下的三极管的三极电位，以保证三极管能够工作在放大状态。静态工作点调试电路如图 3.6.6 所示。

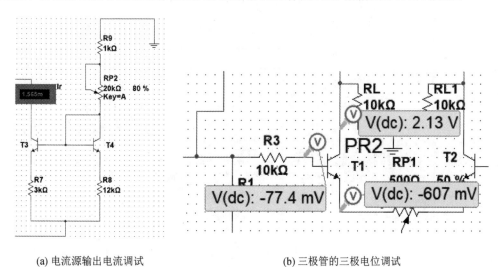

(a) 电流源输出电流调试   (b) 三极管的三极电位调试

图 3.6.6 静态工作点调试

2. 测量差分放大电路的动态性能

1) 差模特性仿真

在图 3.6.7 所示仿真电路中，利用相位相反的两个信号源提供一对差模信号，用示波器的两路探头分别测量差模输入电压与双端输出时的输出电压。由图 3.6.7(b)可以看出电路对差模信号具有放大能力。根据示波器中的测量值也可以得到差模电压增益。如果测量两个输出端分别对地的输出，即单出时的输出电压，则可得到单出时的差模电压增益，可以将其与双出时的情况进行比较。

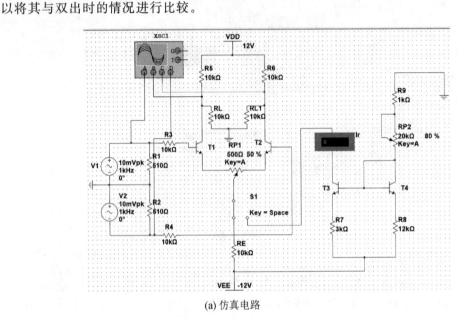

(a) 仿真电路

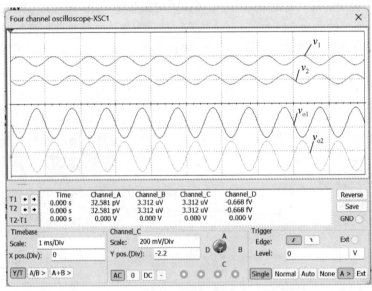

(b) 输入、输出波形

图 3.6.7　差模特性仿真

2）共模特性仿真

如图 3.6.8 所示电路，可以利用两个相位相同、大小相同的信号源提供一对共模信号，用示波器测量差放的两路输出信号，分别测量接入 R_E 和电流源时的双端输出。如图 3.6.8(a)所示，电路接入 R_E，图 3.6.8(b)显示了两路输入和两路输出的波形，上面两个波形为一对共模信号，下面两个波形为两路输出信号，在量程都是 50 mV/格的情况下，从振幅来看，两路输出信号比输入信号的振幅低，说明差分放大电路对共模信号具有抑制作用。图 3.6.8(c)为差放接入电流源时输入共模信号的测量电路，由图 3.6.8(d)可以明显地看出两端的共模输出比接入 R_E 时振幅更小，说明接入电流源后差放的共模抑制能力更强。由于两种情况下，两个输出电压大小相等，相位相等，因此在双端输出时，整个共模输出为零。

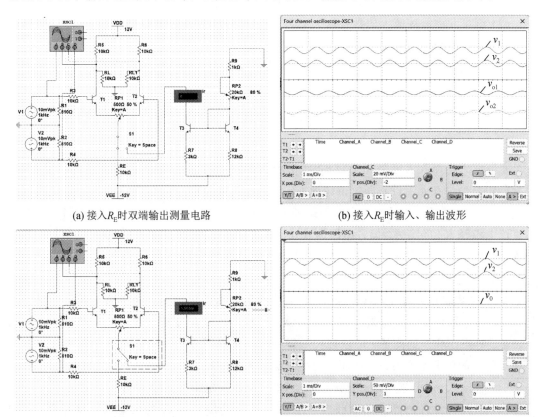

(a) 接入R_E时双端输出测量电路　　　　(b) 接入R_E时输入、输出波形

(c) 接入电流源时双端输出测量电路　　　　(d) 接入电流源时输入、输出波形

图 3.6.8　双端输出时共模特性仿真

五、实验仪器

本次实验需要的实验仪器如表 3.6.1 所示。

表 3.6.1　实 验 仪 器

序号	仪 器 名 称	主 要 功 能	数量
1	双踪示波器	观测输入、输出的波形及电压	1
2	函数信号发生器	提供输入信号	1
3	数字万用表	测量电源电压、直流静态工作点	1
4	实验电路模块	搭建实验电路	1
5	直流稳压电源	为电路提供直流电源	1

六、实验内容

本次实验内容包括：
(1) 调试静态工作点。
(2) 测量差模电压放大倍数及输入、输出电阻。
(3) 测量共模电压放大倍数及输入电阻。
(4) 测量差分放大电路的频率特性。
(5) 测量差模传输特性。

七、实验步骤

1. 调试静态工作点

差分放大电路要求电路完全对称，即两管型号相同、特性相同及各对应电阻值相等。但实际中总是存在元器件不匹配的情况，从而产生失调漂移，即 $v_i = 0$ V 时，双端输出电压 $v_o \neq 0$ V。为了消除失调漂移，实际电路采用发射极调零电阻来调节电路的对称性。当电路的直流电源及 R_E 确定时，偏置电流的就确定了，所以，静态工作点的调整就是调节调零电阻 R_{P1}，使输入信号 $v_i = 0$ V 时，双端输出电压 $v_o = 0$ V。

电路经过调零电阻调零后，需要进行静态工作点的测量。通常可以测量两个三极管 T_1、T_2 三个电极的对地电位 V_{BQ}、V_{EQ}、V_{CQ}。在测量直流电流时，通常采用间接测量法测量，即通过直流电压与电阻来计算直流电流，这样可以避免变更电路，同时操作也更加简便。通过静态工作点的测量，可以判断差分放大电路中两个三极管是否工作在放大状态及静态工作点的位置是否合适，从而为电路的放大打好基础。静态工作点调试的步骤如下：

(1) 将输入 A、B 端接地，正确接入 ±12 V 电源及电源地。
(2) 当开关 S 分别置于 C、D 时，调整 R_{P1} 使三极管 T_1、T_2 的集电极电位相等，即输出电压 $V_o = 0$ V。测量三极管 T_1、T_2 的各极电位，将结果记在表 3.6.2 中。

表 3.6.2　静态工作点测量

测量条件	电路形式	BJT	测量数据			计算数据		
			V_{BQ}/V	V_{CQ}/V	V_{EQ}/V	V_{BEQ}/V	V_{CEQ}/V	I_{CQ}/mA
$V_{C1} = V_{C2}$ ($V_o = 0$ V)	接入 R_E，开关接 C 端	T_1						
		T_2						
	接入电流源，开关接 D 端	T_1						
		T_2						

2. 测量差模电压增益 A_{vd}

测量差分放大电路的差模电压增益，需要使电路处于差模输入状态。信号源在差分放大电路输入端 A、B 间加入频率 $f = 1$ kHz、$v_{id} = 100$ mV 有效值的正弦信号，此时信号源浮地。开关 S 分别置于 C 和 D 两种位置，构成长尾式差分放大电路及恒流源偏置的差分放大电路。放大电路两个输出端 v_{o1}、v_{o2} 分别接示波器 CH1、CH2 通道，测量两输出端的电压有效值，注意观察两输出电压的相位关系。此时两输出电压就是差分放大电路单端输出时的输出电压 v_{od1}、v_{od2}，通过计算可得，双端输出时的电压 $v_{od} = v_{od1} - v_{od2}$。观察并记录数据，绘制相应电压波形，结果记在表 3.6.3 中。

表 3.6.3　测量输入交流信号时的差模电压放大倍数

电路形式	测 量 数 据			计 算 数 据			
	v_i/mV	v_{od1}/V	v_{od2}/V	v_{od}/V	A_{vd1}	A_{vd2}	A_{vd}
接入 R_E							
接入电流源							
波形	v_{id}			v_{od1}			v_{od2}

3. 测量双端输出时的输出电阻 R_o

输入信号保持不变，在输出波形不失真的情况下，在两输出端之间接入 10 kΩ 的负载电阻，再测量此时的输出电压 v_{oL}。v_{odL} 的测量方法与 v_{od} 一样，还是通过测量输出带负载时两个输出端的电压值计算得到的。最后，通过 v_{od} 和 v_{odL} 计算 $R_o = \left(\dfrac{v_{od}}{v_{odL}} - 1 \right) \times R_L$ 的值，结果记入表 3.6.4 中。

表 3.6.4　输出电阻的测量

电路形式	测量数据 $R_L = 10$ kΩ		计算数据
	v_{od}/mV	v_{odL}/mV	$R_o/\mathrm{k\Omega}$
接入 R_E			
接入电流源			

4. 测量差模输入电阻 R_{id}

输入电阻的测量利用了电阻的分压关系，如图 3.6.9 所示，在信号源与差分放大电路输入端 A、B 之间串入一个电阻 R_s。输入 $f = 1$ kHz、$v_s = 100$ mV 的正弦信号，在输出波形不失真的情况下，将开关 S 分别置于 C、D 时测量 v_i，并计算 R_{id}（R_{id} 的计算与实验 3.1 相同），将结果记在表 3.5.5 中。测量完成后恢复原电路。

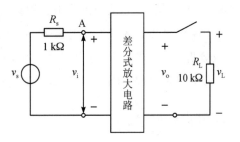

图 3.6.9　输入电阻测量示意图

表 3.6.5　测量差模输入电阻

电路形式	测量数据($R_s = 1\ \text{k}\Omega$)		计算数据
	v_s/mV	v_i/mV	$R_{id}/\text{k}\Omega$
接入 R_E			
接入电流源			

5. 测量共模电压增益 A_{vc}

将放大电路输入端 A、B 短接,调节信号源使之输出 $f = 1\ \text{kHz}$、$v_i = 300\ \text{mV}$ 有效值的正弦信号,将信号源接在差放输入端 A、B 与地之间。在输出波形不失真的情况下,测量 S 分别与 C、D 相连时的输出电压 v_{oc1}、v_{oc2},并计算 v_{oc},将测量结果记入表 3.6.6 中。观察并记录输入信号 v_i 与输出信号 v_{oc1}、v_{oc2} 之间的相位关系,绘制相应波形。

表 3.6.6　测量共模电压增益

电路形式	测量数据			计算数据				
	v_i/mV	v_{oc1}/mV	v_{oc2}/mV	v_{oc}	A_{vc1}	A_{vc2}	A_{vc}	K_{CMR}
接入 R_E								
接入电流源								
波形	v_i			v_{oc1}			v_{oc2}	

八、思考题

(1) 用理论分析方法计算出差分放大电路的静态工作点,再将其与测量值进行比较,并分析产生误差的原因。

(2) 在测量差分放大电路的双端输出电压时,采用了分别测量两端输出电位,相减获得输出电压的方式,试分析采用这种测量方式的原因。

(3) 计算出长尾式差放电路 K_{CMR} 实测值和带有恒流源的差放电路 K_{CMR} 实测值,进行比较分析,总结电阻 R_E 和恒流源的作用。

(4) 分析差放单端输出与双端输出的差异,考虑在实际应用中哪种电路形式更好。

九、知识拓展

仪用放大器(Instrumentation Amplifier)又称测量放大器或数据放大器,是差分放大电路的典型应用,广泛用于信号调整、精密测量、工业现场数据采集和信号的预处理等领域。

1．仪用放大器的电路原理

仪用放大器的电路结构如图 3.6.10 所示，该电路由 3 个集成运算放大器（运放）组成，信号由运放 A_1、A_2 的同相输入端输入，电路为高度对称的差动结构，输入阻抗很大，共模抑制比 K_{CMR} 很高，有利于抑制共模干扰，电路依靠调节 R_P 改变增益，使用非常方便。

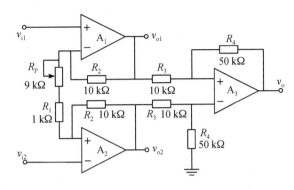

图 3.6.10　仪用放大器的电路结构

该电路的电压增益为

$$A_v = \frac{v_o}{v_{i2} - v_{i1}} = \frac{v_{o2} - v_{o1}}{v_{i2} - v_{i1}} \times \frac{v_o}{v_{o2} - v_{o1}} = A_{v2} \times A_{v3} = \left(1 + \frac{2R_2}{R_G}\right) \times \frac{R_4}{R_3}$$

其中，$R_G = R_P + R_1$。

若 R_2、R_3、R_4 全部集成在芯片内部，则只需改变外接电阻 R_G 就可达到调节放大器增益的目的，如图 3.6.11 所示。

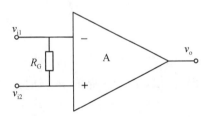

图 3.6.11　集成仪用放大器

3 个运放构成的仪用放大器的共模抑制比 K_{CMR} 为

$$K_{CMR} = \frac{A_{v12} \times K_{CMR3} \times K_{CMR12}}{A_{v12} \times K_{CMR3} + K_{CMR12}} = \frac{K_{CMR3} \times K_{CMR12}}{K_{CMR3} + \frac{K_{CMR12}}{A_{v12}}}$$

其中：A_{v12} 表示运放 A_1、A_2 的闭环增益；K_{CMR3} 表示运放 A_3 的共模抑制比；K_{CMR12} 表示运放 A_1、A_2 的共模抑制比。由上式可见，为提高总的共模抑制比，A_{v12} 要尽量大些，增益分配上要尽量由 A_1、A_2 承担，所以在集成芯片上，一般取 $R_3 = R_4 = R$，$A_3 = 1$，而总增益

$$A_v = A_{v12} = \left(1 + \frac{2R_2}{R_G}\right)$$

2．仪用放大器 AD620

1）功能介绍及典型接法

AD620 是一个依靠外接电阻 R_G 实现增益调节的低价格、低功耗、精密型仪用放大器，

其引脚如图 3.6.12(a)所示,典型接法如图 3.6.12(b)所示。AD620 的简化原理图如图 3.6.13 所示。

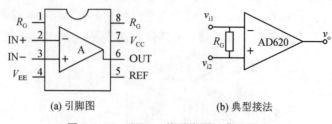

(a) 引脚图　　　　　　　　　(b) 典型接法

图 3.6.12　AD620 的引脚图及典型接法

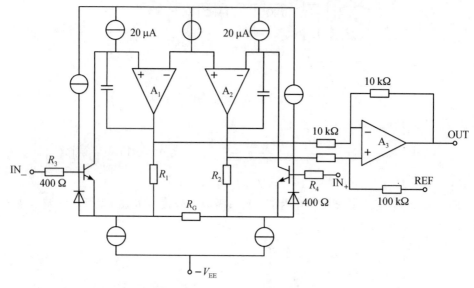

图 3.6.13　AD620 的简化原理图

图 3.6.13 中,$R_1 = R_2 = 24.7$ kΩ,故该电路的增益计算公式为

$$A_v = G = 1 + \frac{2R_2}{R_G} = 1 + \frac{49.4 \text{ kΩ}}{R_G}$$

根据增益要求,即可计算出相应的电阻 R 为

$$R_G = \frac{49.4}{G-1} \text{ kΩ}$$

图 3.6.14 给出了 AD620 增益调节电路。

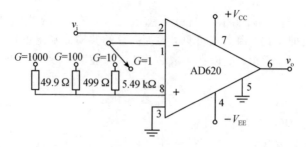

图 3.6.14　AD620 增益调节电路

2）主要参数

（1）增益范围：1～10 000。

（2）电源范围：$V_{CC} = V_{EE} = \pm 2.3 \sim \pm 18$ V。

（3）输入失调电压：$V_{OS} = 35 \sim 125$ μV。

（4）输入失调电流：$I_{OS} = 0.3 \sim 1$ nA。

（5）输入偏置电流：$I_b = 0.5 \sim 2$ nA。

（6）输入阻抗：$Z_{in} = 10$ GΩ/2 pF。

（7）共模抑制比：$G = 1$ 时，$K_{CMR} = 70 \sim 90$ dB；$G = 10$ 时，$K_{CMR} = 93 \sim 110$ dB；$G = 100$ 时，$K_{CMR} = 110 \sim 130$ dB；$G = 1000$ 时，$K_{CMR} = 110 \sim 130$ dB。

（8）小信号 3 dB 带宽：$G = 1$ 时，BW = 1000 kHz；$G = 10$ 时，BW = 120 kHz；$G = 100$ 时，BW = 80 kHz；$G = 1\,000$ 时，BW = 12 kHz。

3. 实际应用

1）压力测量（称重计量）

可以用桥式压力传感器作为称重传感器，电路如图 3.6.15 所示。电路使用 5 V 单电源供电，总电流为 3.8 mA。AD620 具有低漂移、低噪声、低价格等优势，可构成很好的称重仪表。桥式压力传感器输出电压经 AD620 放大 100 倍后送到 A/D 转换器转换为数字信号。图中精密单电源运算放大器 AD705 将 1 V 电压缓冲后分别送到 AD620 的参考端（引脚 5）及 A/D 转换器的模拟地，以完成电平配置，同时，使 AD620 的参考端和 A/D 转换器的模拟地电位随电源电压 V_{CC} 变化而浮动。这比直接接地有更好的电源噪声抑制比和共模抑制比。

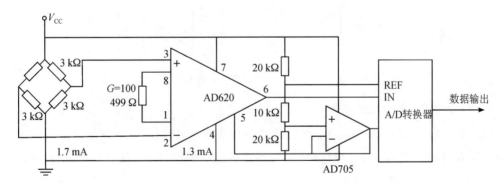

图 3.6.15　用 5 V 单电源构成的压力测量电路

2）心电信号测量（ECG）

心电信号测量电路如图 3.6.16 所示，做 Δ-Y 变换后的心电信号测量电路如图 3.6.16 所示。

图 3.6.16 中电路的电极分别接左、右手臂和右脚，在电极和电路之间采取隔离保护措施，以确保人员安全。放大电路采用 AD620 仪用放大器，增益 $G = 7$，用 ± 3 V 双电源供

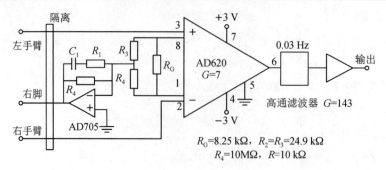

图 3.6.16　心电信号测量电路

电，参考端 5 接地。AD620 输出经过下限频率为 0.03 Hz 的高通滤波器隔离前端电路的直流分量，再经过 $G=143$ 的放大器放大输出，故总增益等于 $7 \times 143 = 1001$。AD620 的低漂移、低噪声、高共模抑制比，使该电路获得十分优异的性能。电路中右脚导联（电极）不直接接地，而是接到 AD705 的输出端，AD705 接成反相比例放大器，其输入端接图 3.6.17 中的 A 点，如果电路完全对称，左、右手臂的信号等值反相，则理论上 A 点电位为地电位，即 $V_4 = 0$ V。实际工作时 $V_A \neq 0$ V，且存在共模干扰，将此共模干扰取出放大，并反馈到右脚导联形成负反馈，使共模信号在人体上相抵消，从而消除共模干扰。图中 C_1 的取值要保证该电路能稳定工作。

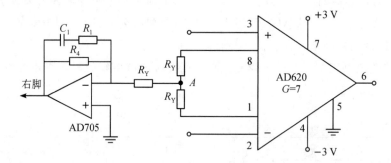

图 3.6.17　R_2、R_3、R_G 做 △-Y 变换后的心电信号测量电路

3）精密电压-电流变换电路

用 AD620、AD705 和 R_G、R_1 可构成精密电流源，如图 3.6.18 所示。电路工作电源为 ±3 V 双电源，AD705 接成电压跟随器，将负载电压反馈到参考端（引脚 5），以保持好的共模抑制能力。电路负载电流 I_L 为

$$I_L = \frac{V_{R_1}}{R_1}$$

而 V_{R_1} 就等于 AD620 的输出信号与参考端之间的电位差，即

$$V_{R_1} = V_x = G(v_{i1} - v_{i2})$$

故

$$I_L = \frac{V_{R_1}}{R_1} = \frac{G}{R_1}(v_{i1} - v_{i2})$$

式中

$$G = 1 + \frac{49.4 \text{ k}\Omega}{R_G}$$

可见，负载电流 I_L 正比于差模输入信号（$v_{i1} - v_{i2}$），而与负载无关。

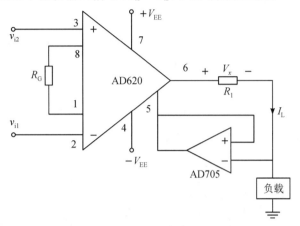

图 3.6.18 精密电压-电流变换电路

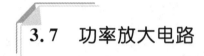

3.7 功率放大电路

一、实验目的

(1) 进一步理解 OTL 功率放大电路的工作原理。

(2) 学会 OTL 功率放大电路的调试及主要性能指标的测试方法。

(3) 了解 OTL 功率放大电路产生交越失真的原因及其消除方法。

(4) 学会使用集成功率放大器。

二、预习要求

(1) 预习 OTL 功率放大电路的工作原理。

(2) 了解 OTL 功率放大电路的主要性能指标。

三、实验原理

工程实践中，电子系统终端，如扬声器、显像管、交直流电机、通信的信道等，都需要一定的信号功率来驱动。能向负载提供足够功率的放大电路称为功率放大电路（简称功放）。由于功率放大电路工作在大电流和高电压状态，而所带的负载往往不是纯电阻性的负载，因此功率放大电路的非线性失真、芯片的散热和工作的安全性等都是电路设计者在设计、调试功率放大电路时需要考虑的特殊问题。目前常用的电路有无输出变压器(OTL)功率放大电路和无输出电容(OCL)功率放大电路。

图 3.7.1 所示为 OTL 功率放大电路。其中三极管 T_1 组成推动级(也称前置放大级),T_2、T_3 分别是一对参数对称的 NPN 和 PNP 型三极管,它们组成互补推挽 OTL 功率放大电路。每一个三极管都接成射极输出器的形式,因为射极输出器的输出电阻低、带负载能力强,适合用作功率输出级。T_1 工作于甲类状态,它的集电极电流 I_{C1} 由电位器 R_{W1} 进行调节。I_{C1} 的一部分流经电位器 R_{W2} 及二极管 D,给 T_2、T_3 提供偏压。调节 R_{W2} 可以使 T_2、T_3 得到合适的静态电流而工作于甲乙类状态,以克服交越失真。静态时,要求输出端中点 A 的电位 $V_A = V_{CC}/2$,这可以通过调节 R_{W1} 来实现。又由于 R_{W1} 的一端接在 A 点,因此在电路中引入交、直流电压并联负反馈,一方面能够稳定放大电路的静态工作点,另一方面也能改善非线性失真。

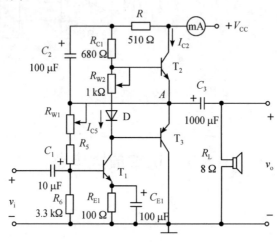

图 3.7.1 OTL 功率放大电路

当输入正弦交流信号 v_i 时,信号经 T_1 放大、倒相后同时作用于 T_2、T_3 的基极,在 v_i 的负半周时,T_2 导通(T_3 截止),有电流通过负载 R_L,同时向电容 C_3 充电。在 v_i 的正半周时,T_3 导通(T_2 截止),已充好电的电容 C_3 起电源作用,C_3 通过负载 R_L 放电,这样在 R_L 上就得到完整的正弦波。

C_2 和 R 构成自举电路,用于提高输出电压正半周的幅度,以得到大的动态范围。

OTL 功率放大电路的主要性能指标如下:

(1) 最大不失真输出功率 P_{om}。理想情况下,忽略晶体管的饱和压降,负载上得到的最大不失真电压振幅 $V_{om} = V_{CC}/2$,此时负载上最大功率为

$$P_{om} = \frac{V_{CC}^2}{8R_L}$$

实验中可通过测量 R_L 两端最大不失真电压有效值 V_{om} 来求得实际的 P_{om},即

$$P_{om} = \frac{V_{om}^2}{R_L}$$

(2) 效率 η。效率 η 的计算公式为

$$\eta = \frac{P_{om}}{P_E} \times 100\%$$

式中，P_E 为直流电源供给的平均功率。理想情况下，$\eta_{\max}=78.5\%$。在实验中，可通过测量电源供给的平均电流 I_{DC} 来求得 P_E，即 $P_E=V_{CC}\times I_{DC}$。负载上的交流功率已用上述方法求出，因而也就可以计算实际效率了。

（3）频率响应。频率响应是指放大电路输入信号幅度不变时，输出信号的幅度与相位随着输入信号的频率变化而变化的特性。

（4）输入灵敏度。输入灵敏度是指输出最大不失真功率时，输入信号 v_i 的值。

四、电路仿真

按照实验原理图 3.7.1，用 Multisim 软件搭建仿真电路，同时使用仿真软件中提供的各种测量仪表，如示波器、信号源、电流表、电压表、探针等来灵活地测量电路的参数，为实物实验的顺利进行做好准备。仿真电路如图 3.7.2 所示。

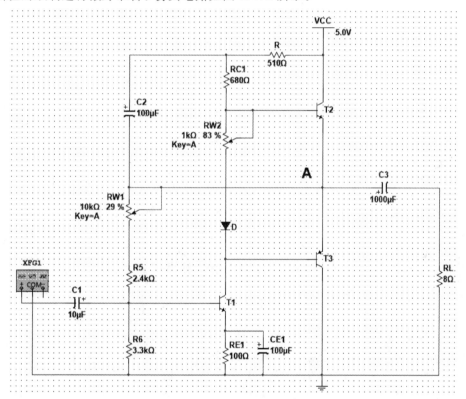

图 3.7.2 OTL 功率放大电路仿真电路

1. 静态工作点的调试

调试静态工作点时，首先将输入信号 v_i 调为 0，然后调试电位器 R_{W1} 使得 A 点电位 $V_A=2.5$ V，调节电位器 R_{W2}，使得电流 I_{C2}、I_{C3} 在 8 mA 左右，增大该电流会减小交越失真，但会使效率降低，所以该电流非固定值，要根据实际电路适当调整。使用电压探针或者电压表观察每个三极管各极电位，可以得到放大电路的静态工作点。静态工作点测试电路如图 3.7.3 所示。

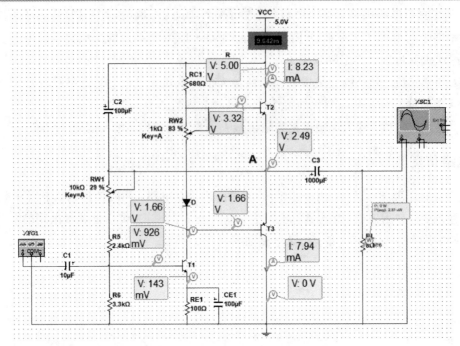

图 3.7.3　静态工作点测试电路

2. 最大不失真输出功率 P_{om} 和效率 η 的测试

（1）输出功率 P_o 的测试

通过函数信号发生器给 OTL 功率放大电路输入端输入 1 kHz 正弦信号 v_i，调节输入信号 v_i 的振幅，使负载输出电压 v_o 逐渐增大，直至输出电压 v_o 刚好出现失真（用示波器观察），此时测量的输出电压有效值即为最大不失真电压 V_{om}，如图 3.7.4 所示，将最大不失真电压 V_{om} 代入公式 $P_{om} = \dfrac{V_{om}^2}{R_L}$ 即可得到最大不失真输出功率 P_{om}。

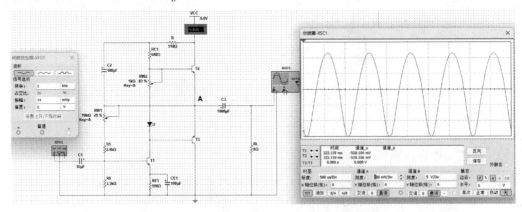

图 3.7.4　最大不失真输出功率 P_{om} 测试电路

（2）效率 η 的测试

图 3.7.5 为效率 η 测试电路，电流表测量的是流出电源的电流，电流表的示数为电源电

流平均值，结合电源电压 $V_{CC}=5$ V，即可计算电源供给功率 P_E，由效率公式 $\eta=\dfrac{P_{om}}{P_E}\times100\%$，可以得到放大电路效率 η。

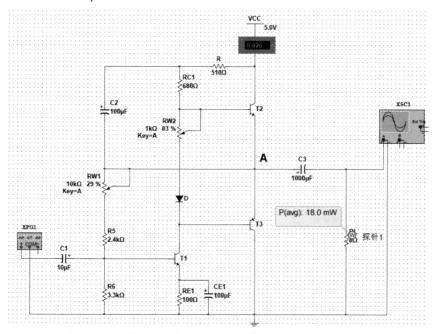

图 3.7.5　效率 η 测试电路

3. 输入灵敏度的测试

通过函数信号发生器给 OTL 功率放大电路输入端输入 1 kHz 正弦信号 v_i，调节输入信号 v_i 的振幅，使负载输出电压 v_o 逐渐增大，直至输出电压 v_o 刚好出现失真，如图 3.7.6 所示，记录此时的输入信号 v_i 振幅，该值即为输入灵敏度。

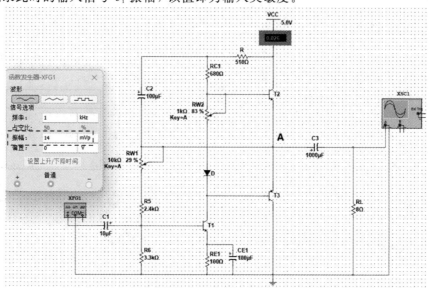

图 3.7.6　输入灵敏度测试电路

4. 频率特性的测试

调节函数信号发生器信号频率，通过示波器观察在各个频率下输出电压 v_o 振幅的变化，并将频率与振幅关系绘制成曲线，该曲线即为幅频特性曲线。频率特性测试电路如图 3.7.7 所示。

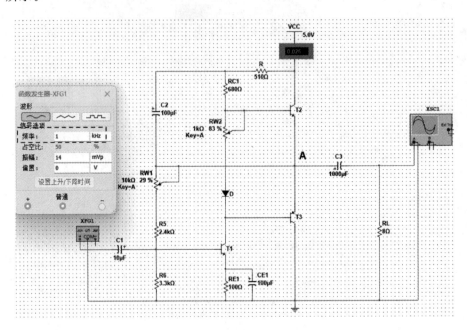

图 3.7.7　频率特性测试电路

输入信号频率为 10 Hz、100 Hz、1 kHz、10 kHz 情况下的输出信号测量结果如图 3.7.8 所示，大家可以在此基础上测量更多频率情况下的输出信号，最终绘制出幅频特性曲线。

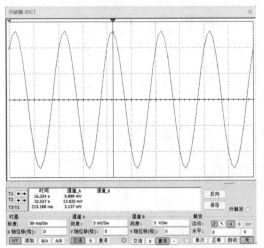

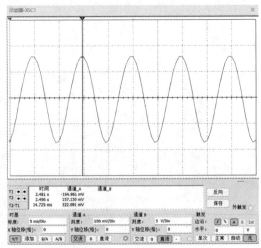

(a) f=10 Hz 时 v_o 振幅约为 13 mV　　　　(b) f=100 Hz 时 v_o 振幅约为 157 mV

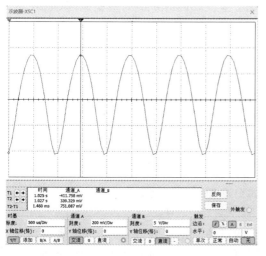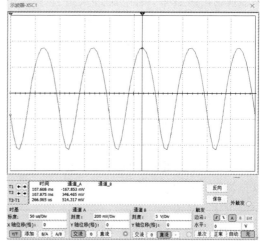

(c) f=1 kHz 时 v_o 振幅约为 339 mV   (d) f=10 kHz 时 v_o 振幅约为 346 mV

图 3.7.8　各频率下输出信号测试结果

五、实验仪器

本次实验需要的实验仪器如表 3.7.1 所示。

表 3.7.1　实 验 仪 器

序号	仪器名称	主要功能	数量
1	双踪示波器	观测输入、输出的波形及电压	1
2	函数信号发生器	提供输入信号	1
3	数字万用表	测量静态工作点	1
4	实验电路模块	搭建电路	1

六、实验内容

本次实验内容包括：

（1）调试静态工作点。

（2）测试最大不失真输出功率 P_{om} 和效率 η。

（3）测试输入灵敏度。

（4）测试频率响应。

七、实验步骤

1. 静态工作点的调试

按图 3.7.1 连接实验电路，将输入信号旋钮旋至零（v_i＝0 V），电源进线中串入直流毫安表，电位器 R_{W2} 置最小值，R_{W1} 置中间位置。接通＋5 V 电源，观察毫安表指示，同时用手触摸输出级管子,若电流过大或管子温升显著,应立即断开电源,检查原因(如 R_{w2} 开路、电路自激或输出管性能不好等)。如无异常现象,可开始调试。

1)调节输出端中点电位 V_A

调节电位器 R_{w1},用数字万用表测量 A 点电位,使 $V_A = V_{CC}/2$。

2)调整输出级静态电流及测试各极静态工作点

调节 R_{w2},使 T_2、T_3 的 $I_{C2} = I_{C3} = 8$ mA。从减小交越失真角度看,应适当加大输出级静态电流,但该电流过大会使效率降低,所以一般以 $5 \sim 10$ mA 为宜。由于毫安表是串在电源进线中的,因此测得的是整个放大器的电流,但一般 T_1 的集电极电流 I_{C1} 较小,因而可以把测得的总电流近似当作末级的静态电流。如要准确得到末级静态电流,则可从总电流中减去 I_{C1} 的值。

调整输出级静态电流的另一种方法是动态调试法。先使 $R_{w2} = 0$ Ω,在输入端接入 $f = 1$ kHz 的正弦信号 v_i,逐渐加大输入信号的振幅,此时,输出波形应出现较严重的交越失真(注意:没有饱和失真);然后缓慢增大 R_{w2},当交越失真刚好消失时,停止调节 R_{w2},恢复 $v_i = 0$ V,此时直流毫安表读数即为输出级静态电流。一般所读数值也应在 8 mA 左右,如过大,则要检查电路。

输出级电流调整好后,测量各级静态工作点,结果记入表 3.7.2 中。

表 3.7.2   OTL 功率放大电路各级静态工作点

测试条件:$I_{C2} = I_{C3} =$		mA, $V_A = 2.5$ V	
三极管	V_B/V	V_C/V	V_E/V
T_1			
T_2			
T_3			

2. 最大不失真输出功率 P_{om} 和效率 η 的测试

1)测试 P_{om}

输入端接 $f = 1$ kHz 的正弦信号 v_i,输出端用示波器观察输出电压 v_o 波形。逐渐增大 v_i,使输出电压达到最大不失真输出,用交流毫伏表测出负载 R_L 上的电压 V_{om},则

$$P_{om} = \frac{V_{om}^2}{R_L}$$

2)测试 η

当输出电压为最大不失真输出时,读出直流毫安表中的电流值,此电流值即为直流电源供给的平均电流 I_{DC}(有一定误差)值,由此可近似求得 $P_E = V_{CC} \times I_{DC}$,再根据前面测得的 P_{om},即可求出

$$\eta = \frac{P_{om}}{P_E} \times 100\%$$

3. 输入灵敏度的测试

根据输入灵敏度的定义,只要测出输出功率 $P_o = P_{om}$ 时的输入电压值 v_i 即可。

4. 频率响应的测试

保持输入信号 $v_i = 10$ mV 不变，按表 3.7.3，以 $f_o = 1$ kHz 为中心频率，分别向上和向下调节信号源频率 f，测出功率放大电路的 f_L 和 f_H，并绘出幅频特性曲线。

表 3.7.3　频率响应测试

序号	f/kHz	v_o/V	序号	f/kHz	v_o/V
1			7		
2			8		
3			9		
4			10		
5			11		
6					

八、思考题

（1）什么条件下，OTL 功率放大电路输出功率最大？效率最高？何时晶体管的管耗最大？

（2）分析图 3.7.1 中自举电路的工作原理。

（3）OTL 功率放大电路中，若增大电阻 R_1、R_2 的阻值，对整个电路有何影响？

（4）若将电源电压提升到 12 V，最大不失真输出功率如何变化？此时输出级晶体管的功耗是否成比例增加？为什么？

（5）OTL 功率放大电路的效率理论值约为多少？实际测试中效率偏低可能由哪些因素导致？若要求输出功率为 5 W，应如何选择晶体管和散热方案？

（6）与 OTL 功率放大电路在成本、低频响应和安全性的优劣是什么？针对劣势有什么改进方向？

九、知识拓展

1. OCL 功率放大电路

常见的乙类功率放大电路是 OCL 互补对称功率放大电路，OCL 互补对称功率放大电路如图 3.7.9 所示，电路采用互补对称式结构，T_1 为 NPN 型晶体管、T_2 为 PNP 型晶体管，电路采用双电源供电。

当 $v_i > 0$ V 时，晶体管 T_1 发射结正偏导通，晶体管 T_2 发射结反偏截止，电流由电源经过 T_1 流向负载 R_L；当 $v_i < 0$ V 时，晶体管 T_1 发射结反偏截止，晶体管 T_2 发射结正偏导通，电流由接地端经过 T_2 流向负

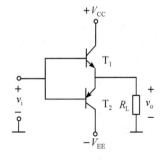

图 3.7.9　OCL 互补对称功率放大电路

载 R_L。因此在整个周期内，两个晶体管轮流工作完成功率放大。以上结论的前提是晶体管的特性是完全理想的，即晶体管发射结导通电压为 0 V。实际验证结果如图 3.7.10 所示，输出信号每次跨越横轴（即零点时刻）均会出现波形失真，这种失真称为交越失真，为避免交越失真对功率放大电路的影响，需要对 OCL 互补对称功率放大电路做进一步改进。

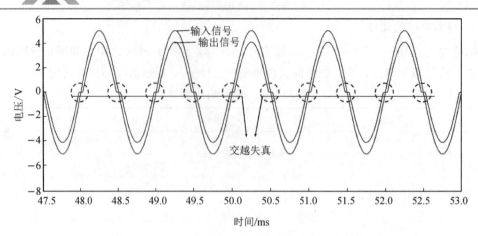

图 3.7.10　OCL 互补对称功率放大电路输出结果

消除交越失真的功率放大电路如图 3.7.11 所示。二极管 D_1、D_2 因施加正向电压而导通，两二极管的正向电压降给 T_1、T_2 的发射结提供了正向偏置。在输入信号 $v_i = 0$ V 时，两晶体管处于微导通状态，各晶体管均有较小的基极电流，且静态时相等，因此当施加正弦信号后，在正半周期时，T_1 导通，T_2 截止，在负半周期正好相反，T_1 截止，T_2 导通，所以负载上可得到完整的正弦信号，从而消除了交越失真。

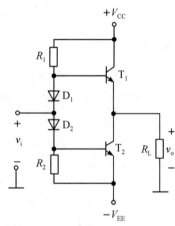

图 3.7.11　消除交越失真的 OCL
功率放大电路

消除交越失真的仿真电路如图 3.7.12 所示，分别对两个功率放大电路做静态和动态测试。

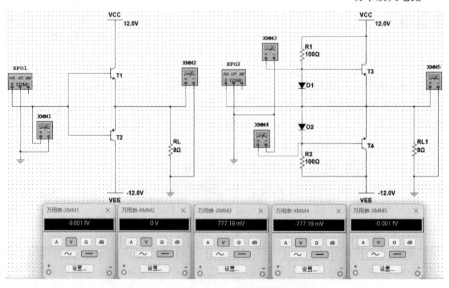

图 3.7.12　功放电路静态测试图

1）静态测试

调节函数信号发生器使得交流信号振幅为 0 V，使用万用表观察各晶体管基极和发射极电压。仿真结果如图 3.7.12 所示。

2）动态测试

调节函数信号发生器输出 5 V 正弦信号，用示波器分别观察输入和输出信号，波形如图 3.7.13 所示。从图 3.7.13(a)可以看出，OCL 功率放大电路测试结果明显存在交越失真，为消除交越失真，在 OCL 功率放大电路基础上进一步改进，改进后的电路和测试结果如图 3.7.13(b)所示。

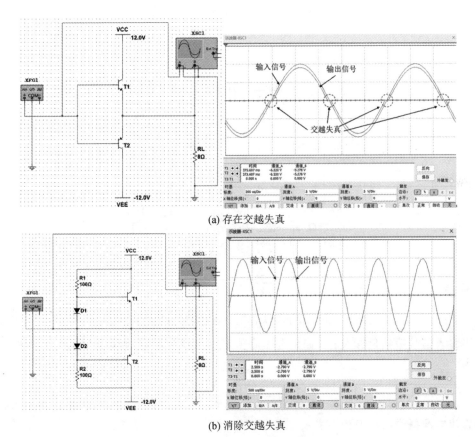

(a) 存在交越失真

(b) 消除交越失真

图 3.7.13　OCL 功率放大电路及测试结果图

对于 OCL 互补对称功率放大电路的测试，分析结论如下：

(1) 静态时，晶体管基极和发射极的电压电流均为 0，所以静态功耗小；

(2) 当发射结电压小于导通电压时两个晶体管均截上，输出信号波形产生了交越失真，且输出电压峰值小于输入电压峰值。

对于消除交越失真的 OCL 功率放大电路的测试，分析结论如下：

(1) 由于二极管的钳制作用，静态时晶体管基极电位约为 0.7 V，两个晶体管都处于导通状态(前提是 NPN 管和 PNP 管具有很好的对称性)。

(2) 输出信号波形几乎没有产生失真，说明通过合理设置静态工作点是消除交越失真的有效方法。

（3）输入信号与输出信号波形非常接近，说明该电路的电压跟随性较好。

2. 用集成运放驱动的功放电路

集成功率放大电路种类繁多，应用广泛，主要分为通用型和专用型两大类。通用型是指可以用于多种场合的电路，专用型则指用于某种特定场合（如收音机、电视机）中的专用功率放大电路。无论哪一种，其内部电路一般均为 OTL 或 OCL 电路。集成功放除了具有分立元件 OTL 或 OCL 功率放大电路的优点，还具有体积小、工作可靠稳定、使用方便等优点。下面对几种常见的集成功率放大电路进行介绍。

图 3.7.14 是直接用运算放大器驱动的互补输出级功放电路，这种电路总的增益取决于比值 $(R_1+R_3)/R_1$。

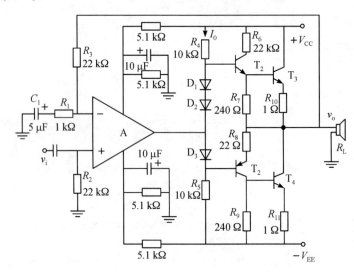

图 3.7.14　运算放大器驱动的互补输出级功放电路

当输入信号振幅足够大时，输出电压峰值 V_{om} 达到 $V_{CC}-V_{CES}$，此时的最大不失真输出功率为

$$P_{om}=\frac{(V_{CC}-V_{CES})^2}{2R_L}$$

直流电源提供的功率为

$$P_{DC}=\frac{2V_{CC}^2}{\pi R_L}$$

电路效率为

$$\eta=\frac{P_{om}}{P_{DC}}$$

3. 集成功率放大器（200X 系列）

TDA200X 系列包括 TDA2002、TDA2003、TDA2030、MP2002H（或 D2002、D2003、D2030）等，均为单片集成功放器件。其性能优良，功能齐全，具备各种保护、消噪电路，外接元件少，易于安装，对外仅需五个引出端子，因此也称为五端集成功放。集成功放都工作在甲乙类（AB 类）状态，静态电流大都为 $10\sim50$ mA，因此静态功耗小，但动态功耗很大，

且随输出的变化而变化。五端集成功放的内部电路、主要技术指标以及引脚图可参见相关集成电路手册。

以 TDA2030 为例,其主要技术参数见表 3.7.4,电路符号及封装图见图 3.7.15。

表 3.7.4　TDA2030 的主要技术参数

参数	符号及单位	数值	测 试 条 件
电源电压	V_{CC}/V	$\pm 6 \sim \pm 18$	
静态电流	I_{CC}/mA	<40	—
输出峰值电流	I_{CM}/A	3.5	—
输出功率	P_o/W	14	$V_{CC}=14\ V,R_L=4\ \Omega,f=1\ kHz,THD<0.5\%$
输入阻抗	$R_i/k\Omega$	140	$A_4=30\ dB,R_L=4\ \Omega,P_o=14\ W$
$-3\ dB$ 带宽	BW/kHz	$0.01 \sim 140$	$R_L=4\ \Omega,P_o=14\ W$
谐波失真	$THD/\%$	<0.5	$R_L=4\ \Omega,P_o=(0.1 \sim 14)W$

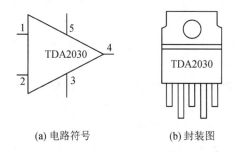

(a) 电路符号　　　　　　(b) 封装图

图 3.7.15　TDA2030 的电路符号及封装图

图 3.7.16 与图 3.7.17 是 TDA2030 的典型应用电路。图 3.7.17 中 R_x、C_x 为补偿元件,通常取 $R_x \approx 39\ \Omega$,$C_x \approx 0.003\ \mu F$。

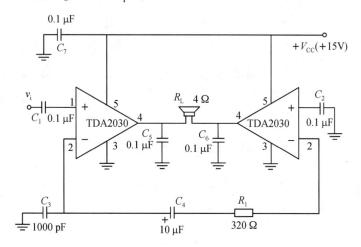

图 3.7.16　简易 BTL 功放

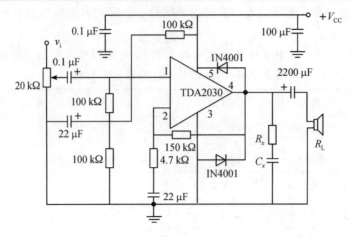

图 3.7.17 TDA2030 的应用

4. 集成功率放大器（LM XX 系列）

LM386 是一种频率响应宽（可达数百千赫兹）、静态功耗低（常温下 $V_{CC} = 6$ V 时为 24 mW）、适用电压范围宽（$V_{CC} = 4 \sim 16$ V）的低电压通用型音频功率放大器，广泛用于收音机、对讲机、双电源转换、信号发生器和电视伴音等系统中。在电源电压为 9 V，负载电阻为 8 Ω 时，最大输出功率为 1.3 W；在电源电压为 16 V，负载电阻为 16 Ω 时最大输出功率为 2 W。该电路外接元件少，使用时不需要散热片。

LM386 的内部原理电路如图 3.7.18 所示，它由输入级、中间级和输出级组成。晶体管 $T_1 \sim T_4$ 构成复合管差分输入级，由 T_5、T_6 构成的镜像电流源作为有源负载。输入级的单端输出信号传送至由 T_7 组成的共射电路中间级，恒流源作为 T_7 管的有源负载，实现高增益电压放大。T_9、T_{10} 组成 PNP 型复合管，与 NPN 型 T_8 管构成互补对称输出级，二极管 D_1、D_2 为输出级提供合适的直流偏置，以消除交越失真。

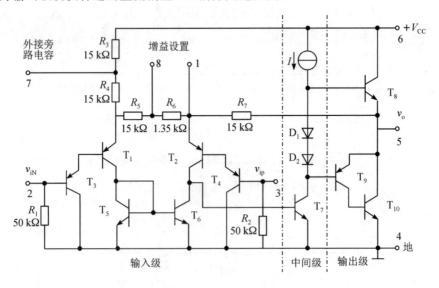

图 3.7.18 LM386 内部电路原理图

为了改善电路的性能，通过电阻 R_7 引入交、直流负反馈。LM386 引脚图如图 3.7.19 所示。当 1 脚和 8 脚开路时，电压增益为 20，如果在 1 脚和 8 脚之间接阻容串联元件，则最高电压增益可达 200。改变阻容值则电压增益可在 20～200 范围任意选取，其中阻容值越小，电压增益越大。

图 3.7.19　LM386 引脚图

下面介绍几个 LM386 应用实例。

1）LM386 组成 OTL 电路

图 3.7.20 示出了由 LM386 集成功放组成的 OTL 电路，这是外接器件最少的一种用法，C_1 为输出电容。由于引脚 1 和引脚 8 开路，因此集成功放的电压增益为 20 dB，即电压放大倍数为 20。调节 R_P 可改变扬声器的电量。R 和 C_2 串联构成校正网络用来进行相位补偿。

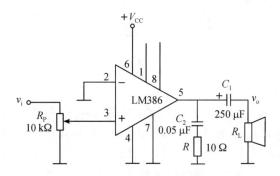

图 3.7.20　LM386 外接元件最少用法

静态时输出电容上电压为 $V_{CC}/2$，集成功放的最大不失真输出电压的峰峰值约为电源电压 V_{CC}。最大功率表达式为

$$P_{om} = \frac{1}{2} \times \frac{(V_{CC}/2)^2}{R_L} = \frac{V_{CC}^2}{8R_L}$$

此时输入电压峰值为

$$V_{im} = \frac{V_{CC}}{2A_v}$$

当 $V_{CC} = 16$ V、$R_L = 32$ Ω 时，$P_{om} \approx 1$ W，$V_{im} \approx 400$ mV。

图 3.7.21 示出了 LM386 集成功放电压增益最大用法。C_2 使引脚 1 和 8 在交流通路中短路，此时 $A_v \approx 200$；C_5 为旁路电容；C_1 为去耦电容，用于滤掉电源的高频交流成分。当 $V_{CC} = 16$ V、$R_L = 32$ Ω 时，该电路与图 3.7.20 所示电路相同，P_{om} 仍约为 1 W，但输入电压峰值 V_{im} 却仅需 40 mW。

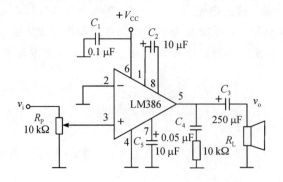

图 3.7.21 LM386 电压增益最大用法

图 3.7.22 示出了 LM386 集成功放的一般接法。按图中标注参数，电压增益为 50，改变 R_2 可改变 LM386 的增益。

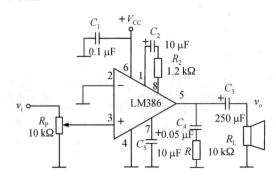

图 3.7.22 LM386 一般接法

2) LM386 组成 BTL 电路

BTL(Bridge Tied Load)意为桥接式负载。BTL 功率放大电路也称为平衡桥式功率放大电路。它由两组对称的 OTL 或 OCL 电路组成，负载接在两组 OTL 或 OCL 电路输出端之间，其中一个放大器的输出是另外一个放大器的镜像输出，也就是说加在负载两端的信号仅在相位上来讲相差 180°，负载上将得到原来单端输出的 2 倍电压，从理论上来讲电路的输出功率为单端输出的 4 倍。在单电源的情况下，BTL 可以不用输出电容便可充分利用系统电压，因此 BTL 结构常应用于低电压系统或电池供电系统中。在汽车音响中当每声道功率超过 10 W 时，大多采用 BTL 形式。

图 3.7.23 为 BTL 功率放大电路原理图。静态时，电桥平衡，负载 R_L 中无直流电流。动态时，在 v_i 正半周，T_1、T_4 导通，T_2、T_3 截止，流过负载 R_L 的电流如图中实线箭头所示；在 v_i 负半周，T_1、T_4 截止，T_2、T_3 导通，流过负载 R_L 的电流如图中虚线箭头所示。忽略晶体管的饱和压降，则 $V_{om} = V_{CC}$，在负载上可得到振幅为 V_{CC} 的输出信号电压，此时输出最大功率 $P_{om} = V_{CC}^2/2R_L$，该功率值是原 OTL 电路的 4 倍。

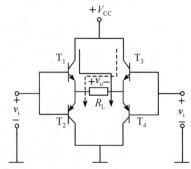

图 3.7.23 BTL 功率放大电路原理图

由 LM386 组成的 BTL 电路如图 3.7.24 所示。其中 LM386(1)接成同相放大器，LM386(2)接成反相放大器。因 1 脚和 8 脚开路，所以每片 LM386 的电压增益为 20，电路总增益为 40。因两片 LM386 的静态输出都是电源电压 V_{CC} 的一半，所以负载上无静态信号。当两片 LM386 的输入端同时加入信号后，由于两端输出相位相反，因此负载上的电压为单个 LM386 驱动时输出电压信号的两倍，最大输出功率为单个 LM386 驱动的 4 倍。

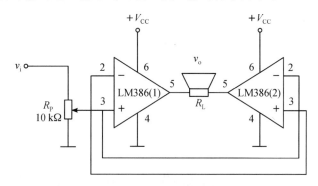

图 3.7.24　由 LM386 组成的 BTL 电路

5. 功率放大器实际应用时应注意的问题

采用集成功率放大器芯片设计集成功率放大器比较简单，一般只需考虑以下几个问题：

（1）芯片选型和制作。

① 考虑芯片能够提供的输出功率。实际应用中负载一般都不是电阻性负载，所以芯片的输出功率应大于所需输出功率的 $10\%\sim15\%$。

② 静态时电源电压会有所上升，所以静态时电源电压应比芯片的极限电压低 $3\sim5$ V。

③ 功率放大往往还需要提供电压增益，特别是输出功率较大的功率放大器，在使用外接反馈电阻来设置功率放大器增益时，电压增益最好不要超过 26 dB。

（2）元件选择时，主要考虑放大电路输入电容 C_i、输出电容 C_o 的容量，它们决定了功率放大器通频带的下限频率。电容的选择公式为

$$C_i \geqslant \frac{1}{2\pi R_i f_L}$$

$$C_o \geqslant \frac{1}{2\pi R_L f_L}$$

其中：R_i 为放大器的输入电阻；f_L 为放大器的下限频率；R_L 为负载电阻。

（3）在制作印制电路板时，大信号和小信号的走线要尽量分开。大信号的地和小信号的地要在一点相连。电源和输出线尽可能宽，避免出现环形地线。

3.8　运 算 电 路

一、实验目的

（1）熟悉集成运算放大器的性能，掌握其使用方法。

（2）掌握典型运算电路的结构，能进行电路设计与仿真。

（3）能进行典型运算电路的设计仿真、测量验证。

二、预习要求

（1）预习运算放大器的基本概念，包括其内部结构、工作原理和主要特性。

（2）理解运算放大器线性区的定义，运算放大器工作在线性区的条件。

（3）预习运算放大器在闭环条件下的指标分析，特别是闭环增益、输入阻抗、输出阻抗等参数。

（4）复习负反馈的概念，以及它在运算放大器中的使用。

三、实验原理

1. 运算放大器

运算电路因其可以实现运算功能，如比例、加、减、乘、除、微积分、对数等，被广泛用于模拟信号的数学处理中，如用于放大器、滤波器、乘法器、积分器、比较器、振荡器等电路中。

集成的通用线性放大器统称集成运算放大器（Operational Amplifier，简称运放），是一种具有高开环电压放大倍数的多级直接耦合放大器，通常以差分放大器为输入级，因此器件具有输入阻抗高，输入偏置电流、失调电压、失调电流小，共模抑制比高，温度特性好等特点。

本次实验主要使用 TL084 这款常见的四通道集成运放，它是由高压 JFET 和 BJT 组成的，具有低输入偏置电流、微小的输入失调电压和高转换率等特点，而且它能在共模和差分电压输入情况下工作，工作范围适配性强。TL084 由于其输入级用 JFET，所以阻抗很高，其电源范围为 $\pm 9 \sim \pm 18$ V（本次实验用 ± 12 V），其余详细和具体的介绍可以查阅 TL084 的数据手册。

TL084 内部有四个运算放大器，每个运算放大器都可以独立使用，其实物图和引脚图见图 3.8.1。

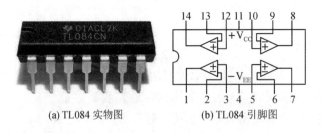

(a) TL084 实物图　　　　(b) TL084 引脚图

图 3.8.1　TL084 图示

对单个集成运放而言，常见的为图 3.8.2 所示的两个输入端口、一个输出端口的结构，其输入电压 v_i 为同相输入端电压 v_P 与反相输入端电压 v_N 之差，输出电压为 v_o。集成运算放大器的应用从工作原理上，可分为线性应用和非线性应用两个方面，如图 3.8.3 所示。

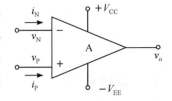

图 3.8.2　集成运放引脚

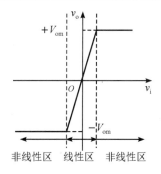

图 3.8.3　集成运放输入输出特性曲线

在线性区,其输入与输出之间满足 $v_o=A_{vo}(v_P-v_N)$,且集成运算放大器的开环增益 A_{vo} 高达 $10^4 \sim 10^7$,必须引入深度负反馈才能使其工作在该区域内。

理想运算放大器在线性应用时具有两个重要特征:"虚短"和"虚断"。所谓"虚短"即 $v_P-v_N \approx 0$ V,表示理想运算放大器在做线性放大时,同相输入端和反相输入端电位近似相等。所谓"虚断"即 $i_P \approx 0$ A、$i_N \approx 0$ A,表示理想运算放大器的同相输入端和反相输入端电流近似为零。

1) 运算放大器的重要参数

(1) 输入失调电压。

对于理想运放,若两个输入端的电压为 0 V 时,输出端电压也应该为 0 V。但由于工艺原因,当运算放大器的正、负输入端电压之差为 0 V 时,输出电压 $v_o \neq 0$ V,此时的输出电压称为失调电压 V_{OS}(Offset Voltage),它也被等效成一个与运放反相输入端串联的电压源。V_{OS} 值的范围很大,对于斩波稳定的运放,该值通常小于 $1~\mu$V,而部分高速运放等可能达到几千毫伏以上。

(2) 输入偏置电流。

理想运放的输入阻抗无穷大,因此不会有电流流入输入端,但实际上,一些在输入级使用 BJT 的运放需要一定的工作电流,该电流称为偏置电流(I_B)。通常偏置电流有两个:I_{B+} 和 I_{B-},它们分别流入两个输入端。偏置电流具有较大的范围,特殊类型运放的偏置电流低至 60fA,而一些高速运放可高达几十毫安。这可能造成两种后果,其一,当用放大器接成跨阻放大以测量外部微小电流时,过大的输入偏置电流会分掉被测电流,使测量失准;其二,当放大器输入端通过一个电阻接地时,这个电流将在电阻上产生多余的输入电压。

(3) 输入失调电流。

单个运放的制造工艺趋于使电压反馈运放的两个偏置电流相等,但不能保证偏置完全相等。在电流反馈运放中,输入端的不对称特性意味着两个偏置电流几乎总是不相等的。这两个偏置电流之差为输入失调电流 I_{OS}。通常情况下 I_{OS} 很小。失调电流的存在,说明两个输入端客观存在的电流有差异,无法用外部电阻实现匹配以抵消偏置电流的影响。

(4) 输入电压范围。

为保证运算放大器正常工作,输入电压应在一定范围内(称为共模输入电压范围)。当运放最大输入电压范围与电源范围比较接近时,例如相差 0.1 V 甚至相等,都可以叫"输入轨至轨"(Rail to Rail Input，RRI)。当运放的两个输入端中的任何一个输入电压超过此范围，都将引起运放失效。

（5）输出电压范围。

输出电压范围指在给定电源电压和负载情况下，其输出能够达到的最大电压范围。当运放的输出范围已经接近电源电压范围时，就称为"输出轨至轨"(Rail to Rail Output，RRO)。此时电压也称为至轨电压。在没有额外的储能元件情况下，运放的输出电压不可能超过电源电压范围，随着负载的加重，输出最大值与电源电压的差异会加大。

输出电压范围有如下特点：① 正至轨电压与负至轨电压的绝对值可能不一致，但一般情况下数量级相同；② 至轨电压与负载密切相关，负载越大（阻抗小），至轨电压越大；③ 至轨电压与信号频率相关，频率越高，至轨电压越大，甚至会突然大幅度下降。

（6）电压转换速率。

电压转换速率(Slew Rate，SR)，简称压摆率，是指在 1 ms 时间里电压升高的幅度。若用方波来测量，电压转换速率就是指电压由波谷升到波峰所需时间，其单位通常有 V/s、V/ms 和 V/μs。如果电压转换速率低，则信号输入时放大器不能准确及时跟上，导致信号消失后放大器只能跟上原信号电平的一半或更低。

运放的压摆率主要限制在于内部第二级的 C_c 电容，由第二级的密勒电容充电过程的快慢所决定。这个电容的大小会影响运放的压摆率，同时充电电流的大小也会影响充电的快慢。这是一般超低功耗的运放压摆率都不会太高的原因。

（7）噪声指标。

运放常见的噪声根源有两类，一类为 1/f 噪声，其电能力密度曲线随着频率的上升而下降；另一类为白噪声，或称为平坦噪声，其电能力密度曲线是一条直线，与频率无关。

2）运算放大器设计注意事项

值得注意的是，TL084 运算放大器的高输入阻抗特性，使它不会在提供给输入引脚的信号中汲取任何电流，避免产生干扰。对于输入部分，在提供电压信号时必须考虑共模输入电压范围，因为输入电压不能超过至轨电压，否则会产生闩锁情况，造成电源电压短路，从而损坏电路。反相和同相引脚的电压值之差不能超过差分输入电压额定值。

此外，任何运放都不可能是理想运放，输出电压都不可能达到电源电压，对于输出部分，TL084 输出电压在饱和时不会达到最大正电压或者最大负电压，总是会比电源电压低 2 V 左右，这种电压降是因为原放大器内部晶体管电压降而产生的。

运放的电源滤波不容忽视，电源的好坏直接影响输出。特别是对于高速运放，电源纹波对运放输出干扰很大，因为它会造成自激振荡，所以在实际工程电路中，通常在运放电源脚旁边加一个 0.1 μF 左右的去耦电容。

2. 基本运算电路结构

1）反相比例运算电路

反相比例运算电路如图 3.8.4 所示。对于理想运放，该电路的输出电压与输入电压之间的关系为

$$v_o = -\frac{R_f}{R_1} v_i$$

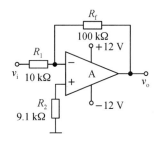

图 3.8.4 反相比例运算电路

为了减小输入级偏置电流引起的运算误差，在同相输入端应接入平衡电阻 R_2，$R_2 = R_1 /\!/ R_f$。

2）同相比例运算电路

同相比例运算电路如图 3.8.5(a)所示。对于理想运放，它的输出电压与输入电压之间的关系为

$$v_o = \left(1 + \frac{R_f}{R_1}\right) v_i$$

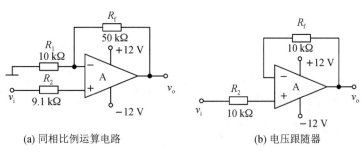

(a) 同相比例运算电路   (b) 电压跟随器

图 3.8.5 同相比例运算电路

特别是当 R_1 取∞时，如图 3.8.5(b)所示，此时 $v_o = v_i$，该电路作为电压跟随器使用。取 $R_2 = R_f$，R_2 起保护作用。一般 R_2 取 10 kΩ，若阻值太小起不到保护作用，太大则影响跟随特性。

3）加法运算电路

根据输入信号的不同，加法运算电路包括同相加法运算电路和反相加法运算电路两种，电路如图 3.8.6 所示。

图 3.8.6(a)为同相加法运算电路，其输出电压为

$$v_o = \left(1 + \frac{R_f}{R_3}\right)\left(\frac{R_1 v_{i2} + R_2 v_{i1}}{R_2 + R_1}\right)$$

当配置电阻值为 $R_f = R_3 = R_1 = R_2$ 时，输入输出关系为加法运算 $v_o = v_{i1} + v_{i2}$。

图 3.8.6(b)为反相加法运算电路，其输出电压为

$$v_o = -\left(\frac{R_f}{R_1} v_{i1} + \frac{R_f}{R_2} v_{i2}\right)$$

当配置电阻值为 $R_f = R_1 = R_2 = R_3$ 时，就实现了反相的加法运算 $v_o = -(v_{i1} + v_{i2})$。

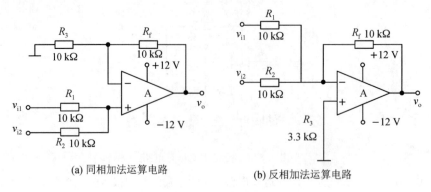

图 3.8.6　加法运算电路

4）减法运算电路

减法运算电路实际上是反相比例运算电路和同相比例运算电路的组合，可以分解为 $v_{i1}=0$ V 时的同向放大器和 $v_{i2}=0$ V 时的反相放大器。两者作用叠加实现相减，电路如图 3.8.7 所示。

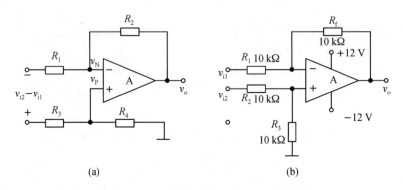

图 3.8.7　减法运算电路图

在理想条件下，减法运算电路的输出电压与输入电压的关系为

$$v_o=\left(1+\frac{R_f}{R_1}\right)\left(\frac{R_2}{R_2+R_3}\right)v_{i2}-\frac{R_f}{R_1}v_{i1}$$

当配置电阻值为 $R_f=R_1=R_2=R_3$ 时，就实现了减法运算 $v_o=v_{i2}-v_{i1}$。

5）积分运算电路

同相输入和反相输入均可构成积分运算电路。以反相积分为例，其运算电路如图3.8.8(a)所示。在理想条件下，输出电压与输入电压的关系为

$$v_o=-\frac{1}{RC}\int v_i\mathrm{d}t$$

上式中负号表示输出电压与输入电压是反相关系。积分电路又常作为延时电路应用，延时时间的长短与 R、C 值的乘积相关，该乘积称为电路的时间常数 $\tau=RC$。实际应用时也会在积分电容上并联电阻 R_3，如图3.8.8(b)所示，实际积分电路可以降低电路的低频电压增益，消除电路的饱和现象。

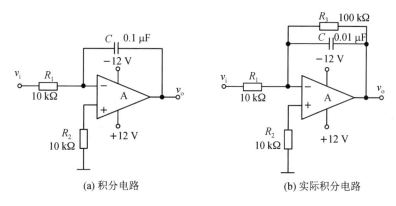

(a) 积分电路　　　　　(b) 实际积分电路

图 3.8.8　积分运算电路

6）微分运算电路

微分运算是积分运算的逆运算，只需将积分运算电路的反相输入端的电阻和反馈电容调换位置，就可构成微分运算电路，如图 3.8.9 所示。在理想条件下，输出电压与输入电压的关系为

$$v_o = -RC \frac{dv_i}{dt}$$

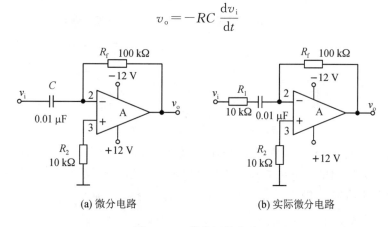

(a) 微分电路　　　　　(b) 实际微分电路

图 3.8.9　微分运算电路

由于电容 C 的容抗随输入信号的频率升高而减小，因此输出电压随频率升高而增加。实际应用时为限制输出电压的高频电压增益，在输入端与电容 C 之间加入电阻 R_1。

四、电路仿真

按照实验原理图，在 Multisim 软件中搭建并仿真该电路。这一过程有利于了解电路的性能、掌握实验方法。利用仿真软件中的各种测量仪表对电路的参数进行测量，也可为实物实验的顺利进行做好准备。

1）比例运算电路

选用 Multisim 中 TL084CN 运放，仿真电路如图 3.8.10 所示。

观察 3.8.10 图中测试的同相和反相端电压差，以及两端输入电流的数量级，以便对"虚短"和"虚断"有具体认识。

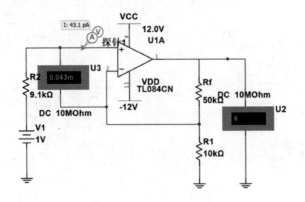

(a) 同相比例运算电路

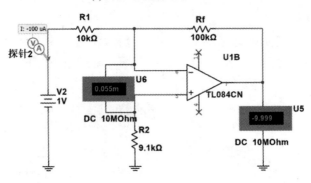

(b) 反相比例运算电路

图 3.8.10   比例运算电路仿真图

调整图中输入电压"V1"和"V2"的大小，发现当输出达到±10.4 V左右后无法再增大，这也说明：实际的输出电压不可能达到电源电压；比例运算电路有工作区间，且工作区间受限于其最大和最小输出电压。

2）加法、减法运算电路

加法、减法运算电路的仿真电路，如图3.8.11、图3.8.12所示。

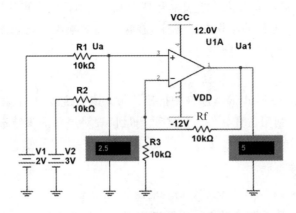

图 3.8.11   同相加法运算电路

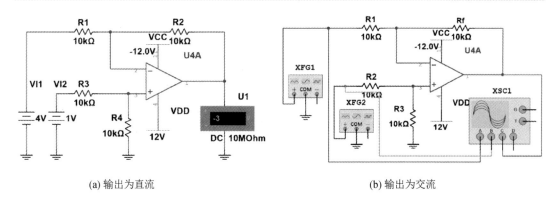

(a) 输出为直流   (b) 输出为交流

图 3.8.12 减法运算电路

图 3.8.12(b) 中，输入电压分别设置为 1 kHz，4 V 和 1 V 峰值的正弦波，则输入、输出关系如图 3.8.13 所示。由图可以看到输出信号和输入之间有清晰的反相。

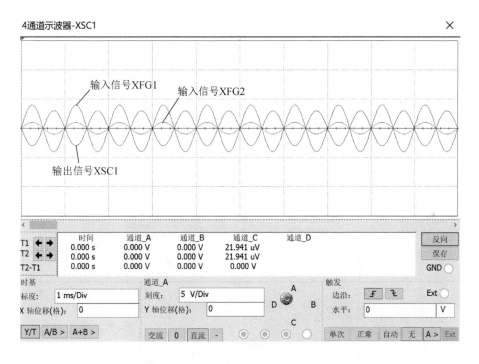

图 3.8.13 减法运算电路仿真波形图

3）积分、微分运算电路

根据原理电路，对积分和微分电路进行仿真。仿真电路如图 3.8.14 和图 3.8.15 所示。积分电容上并联电阻 R_3，目的是降低电路的低频电压增益，消除积分电路的饱和现象。同时，积分电路是否正确进行功能运算，除电路的本身结构以外，还需要合适的输入信号。

由仿真实验可见，对于微分和积分电路，还可以实现正弦波的 90° 移相。

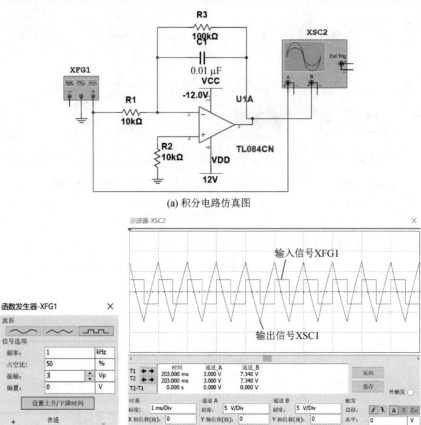

(a) 积分电路仿真图

(b) 输入与输出

图 3.8.14 积分电路仿真电路及输入输出

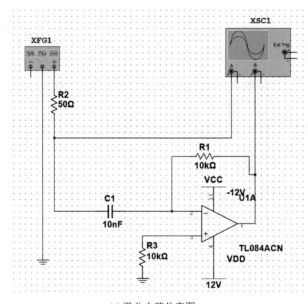

(a) 微分电路仿真图

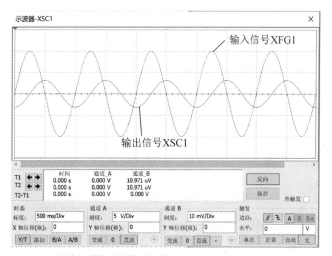

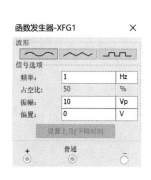

(b) 当正弦输入时其对应的输出波形

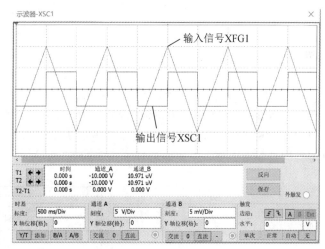

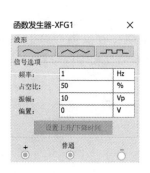

(c) 当三角波输入时其对应的输出波形

图 3.8.15　微分电路仿真电路及输入输出

五、实验仪器

本次实验需要的实验仪器如表 3.8.1 所示。

表 3.8.1　实 验 仪 器

序号	仪 器 名 称	主 要 功 能	数量
1	双踪示波器	观测输入、输出的波形及电压	1
2	函数信号发生器	提供输入信号	1
3	数字万用表	测量静态工作点电压	1
4	实验板	搭建电路	1

六、实验内容

本次实验内容包括：
（1）运算放大器主要参数的测量；
（2）基本运算电路的搭建与功能验证；
（3）运算电路的设计。

七、实验步骤

1. 运算放大器主要参数的测量

1）输入失调电压的测量

对于输入失调电压的测量，开环测量十分困难，必须
进行闭环测量。一般是设置一个很大的增益并且把输入短
接。此时输出电压除以增益就是输入失调电压的大小。例
如，可以采用图 3.8.16 所示电路测量输入失调电压。V_{OS}
的计算公式为

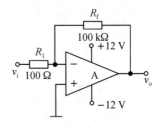

图 3.8.16　输入失调电压的测量电路

$$V_{OS} = \frac{v_o}{1000}$$

2）输入偏置电流与失调电流的测量

对于输入偏置电流与失调电流的测量，可用一个很大的电阻接在反馈回路上，如图
3.8.17 所示。S1 闭合时，测同相端的偏置电流 I_P，S2 闭合的时候测反相端的偏置电流 I_N。
这里测得的是偏置电流。失调电流等于二者的差。

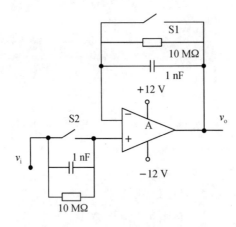

图 3.8.17　输入偏置电流与失调电流的测量电路

需要注意的是，如果运放的偏置电流只有几纳安，则偏置电流造成的输出电压只有几
毫伏，而且此时还包括了"失调电压"的影响（偏大或偏小都有可能，具体取决于失调电压的
极性）。所以，测量纳安量级的偏置电流，图中的电阻还得取大些，使输出电压达到伏量级，
此时就不用扣除失调电压的影响了。

3）电压转换速率的测量

运算放大器的电压转换速率 S_g 定义为当放大器的电压放大倍数 $A_v=1$，输入阶跃信号时，输出电压随时间的变化速率，即

$$S_g = \frac{\Delta v_o}{\Delta t}$$

电压转换速率的测量电路如图 3.8.18 所示，其中输入信号为方波，$f=10\ \text{kHz}$，$V_p=10\ \text{V}$。

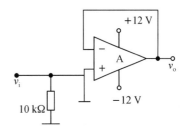

图 3.8.18　电压转换速率的测量电路

2. 基本运算电路的搭建与功能验证

按照原理和仿真部分给出的电路图进行电路搭建，并测试电路输入和输出。

1）比例运算电路

按图 3.8.10 连接电路，输入 $f=1\ \text{kHz}$、$V_p=0.5\ \text{V}$ 的正弦交流信号，测量相应的输出电压，并用示波器观察 v_o 和 v_i 的相位关系，结果记入表 3.8.2 中。

表 3.8.2　比 例 运 算

电路	v_i/V	v_o/V	A_v	v_i 波形	v_o 波形
反相比例					
同相比例					

2）加法、减法运算电路

按图 3.8.6(b)、图 3.8.7(b) 连接电路，选择合适的直流输入电压以确保集成运放工作在线性区。用直流电压表分别测量输入电压 v_{i1}、v_{i2} 及输出电压 v_o，结果记入表 3.8.3 中。

表 3.8.3　加法、减法运算

电路	v_{i1}/V	v_{i2}/V	v_o/V
反相加法			
减法			

3）积分、微分运算电路

按图 3.8.8(b)连接积分电路，给输入端加入 $f = 1$ kHz、$V_p = 1$ V 的方波、正弦波信号，用双踪示波器观察 v_o 与 v_i 的大小及相位关系，分析电路的运算功能。再改变图中的电路参数，使 $C = 0.1\mu$F，观察输出波形的变化情况。根据输出电压 v_o 的解析表达式计算 v_o，并将其与实验结果进行对比。

按图 3.8.9(b)连接微分电路，给输入端加入 $f = 1$ kHz、$V_p = 1$ V 的三角波、正弦波信号，用双踪示波器观察 v_o 与 v_i 的大小及相位关系，分析电路的运算功能。再改变图中的电路参数，使 $C = 0.1$ μF，观察输出波形的变化情况。根据输出电压 v_o 的解析表达式计算 v_o，并将其与实验结果进行对比。

表 3.8.4　输入、输出电压

电路	输入波形	v_i / V	输出波形	v_o / V	实验测得输入、输出的关系	理论分析输入、输出的关系
积分电路						
微分电路						

3. 运算电路设计

1）减法运算电路设计

现有集成运算放大器与各类电阻，试设计一个运算电路，实现如下功能：

$$v_o = 2v_{i1} - 3v_{i2}$$

自行设计实验方案及步骤，并通过实验验证该设计是否正确。

需要注意的是，同样的运算功能，所对应的电路结构并不唯一。例如，图 3.8.19 所示的两个电路都可以实现 $v_o = 5v_{i2} - v_{i1}$ 的功能。这里请注意输入端电阻的匹配和平衡电阻的取值。

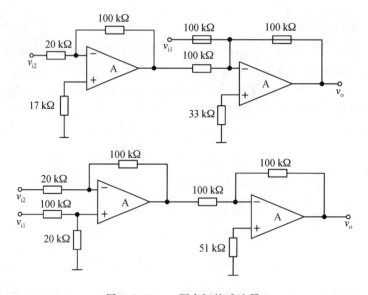

图 3.8.19　一题多解的减法器

2）电容测量电路

现有集成运算放大器与各类电阻，试设计一个运算电路，实现对电容值的测量。

利用微分电路可以实现对电容值的测量，如图 3.8.20 所示。C_1 是被测电容，R_2 是用以校准的电位器。根据微分电路输入、输出关系式，调整 R_2 的大小进行校准，就可得到在一定范围内，被测电容和输出电压之间呈线性关系的电路。例如图 3.8.20 所示的电路，以图中的参数配置，其被测电容 C_1 取 1 nF 时，输出电压为 1 V。

根据仿真电路搭建实物电路，并将实验结果记录在表 3.8.5 中。

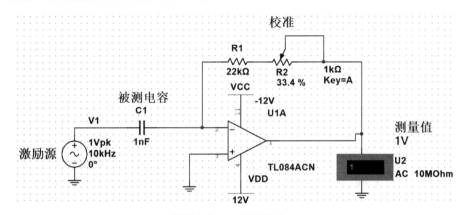

(a) 被测电容 1 nF 时电路输出

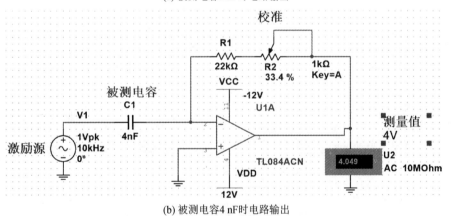

(b) 被测电容 4 nF 时电路输出

图 3.8.20　电容测量电路

表 3.8.5　电容测量电路测量表

电路	激励源	R_1+R_2	理论分析输入、输出的关系	被测电容 C_1	输出电压 v_o	实际输入、输出关系
电路配置 1						
电路配置 2						

八、思考题

（1）用集成运放如何实现对数和指数电路，请查阅相关资料，并尝试进行电路搭建和功能验证。

（2）如何用微分电路实现脉冲，请查阅相关资料，并尝试进行电路搭建和功能验证。

（3）理论上的基本积分电路只能在积分时间较短的情况下工作，实际长期工作易引起积分漂移，这是为什么？对比在抑制该现象的方案中，并联电阻、复位开关等多种方案的异同，并进行电路设计优化和搭建。

（4）理论上的基本微分电路在高频下，实际工作易出现高频振荡，这是为什么？查找抑制该现象的方案，分析多种方案的异同，并进行电路设计优化和搭建。

九、知识拓展

请参考以下原理电路，用集成运放实现可调恒压源、恒流源电路。

除了运算电路，运用集成运放的线性特性还可以进行恒流、恒压源电路搭建。图 3.8.21 所示为集成运放搭建的恒流源电路，其输出电流即负载 R_L 上的电流 $I_{R_L} = V_{CC} \dfrac{R_2}{(R_1 + R_2)R_3}$，这里涉及用分压来解决 V_{CC} 和 R_3 灵活选择的问题，同时需注意负载阻值的选取及负载浮地。恒流源实际还有正反馈平衡式或通过后接晶体管进行改进的电路结构。图 3.8.22 所示为可调恒压源电路，其输出电压可由电位器进行调整，这里需注意电位器的额定功率选取。

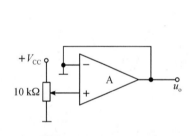

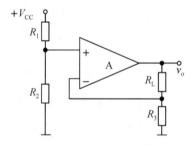

图 3.8.21　恒流源电路　　　　　图 3.8.22　可调恒压源电路

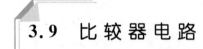

3.9　比 较 器 电 路

电压比较器是能进行电压比较的功能电路，多使用集成运算放大器搭建，可用于 V/F（电压频率）变换、A/D 变换、高速采样、压控振荡器电路、过零检测等，其主要利用的是运放非线性区的性质。

一、实验目的

（1）进一步熟悉集成运算放大器的性能，掌握其使用方法；

（2）掌握比较器电路的结构，能进行电路设计与仿真；

（3）能进行比较器电路的搭建和相关指标的测量；

（4）熟悉集成运算放大器在非线性区的应用，掌握其工作原理和调试方法。

二、预习要求

（1）预习集成运算放大器的基本概念，包括其内部结构、工作原理和主要特性；

（2）理解运放非线性区的定义，以及如何使运算放大器工作在非线性区；

（3）预习运算放大器的相关指标分析；

（4）复习正反馈的概念，以及在运算放大器中的使用。

三、实验原理

集成运算放大器的应用从工作原理上，可分为线性应用和非线性应用两个方面。电压比较器运用的就是集成运放在非线性区的特性（见图 3.9.2），此时输入与输出之间满足

当 $v_P > v_N$ 时，$v_o = +V_{om}$；

当 $v_P < v_N$ 时，$v_o = -V_{om}$。

需要注意的是，理想运算放大器非线性应用时只有虚断的特性，即 $i_P \approx 0$ A、$i_N \approx 0$ A。

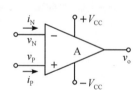

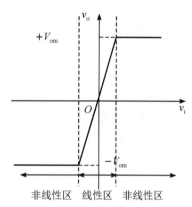

图 3.9.1 集成运放引脚 图 3.9.2 集成运放输入输出特性曲线

1. 单门限电压比较器

单门限电压比较器只有一个门限电压，如图 3.9.3 所示。

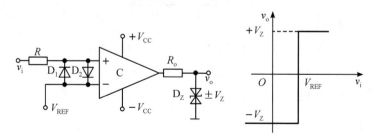

图 3.9.3 反相输入的单门限电压比较器及其特性曲线

当 $v_i > V_{REF}$ 时，v_o 输出高电平（正饱和输出）；当 $v_i < V_{REF}$ 时，v_o 输出低电平（负饱和输出）。根据输出电平的高低便可知道输入电压与参考电压的大小关系。

在实际电路中，图 3.9.3 中的 D_1、D_2 对输入电压进行双向限幅，避免电压过大损坏输

入级晶体管；双向稳压二极管 D_Z 对输出端限幅，达到减少电源波动的影响，或调整输出电平的作用，此时 $v_o = \pm V_Z$。

2. 迟滞电压比较器

图 3.9.4 所示为一反相输入的迟滞电压比较器（也称滞回比较器）。

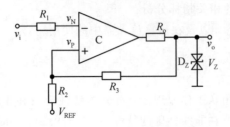

图 3.9.4   反相输入的迟滞电压比较器

与单门限电压比较器的开环结构不同，该比较器引入了正反馈，有两个门限电压，分别设为 V_{T1} 和 V_{T2}，理论分析可得

$$V_{T1} = \frac{R_3 V_{REF} - R_2 V_Z}{R_2 + R_3}$$

$$V_{T2} = \frac{R_3 V_{REF} + R_2 V_Z}{R_2 + R_3}$$

迟滞电压比较器的输出特性曲线如图 3.9.5 所示，当 v_i 由小到大变化到 $v_i > V_{T2}$ 时，输出特性曲线从高到低跳变；v_i 由大到小变化到 $v_i < V_{T1}$ 时，输出特性曲线从低到高跳变。

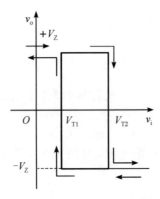

图 3.9.5   反相输入的迟滞电压比较器的特性曲线

四、电路仿真

1. 单门限电压比较器

1）波形转换功能仿真

按照图 3.9.6(a)连接仿真电路，输入端接入正弦波，R_3 用来配置参考电压，通过调整其大小以调整比较的参考值，观察输出波形变化。由图 3.9.6(b)可得，比较器电路可以用以实现正弦波到方波的波形转换。

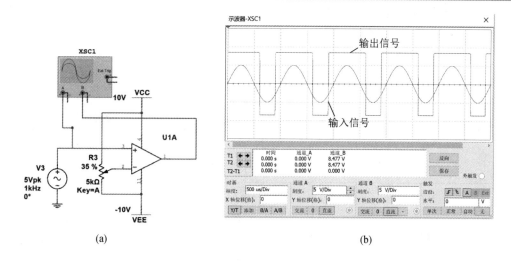

(a)   (b)

图 3.9.6 仿真电路图及其仿真波形图

2) 频率特性仿真

只修改电路输入信号频率(分别取 1 kHz、10 kHz、50 kHz、200 kHz),对比不同输入信号频率时的输出波形。图 3.9.7 示出了 200 kHz 时的仿真波形图。

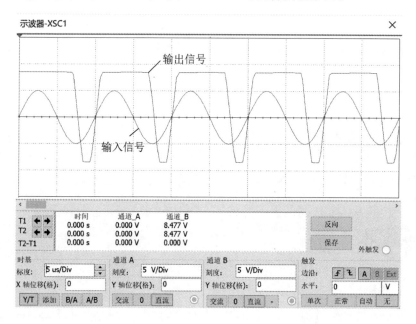

图 3.9.7 输入取 200 kHz 时的仿真波形图

2. 迟滞电压比较器

按照图 3.9.8 连接仿真电路。接入的参考电压为 0 V,输入信号是 10 V、频率为 1 kHz 的正弦波。用示波器 B、A 通道测量实验电路的电压传输特性,观察输出随输入变化的关系,如图 3.9.9 所示。

调整电阻大小，观测特性曲线中门限、回差的变化。

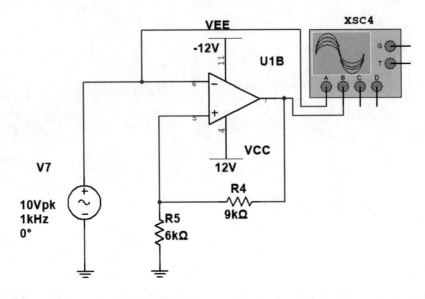

图 3.9.8 仿真电路图

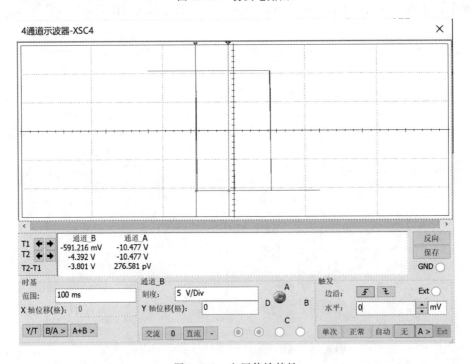

图 3.9.9 电压传输特性

给单门限和迟滞电压比较器分别叠加如图 3.9.10 所示的输入信号，用 300 mV 的 20 kHz 的正弦波代表噪声等频率较高、幅值较小的干扰信号，用 1 V、1 kHz 的代表有用信号，并观察此时的输出波形，由图 3.9.10(b)可以看到其中单门限电压比较器灵敏度较高，而迟滞电压比较器更稳定的特性。

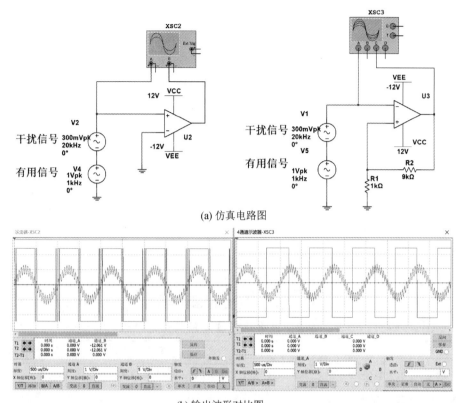

(a) 仿真电路图

(b) 输出波形对比图

图 3.9.10 仿真电路图及波形图

五、实验仪器

表 3.9.1 实 验 仪 器

序号	仪器名称	主要功能	数量
1	双踪示波器	观测输入、输出的波形及电压	1
2	数字万用表	测量电源电压	1
3	函数信号发生器	提供输入信号	1

六、实验内容

用过零比较器搭建波形变换电路并验证其功能。

七、实验步骤

(1) 参照图 3.9.11 搭建电路(可以使用 TL084 集成运放搭建);

(2) 给电路的同相端输入表 3.9.2 给定正弦信号,用示波器观察此时的输出波形;

(3) 根据表 3.9.2,分别改变 v_i 的幅值和频率,观察输出变化并计入表中;

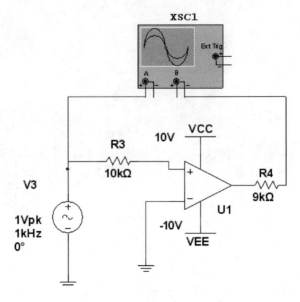

图 3.9.11 过零比较器电路图

表 3.9.2 过零比较器电路实验记录表

	v_i		v_o		传输特性曲线
	幅值/V	频率/kHz	幅值/V	频率/kHz	
输入信号 1	1 V	1			
输入信号 2	4 V	1			
输入信号 3	6 V	1			
输入信号 4	1 V	10			
输入信号 5	1 V	50			
输入信号 6	1 V	200			

（4）参照图 3.9.12(a)、(b)改变电路的输出结构；

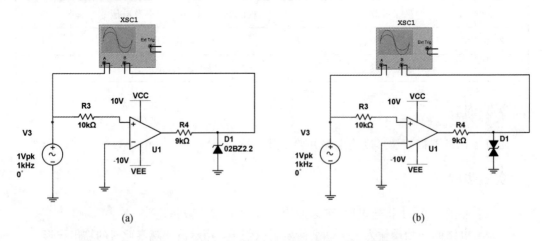

(a)   (b)

图 3.9.12 不同输出结构的过零比较器电路图

（5）给同相端输入正弦信号，用示波器观察此时的输出波形，并计入表 3.9.3 中；

（6）尝试改变 v_i 的幅值、频率，并观察输出幅值、波形变化。

表 3.9.3　比较器电路实验记录表

电　路	v_i		v_o		传输特性曲线
	幅值/V	频率/kHz	幅值/V	频率/kHz	
图 3.9.12(a) 所示电路	1 V	1			
图 3.9.12(b) 所示电路	1 V	1			

八、思考题

（1）如何利用电压比较器实现光敏、温敏控制？

（2）利用迟滞电压比较器将输入的正弦波转换为输出的矩形波，当输入信号的幅值小于门限电压时，输出能否被转换成矩形波？

（3）比较器电路的输入、输出电压是否有工作范围，如何计算？

九、知识拓展

搭建一个电路实现电平指示器，当输入电压 $v_i < 1$ V 或 $v_i > 3$ V 时，LED 指示灯亮，否则指示灯灭，完成表 3.9.4 所示的内容。

表 3.9.4　电 平 指 示 器

电路图	输入信号	输出信号

提示：利用电压窗口比较器搭建。

窗口比较器，又称为双限比较器，电路采用两个并联的比较器进行搭建，它具有两个门限电平，如果信号电平处于窗口范围内，则输出高电平。如果信号电平超出窗口范围，则输出低电平。窗口比较器可以检测输入模拟信号的电平是否处在给定的两个门限电平之间。在元件选择与分类，或对生产现场进行监视与控制时，窗口比较器是很有用的。图 3.9.13 是一个基本的电压窗口比较器，外加参考电压 $V_{RH} > V_{RL}$，D1、D2 构成限幅作用。

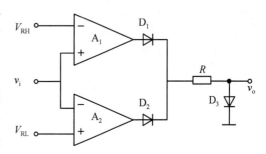

图 3.9.13　电压窗口比较器

当输入电压 $v_i > V_{RH}$ 时，A_1 的输出 $v_{o1} = +V_{om}$，A_2 的输出 $v_{o2} = -V_{om}$，因而二极管 D1 导通、D2 截止，所以电路的输出电压为 V_Z。

当输入电压 $v_i < V_{RL}$ 时，A_1 的输出 $v_{o1} = -V_{om}$，A_2 的输出 $v_{o2} = +V_{om}$，因而二极管 D2 导通、D1 截止，所以电路的输出电压为 V_Z。

当输入电压 $V_{RL} < v_i < V_{RH}$ 时，$v_{o1} = v_{o2} = -V_{om}$，因而二极管 D1 和 D2 都截止，所以电路的输出电压为 0 V。

示例电路如图 3.9.14 所示，D1、D2 为 1N4148，运放为 TL084。

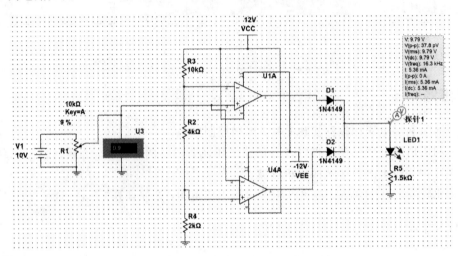

图 3.9.14　电平指示器

第 4 章

拓 展 实 验

　　本章主要介绍模拟电子技术基础的拓展实验，在第 3 章基础实验的基础上，本章将更加注重综合知识的应用与电路设计思路、以培养学生理论应用于实践、解决复杂问题的能力，培养其创新思维，为第 5 章自主实验的学习打下基础。

4.1　RC 正弦信号发生器

一、实验目的

　　（1）了解集成运算放大器在信号产生方面的广泛应用。
　　（2）掌握 RC 桥式正弦波振荡器的原理及设计方法。
　　（4）熟悉常用电子仪器及集成运放电路搭建的方法。
　　（5）学会用 Multisim 仿真实验内容。

二、预习要求

　　（1）预习集成运算放大器在线性应用时的"虚短""虚断"。
　　（2）查阅资料，熟悉集成运算放大器的引脚排列。
　　（3）预习 RC 正弦信号发生器的原理。
　　（4）应用电路设计仿真软件 Multisim，对 RC 正弦波振荡电路进行仿真。

三、实验原理

1. 基本概念

　　信号发生器就是指不需要输入信号，就能产生各种波形信号的电子电路，在通信、自动控制和计算机技术等领域中都得到了广泛应用。信号发生器一般分为函数信号发生器和任意波形发生器两种。函数信号发生器按照输出波形又可以分为正弦信号发生器和非正弦信号发生器。由集成运放构成的正弦信号发生器由于运放带宽限制，其产生的信号频率一般都比较低，属于低频信号发生器。

2. RC 桥式正弦波振荡电路

图 4.1.1 所示为 RC 桥式正弦波振荡电路。其中由 R_1、C_1、R_2、C_2 组成的串并联电路构成正反馈支路，同时兼作选频网络，R_f、R_3 构成负反馈网络，与集成运放一起构成同相比例放大电路。调节 R_f，可以改变负反馈深度，以满足振荡的起振条件并改善波形。

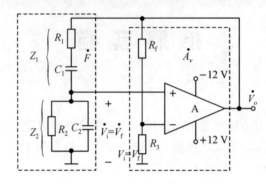

图 4.1.1　RC 桥式正弦波振荡电路

1）RC 串并联网络的选频特性

实际工程应用中，一般取 $R_1=R_2=R$，$C_1=C_2=C$，令 R_1、C_1 串联阻抗为 Z_1，R_2、C_2 并联阻抗为 Z_2，当频率为 ω 时,有

$$Z_1=R+\frac{1}{j\omega C}$$

$$Z_2=\frac{R}{1+j\omega RC}$$

正反馈系数为

$$\dot{F}=\frac{\dot{V}_f}{\dot{V}_o}=\frac{Z_1}{Z_1+Z_2}=\frac{1}{3+j\left(\dfrac{\omega}{\omega_0}-\dfrac{\omega_0}{\omega}\right)}$$

由此可得 RC 串并联选频网络的幅频特性与相频特性分别为

$$|\dot{F}|=\frac{1}{\sqrt{3^2+\left(\dfrac{\omega}{\omega_0}-\dfrac{\omega_0}{\omega}\right)^2}}$$

$$\varphi_F=-\arctan\frac{\dfrac{\omega}{\omega_0}-\dfrac{\omega_0}{\omega}}{3}$$

当 $\omega=\omega_0=1/RC$ 时，$|\dot{F}|=|\dot{F}|_{max}=1/3$，$\varphi_F=0$。

2）起振条件与平衡条件

当 RC 桥式正弦波振荡电路接通电源的一瞬间，在输出端产生的干扰噪声中，频率 $\omega=\omega_0$ 的信号被选频网络选择出来，并通过正反馈网络加在运放的同相输入端，且相位不发生改变。此时，反馈系数为 1/3，为了保证信号被放大，需要整个振荡电路的环路增益 $\dot{A}\dot{F}>1$，即同相比例运算电路的放大倍数 $A=(1+R_f/R_3)>3$。$\dot{A}\dot{F}>1$ 称为振荡电路的起振条件。当输出信号逐渐增大时，则要求振荡电路的闭环增益由 $\dot{A}\dot{F}>1$ 变为 $\dot{A}\dot{F}=1$。
$\dot{A}\dot{F}=1$ 称为振荡电路的平衡条件。

　　3）稳幅措施

　　为了稳定振荡幅度，在输出增大到一定程度后电路应能够自动地降低放大倍数来实现
输出幅度的稳定。通常通过在放大电路的负反馈回路里加入非线性元件来自动调整负反馈
放大电路的电压放大倍数，从而达到稳定输出电压的目的，实际电路如图 4.1.2 所示。图
中 D_1、D_2 为稳幅元件，放大倍数由 R_3、R_p、R_4 决定。当输出电压较小时，R_4 两端电压较
小，D_1、D_2 截止。当输出电压增大到一定程度时，在正弦波的正半周与负半周，D_1、D_2 分
别导通，其导通时的等效电阻与 R_4 并联，使得反馈电阻减小，电路的电压增益下降。输出
电压幅度越大，二极管导通时的等效电阻越小，电压放大倍数也将越小，从而维持输出电
压幅度基本稳定。除用二极管作为稳幅元件外，还可以采用热敏电阻、场效应管等方式完
成稳幅。

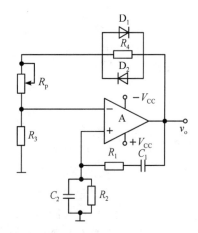

图 4.1.2　带有稳幅的 RC 桥式正弦波振荡电路

3. RC 桥式正弦波振荡电路的相关参数估算

　　对于图 4.1.2 所示的正弦信号发生器，为使电路能够起振并保持稳定的正弦输出，负反
馈电路中几个电阻的取值非常重要。为了保证电路的起振，应满足 $\dot{A}\dot{F}>1$，即 $A_v=$
$1+\dfrac{R_p+R_4}{R_3}>3$，从而得到 $R_p+R_4>2R_3$。当二极管导通时，等效电阻随着电压的升高逐渐减

小，通常可以取 200 Ω。因此在振荡建立后，应保证 $\dot{A}\dot{F}=1$，即 $A_v=1+\dfrac{R_p+R_4//200}{R_3}=3$，从而

得到 $R_p+R_4//200=2R_3$。RC 振荡电路输出正弦信号的频率由 R_1、C_1、R_2、C_2 确定，当

$R_1=R_2=R$，$C_1=C_2=C$ 时，输出信号的频率 $f_0=\dfrac{1}{2\pi RC}$。

四、电路仿真

　　利用 Multisim 仿真软件搭建电路进行电路分析与验证，以便了解电路的性能与测试方

法。按照图 4.1.2 搭建仿真电路，电路中元器件的取值为 $R_1 = R_2 = R_3 = R_4 = 10$ kΩ，$R_p = 100$ kΩ，$R_1 = R_2 = 0.01$ μF。仿真时可以利用仿真软件中的各种测量仪表，如示波器、电流表、电压表、探针等来灵活地测量电路参数，为实物实验的顺利进行做好准备。仿真电路如图 4.1.3 所示。其中，运放选用理想运放，采用双电源供电。二极管采用 1N4007，也可采用理想二极管。

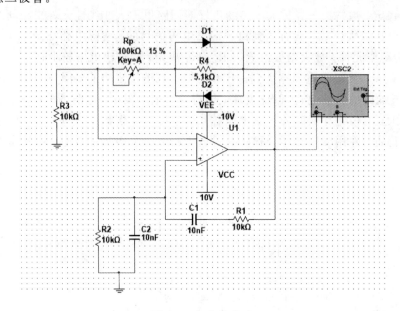

图 4.1.3　仿真电路

　　利用示波器测量 RC 桥式正弦波振荡电路的输出，调整电路中的电位器 R_p，使电路起振。当 $R_p = 0$ Ω 时，无输出波形；调节 R_p，使其逐渐增大时，输出波形产生并趋于稳定；随着 R_p 的继续增加，输出波形出现失真，如图 4.1.4(b) 所示。可以在电路刚起振、输出稳定正弦波和输出波形失真三种情况下测量 R_p 的数值，验证电路起振条件与平衡条件。

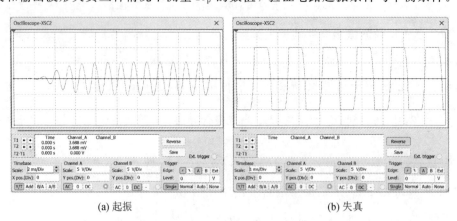

(a) 起振　　　　　　　　　　　　　(b) 失真

图 4.1.4　电路的起振与失真

　　设置 R_p 的步长，选择阻值调节步长为 0.1%，精确调节输出信号，使输出达到最大不失真的状态，并对其输出正弦波的幅度与频率进行测量。电位器 R_p 的步长调节及输出信号测量如图 4.1.5 所示。

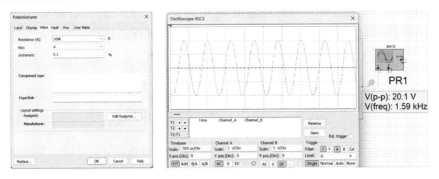

图 4.1.5　电位器步长调节与输出信号测量

调节电路中 R_1 与 R_2 的值，可以调节信号的频率。当 $R_1 = R_2$，且分别为 5 kΩ 和 20 kΩ 时，观察到的输出波形的频率如图 4.1.6 所示。

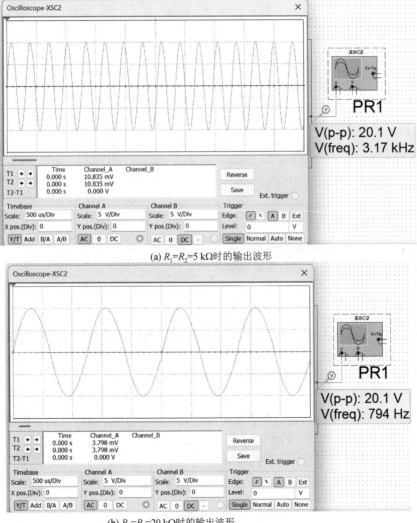

(a) $R_1 = R_2 = 5$ kΩ时的输出波形

(b) $R_1 = R_2 = 20$ kΩ时的输出波形

图 4.1.6　输出波形频率调节测量

在运放的同相和反相输入端分别放置电压探针，测量两输入端的电压情况，如图 4.1.7 所示。由图可以看到，两输入端满足"虚短"，运放工作在线性区。

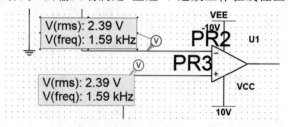

图 4.1.7　运放工作状态测量

五、实验仪器

本次实验需要的实验仪器如表 4.1.1 所示。

表 4.1.1　实 验 仪 器

序号	仪 器 名 称	主 要 功 能	数量
1	双踪示波器	观测输入、输出的波形及电压	1
2	直流稳压电源	为电路提供直流电源	1
3	数字万用表	测量电源电压、电阻阻值	1
4	实验电路模块	搭建实验电路	1

六、实验内容

本次实验内容包括：
（1）RC 桥式正弦波振荡电路的搭建。
（2）RC 桥式正弦波振荡电路参数的测量。

七、实验步骤

（1）按照图 4.1.2 进行电路搭建，电阻、电容按照图 4.1.2 中参数选取，集成运放采用双电源供电，供电电压为 ±12 V。

（2）接通直流电源，输出端接入示波器进行测量。从小到大调节电位器 R_p，在示波器上观察输出波形从无到有的起振过程，电路起振后测量电位器的阻值；继续调节电位器，使输出波形达到最大不失真，此时按照表 4.1.2 内容进行测量，并记录测量数据。

表 4.1.2　测试数据表格

R_3/kΩ	v_{opp}/V	v_P/V	v_N/V	$\|F\|$	R_p/kΩ（起振）	R_p/kΩ（最大不失真）	f_o/Hz	波形		
								v_o	v_P	v_N
10										
20										

注：v_{opp} 表示输出电压的峰峰值。

八、思考题

（1）R_p 的作用及取值要求有哪些？

（2）RC 桥式正弦波振荡电路中两个二极管的作用是什么？如果二极管发生故障，对电路有什么影响？

（3）查阅资料，了解 RC 振荡电路还有哪些稳幅措施。

（4）在 RC 串并联选频网络中，电阻 R 和电容 C 的取值对选频特性有怎样的影响？为什么会有这样的影响？

（5）正弦信号发生器在实际工程中有哪些具体应用场景？

九、知识拓展

在图 4.1.2 中，RC 桥式正弦波振荡电路依靠两个二极管的导通完成增益的自动下降，从而实现稳幅，其思路就是在放大电路的负反馈回路中采用非线性器件来自动调整反馈的强弱以维持输出电压恒定。除此之外，实际电路中还有其他常用的稳幅措施。例如，振荡电路中的反馈电阻可以用温度系数为负的热敏电阻代替。当输出电压幅度增加时，通过负反馈回路的电流也逐步增加，热敏电阻的功耗增加，温度升高，使其阻值减小，从而使放大倍数下降，达到自动调节增益的效果。

稳幅的另外一种措施是利用 JFET 工作在可变电阻区充当压控电阻。当 v_{DS} 较小时，它的漏源电阻 R_{DS} 可通过栅源电压来改变，电路如图 4.1.8 所示。在负反馈网络中加入 JFET，电路正常工作时，输出交流信号经二极管 D 整流、C_3 滤波后变成直流，R_4、R_{p2} 为 JFET 栅极提供偏置电压，且此时的直流电压方向为下正上负，满足了 N 沟道 JFET 需要栅源偏置为负电压的要求。当输出幅度增大时，$|v_{GS}|$ 增大，从而使 R_{DS} 自动增大，降低了电路的增益，达到自动稳幅的目的。仿真电路及输出波形如图 4.1.9 所示，调节 R_{p1} 和 R_{p2} 使电路起振并输出恒定的正弦波。由于 JFET 工作在线性区的范围比较小，所以调节电路时要仔细。

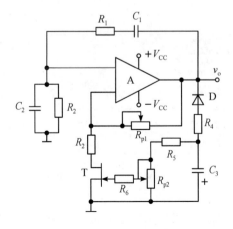

图 4.1.8　采用 JFET 稳幅的正弦波振荡器

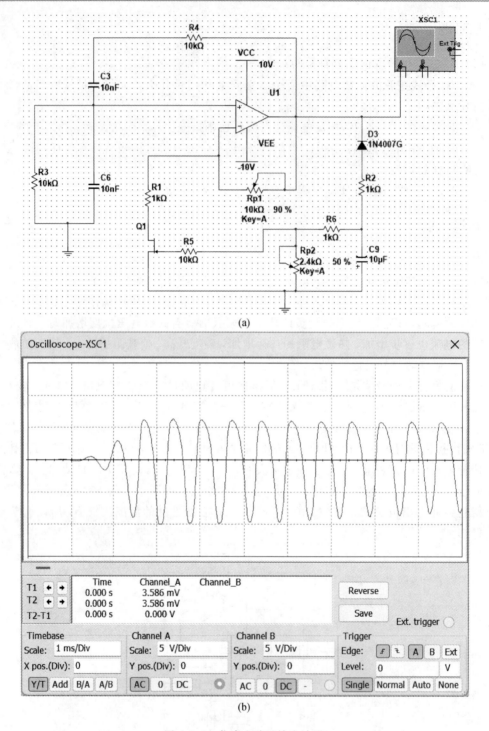

图 4.1.9　仿真电路及输出波形

　　为了改善电路的选频特性，还可以采用选频特性更好的双 T 网络替代 RC 桥式振荡电路，仿真电路及输出波形如图 4.1.0 所示。对比图 4.1.9 的输出波形，图 4.1.10 所示波形的质量得到改善。

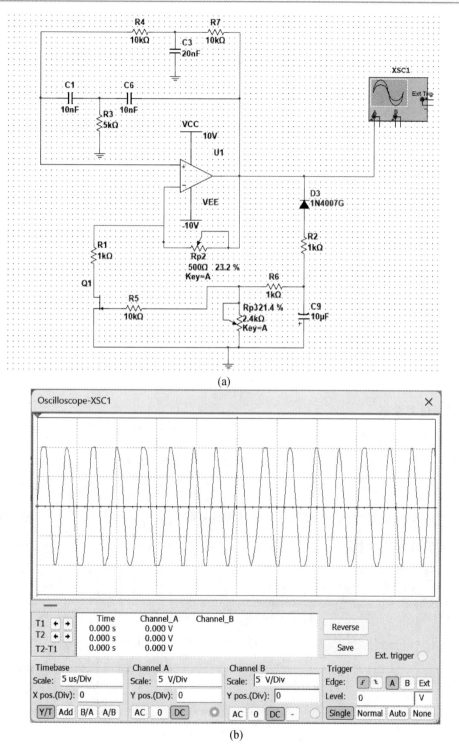

图 4.1.10 双 T 选频网络仿真电路及输出波形

4.2　非正弦信号发生器

一、实验目的

（1）掌握方波发生器的原理及调试方法

（2）掌握三角波发生器的原理及调试方法。

（4）熟悉常用集成运放电路搭建的方法。

（5）学会用 Multisim 仿真实验内容。

二、预习要求

（1）预习集成运算放大器非线性应用时的特性。

（2）查阅资料，熟悉集成运算放大器的引脚排列。

（3）预习非正弦信号发生器的原理。

（4）应用电路设计仿真软件 Multisim，对非正弦信号发生器进行仿真。

三、实验原理

1. 方波发生器

1）电路组成及工作原理

方波发生器的电路如图 4.2.1 所示。运算放大器组成迟滞电压比较器，D_Z 为双向稳压二极管，输出电压的幅度被限制在 $+V_Z$ 和 $-V_Z$ 之间。R_1、R_2 构成正反馈电路。由于"虚短"，R_2 上的反馈电压 v_{R_2} 是输出电压的一部分，即 $v_{R_2} = \dfrac{R_2}{R_2 + R_1} \cdot v_o$。$v_{R_2}$ 加在同相输入端作为比较器的参考电压。R_f 和 C 构成负反馈电路。v_C 加在反相输入端，其与 v_{R_2} 比较的结果决定输出电压 v_o 的值。

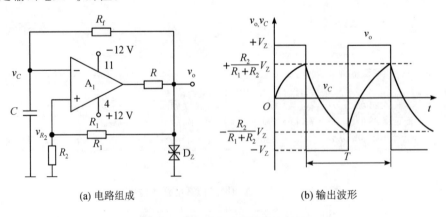

(a) 电路组成　　　　　　　　　(b) 输出波形

图 4.2.1　方波发生器及输出波形

在电源接通的瞬间，输出 $+V_Z$ 或 $-V_Z$ 是随机的。假设输出为 $+V_Z$，此时通过正反馈网络加在同相输入端的参考电压为 v_{R_2} 为正值。而加在反相输入端的电压 v_C 由于电容上的电压不能突变，只能由输出电压 v_o 通过电阻 R_f 向 C 充电来建立。当电容两端的电压高于此时的同相端的电压 v_{R_2} 时，输出电压由 $+V_Z$ 跳变为 $-V_Z$，此时，同相输入端的电压也变为负值。输出电压变为 $-V_Z$ 后，电容 C 通过 R_f 开始放电，使 v_C 逐步减小，直到 v_C 小于此时的 v_{R_2} 时，输出电压又从 $-V_Z$ 跳变为 $+V_Z$。如此循环，形成方波输出，如图 4.2.1(b) 所示。输出波形的周期为

$$T = 2R_f C \ln\left(1 + \frac{2R_2}{R_1}\right)$$

2）占空比可调的方波发生器

图 4.2.1(b) 中的输出波形，在一个周期内高低电平占用时间相同，其占空比为 50%，如果需要产生占空比大于或小于 50% 的方波，则需要使电容的充放电时间常数不同。通常，可以利用二极管的单向导电性来完成这样的功能。图 4.2.2(a) 是一种占空比可调的方波发生器电路，其中二极管 D_1、D_2 和电位器 R_p 将电容的充放电回路分开，调节充电和放电两个时间常数的比例，可以得到如图 4.2.2(b) 所示的输出波形。

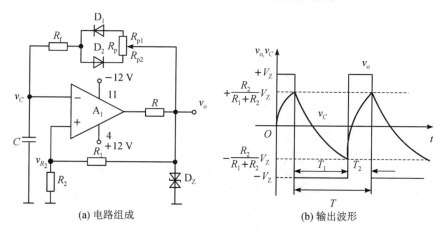

(a) 电路组成　　　　　(b) 输出波形

图 4.2.2　占空比可调的方波发生器及输出波形

当忽略二极管的正向导通压降时，可以求得电容放电和充电的时间分别为

$$T_1 = (R_f + R_{p2}) C \ln\left(1 + \frac{2R_2}{R_1}\right)$$

$$T_2 = (R_f + R_{p1}) C \ln\left(1 + \frac{2R_2}{R_1}\right)$$

输出波形的振荡周期为

$$T = T_1 + T_2 = (2R_f + R_p) C \ln\left(1 + \frac{2R_2}{R_1}\right)$$

方波的占空比为

$$q = \frac{T_2}{T} \times 100\% = \frac{R_f + R_{p1}}{2R_f + R_p} \times 100\%$$

2. 三角波发生器

1) 电路分析

三角波发生器的电路如图 4.2.3(a)所示，该电路主要包括由集成运放 A_1 构成的迟滞比较器和由 A_2 构成的积分器。积分器 A_2 的输出反馈给迟滞比较器 A_1，作为迟滞比较器的输入。

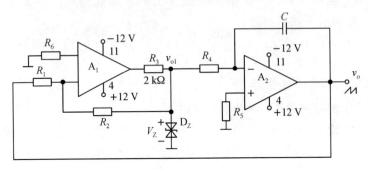

(a) 电路组成

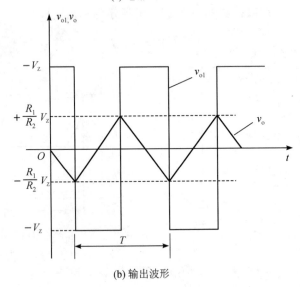

(b) 输出波形

图 4.2.3 三角波发生器

电路在接通电源的瞬间，A_1 的输出是随机的。当 $v_{o1} = +V_Z$ 时，由叠加原理知运放 A_1 同相输入端电压为

$$v_1 + = \frac{R_1}{R_1 + R_2}V_Z + \frac{R_2}{R_1 + R_2}v_o$$

此时积分电容 C 充电。由于 C 较大，v_o 按线性规律下降，同时拉动运放 A_1 的同相输入端电位下降。当运放 A_1 的同相输入端电位略低于反相输入端电位(0 V) 时 ，从 v_{o1} 从 $+V_Z$ 变为 $-V_Z$。

当 $v_{o1} = -V_Z$ 时，由叠加原理知运放 A_1 的同相输入端电压为

$$v_1 + = -\frac{R_1}{R_1 + R_2}V_Z + \frac{R_2}{R_1 + R_2}v_o$$

此时积分电容 C 开始放电，v_o 按线性规律上升，同时拉动运放 A_1 的同相输入端电位上升。当运放 A_1 的同相输入端电位略大于零时，v_{o1} 从 $-V_Z$ 变为 $+V_Z$。如此周期性变化，A_1 输出的是矩形波，A_2 输出的是三角波，输出波形如图 4.2.3(b) 所示。

当输出电压达到正向峰值 $+V_{om}$ 时，$v_{o1} = -V_Z$，A_1 的同相输入端电压 $v_{1+} = 0$ V，所以有

$$v_{1+} = -\frac{R_1}{R_1+R_2}V_Z + \frac{R_2}{R_1+R_2}v_o = 0 \text{ V}$$

则输出三角波的峰值为

$$V_{om} = \pm\frac{R_1}{R_2}V_Z$$

振荡周期为

$$T = 4R_4C\frac{V_{om}}{V_Z} = \frac{4R_4R_1C}{R_2}$$

2）三角波发生器的设计

如果要设计三角波发生器，可以采用图 4.2.3 所示的电路形式，设计时可以按照以下的思路进行：

（1）集成运放型号的确定。

因为三角波的前后沿与比较器的转换速率有关，当三角波频率较高或对三角波前后沿有要求时，应选用高速型运放组成比较器，选用失调及温漂小的运放组成积分器。在振荡频率不高的场合，可选用通用运放 TL082 或 TL084、μA741 或 LM324 等。

（2）稳压管型号和限流电阻 R_3 的确定。

根据设计要求，应选用满足相应的稳压值及稳压误差且温度稳定性好的稳压管。其限流电阻 R_3 为

$$R_3 \geqslant \frac{v_{o1m} - V_{Zmin}}{I_{Zm}}$$

（3）分压电阻 R_1、R_2 和平衡电阻 R_6 的确定。

R_1、R_2 的作用是提供一个随输出三角波电压而变化的基准电压，并决定三角波的幅度。一般根据三角波幅度来确定 R_1、R_2 的阻值。根据电路原理和设计要求可得

$$V_{om} = \frac{V_Z R_1}{R_2}$$

实际电路中，R_1 的阻值太小会造成输出波形失真，一般取 $R_1 \geqslant 5.1$ kΩ。随之可确定 R_2，$R_6 = R_1 // R_2$。

（4）积分元件 R_4、C 以及平衡电阻 R_5 的确定。

根据实验原理和设计要求，应有

$$f_{om} = \frac{R_2}{4R_4R_1C} \Rightarrow R_4 = \frac{R_2}{4R_1Cf_{om}}$$

选取 C 的值，并代入已确定的 R_1 和 R_2 的值，即可求出 R_4 的值。但 R_4 的阻值应该选择比计算值略小些的，否则输出频率达不到上限要求。为了减小积分漂移，C 值应取大些，

但太大时漏电流也增大，一般积分电容 C 不超过 $1\ \mu\mathrm{F}$。为满足下限频率要求，R_4 支路中应串入可变电阻 R_p，从而有

$$f_{\mathrm{omin}} = \frac{R_2}{4(R_4+R_\mathrm{p})R_1 C} \Rightarrow R_\mathrm{p} = \frac{R_2}{4R_1 C f_{\mathrm{om}}} - R_4$$

按照上式算出 R_p 的阻值后，取值可适当增大，以保证下限频率留有余量。平衡电阻 R_5 可取 $10\ \mathrm{k\Omega}$ 或者取 $R_5 = R_4$，取值太小会增加失调电压。

（5）末级缓冲放大器的确定。

为防止示波器的探头以及测量时的各种仪器对前级波形产生干扰，或为加大带载能力，可用末级缓冲放大器来实现放大和隔离。末级缓冲放大器可以使用电压跟随器。

四、仿真实验

利用 Multisim 仿真软件可以对电路进行仿真实验，以便了解电路的性能与实验方法。根据实验电路图搭建仿真电路，利用仿真软件中的各种测量仪表，如示波器、电流表、电压表、探针等来灵活地测量电路的参数，可为实物实验的顺利进行做好准备。

1. 方波发生器

方波发生器仿真电路如图 4.2.4 所示，电路中使用四通道示波器分别测量输出端、同相端以及反相端的电压。各点处的信号如图 4.2.5 所示，其中三角波是反相输入端的波形，反映电容充放电的情况，仿真结果中幅度较低的方波是同相端的电位，代表了迟滞电压比较器阈值随输出的变化情况，而幅度较高的就是输出的方波，其幅值大小由输出端所接稳压管的稳压值决定。图中示出了 R、C、R_2、R_1 为不同值时所获得的波形，从而验证输出方波与电路参数的关系。

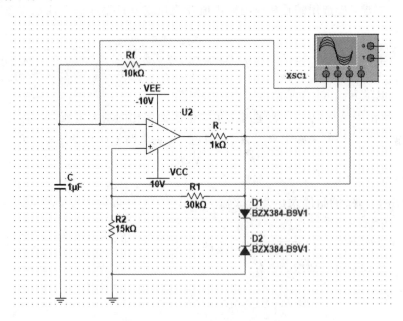

图 4.2.4　方波发生器仿真电路

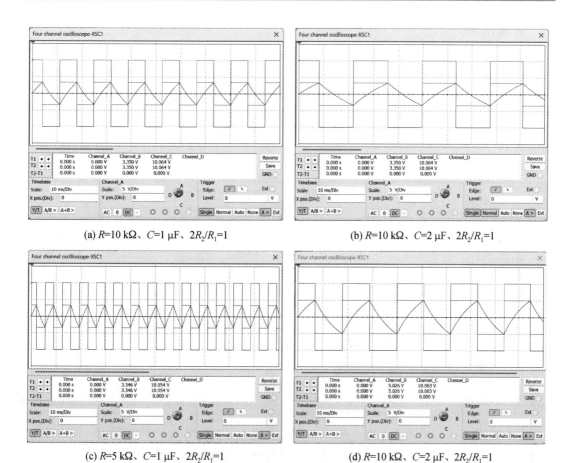

(a) $R=10\ k\Omega$、$C=1\ \mu F$、$2R_2/R_1=1$ (b) $R=10\ k\Omega$、$C=2\ \mu F$、$2R_2/R_1=1$

(c) $R=5\ k\Omega$、$C=1\ \mu F$、$2R_2/R_1=1$ (d) $R=10\ k\Omega$、$C=2\ \mu F$、$2R_2/R_1=1$

图 4.2.5　电路元件参数对输出波形的影响

2. 三角波发生器

在方波发生器的后端接入积分电路，就可以产生三角波，仿真电路如图 4.2.6 所示，大家可以在此基础上进行电路的调试和改进。

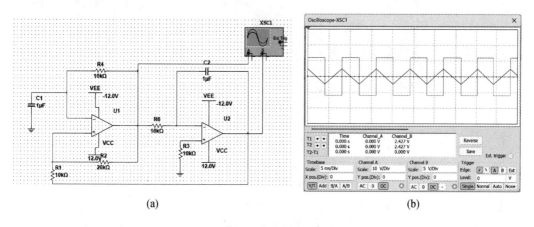

(a)   (b)

图 4.2.6　三角波发生器仿真电路及输出波形

五、实验仪器

本次实验需要的实验仪器如表 4.2.1 所示。

表 4.2.1 实 验 仪 器

序号	仪器名称	主要功能	数量
1	双踪示波器	观测输入、输出的波形及电压	1
2	直流稳压电源	提供直流电源	1
3	数字万用表	测量电源电压、电阻阻值	1
4	实验电路模块	搭建实验电路	1

六、实验内容

本次实验内容包括：

（1）方波发生器电路的搭建。

（2）方波发生器电路的调试与测量。

（3）矩形-三角波发生器电路的设计。

七、实验步骤

（1）按图 4.2.7(a)连接电路，接入 ± 12 V 电源，得到如图 4.2.7(b)所示的输出波形。按表 4.2.2 改变 R_1、R_2、C 的大小，用示波器观察输出波形的变化，测量并记录 f、T、v_{opp}，将数据记入表中。

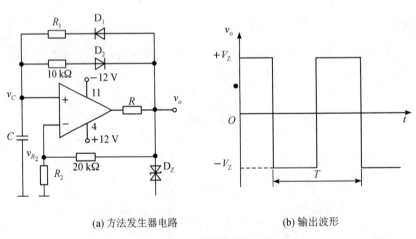

(a) 方法发生器电路　　　　　(b) 输出波形

图 4.2.7 实验电路及波形

（2）依据测量结果，分析改变 R_1、R_2、C 对输出波形的影响。

（3）设计一种用运放组成的矩形-三角波发生器。要求：给定运放工作电压为 ± 12 V，输出三角波频率为 $100\sim 500$ Hz，矩形波幅度的峰峰值为 6 V，三角波幅度的峰峰值为 3 V，误差范围为 $\pm 10\%$。选择器件、设计电路，并计算电路参数，画出正确、完整的电路图。

表 4.2.2 实验测试表格

给 定 参 数			测 量 数 据		
$C/\mu F$	$R_1/k\Omega$	$R_2/k\Omega$	$f_{\circ}$	T	v_{opp}
0.1	51	10			
	2	10			
0.01	51	10			
	2	10			
0.1	51	20			
	2	20			

八、思考题

（1）方波发生器主要由哪些元件构成，这些元件起到什么作用？

（2）三角波发生器的工作原理是怎样的，它是如何基于方波信号产生三角波的？

（3）在搭建方波发生器时，如何选择合适的电阻和电容值来控制方波的频率？

（4）实验过程中，如何调节电路参数才能改变三角波的幅度？

九、知识拓展

除利用运放组成波形发生器外，还有专用的波形发生器集成电路。

1. ICL8038 简介

ICL8038 是一种专用函数发生器，可输出多种波形（如方波、三角波、正弦波）。其工作电流约为 10 mA，可用正负电源供电，也可用单电源供电。ICL8038 的引脚排列如图 4.2.8 所示。

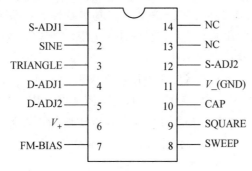

图 4.2.8 ICL8038 的引脚图

各引脚功能如下：

脚 1、12（S-ADJ1、S-ADJ2）：正弦波失真度调节端；

脚 2（SINE）：正弦波输出端；

脚 3（TRIANGLE）：三角波输出端；

脚 4、5（D-ADJ1、D-ADJ2）：方波的占空比调节端，正弦波和三角波的对称调节端；

脚 6（V_+）：正电源；

脚 7（FM-BIAS）：内部频率调节偏置电压端；

脚 8（SWEEP）：外部扫描频率电压输入端；

脚 9（SQUARE）：方波输出端；

脚 10（CAP）：外接振荡电容；

脚 11（$V\_(GND)$）：负电源（或地）；

脚 13、14（NC）：空脚。

ICL8038 芯片的内部电路如图 4.2.9 所示。

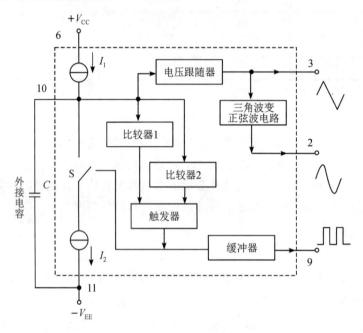

图 4.2.9　ICL8038 芯片的内部电路

　　ICL8038 是精密波形产生与压控振荡器，其基本特性为：可同时产生和输出正弦波、三角波、锯齿波、方波与脉冲波等波形；改变外接电阻、电容值，可改变输出信号的频率范围（0.001 Hz～300 kHz）及占空比变化范围（2%～98%）；正弦信号输出失真度为 1%；三角波输出的线性度小于 0.1%；外接电压可以调制或控制输出信号的频率和占空比（不对称度）；双电源工作，V_{CC}、$-V_{CC}$ 为 ±5 V～±15 V。图 4.2.9 中，外接电容 C 由两个恒流源充电和放电。恒流源 I_1 对电容 C 连续充电，电容电压增加，从而改变比较器的输入电平，因而比较器的状态发生改变，带动触发器翻转，进而控制恒流 I_2 的工作状态。当触发器的翻转使恒流源 I_2 处于关闭状态，电容电压达到比较器 1 输入电压规定值的 2/3 时，比较器 1 的状态改变，触发器发生翻转。恒流源 I_2 的工作电流值为 $2I$，这是恒流源 I_1 的两倍，电容器处于放电状态，在单位时间内电容器端电压将线性下降，当电容电压下降到比较器 2 的输入电压规定的 1/3 时，比较器 2 的状态改变，触发器又翻转回到原来的状态，这样周期性地循环，完成振荡过程。

　　在以上基本电路中很容易获得三种函数信号，假如电容器在充电和放电过程中的时间常数相等，而且在电容充放电时，电容电压就是三角波函数，则电路获得三角波信号。由于触发器的工作状态变化时间也是由电容充放电过程决定的，因此，触发器的状态翻转，就能产生方波信号。在芯片内部，这两种函数信号经缓冲器功率放大，并从引脚 3 和 9 输出。适当选择外部电阻 R_4、R 和 C 可以满足方波等信号在频率、占空比方面的全部调节范围。因此，对两个恒流源在 I 和 $2I$ 电流不对称的情况下，可以循环调节，从最小到最大任意调整，只要调节电容器充放电时间不相等，就可获得锯齿波等信号。正弦函数信号由三角波函数信号经过非线性变换而获得。利用二极管的非线性特性，可以将三角波信号的上升和下降斜率逐次逼近正弦波的斜率。ICL8038 中的非线性网络是由 4 级击穿点的非线性逼近网络构成的。一般来说，逼近点越多，得到的正弦波效果越好，失真度也越小，在本芯片中 $N=4$，失真度可以小于 1。在实测中得到正弦信号的失真度可达 0.5 左右，其精度效果相当令人满意。

2. ICL8038 组成的波形发生器电路

由 ICL8038 组成的典型电路如图 4.2.10 所示，搭建电路，即可获得稳定的输出信号。

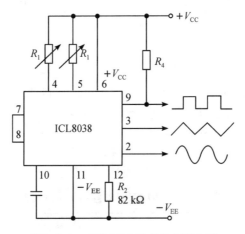

图 4.2.10　ICL8038 组成的典型电路

3. MAX038 集成函数发生器

由 ICL8038 构成的函数发生器，精度不高，频率上限只有 300 kHz，无法产生更高频率的信号，调节方式也不够灵活，频率和占空比不能独立调节。因此，这里介绍一种能够产生更高信号频率的集成函数发生器。MAX038 是美国 MAXIM 公司研制的单片集成高频精密函数发生器。该发生器具有稳定性好、抗干扰性强、体积小、成本低等特点，内有主振荡器、波形变换电路、波形选择多路开关、2.5 V 基准电压源、相位检测器、同步脉冲输出及波形输出驱动电路等。MAX038 的主要优点如下：

（1）能精密地产生三角波、锯齿波、矩形波（含方波）、正弦波信号。

（2）频率范围为 0.1 Hz～40MHz，各种波形的输出幅度均为 2 V。

（3）占空比调节范围宽；占空比和频率均可单独调节，二者互不影响；占空比最大调节范围是 10%～90%。

（4）波形失真小，正弦波失真度小于 0.75%，占空比调节时非线性度低于 2%。

（5）采用 ±5 V 双电源供电（允许有 5% 的变化范围），电源电流为 80 mA，典型功耗为 400 mW，工作温度范围为 0～70 ℃。

（6）内设 2.5 V 基准电压，可利用该电压设定 FADJ、DADJ 的电压值，实现频率微调和占空比调节。

图 4.2.11 是 MAX038 的引脚排列图。MAX038 采用 DIP-20 封装形式，各引脚的功能如表 4.2.3 所示。

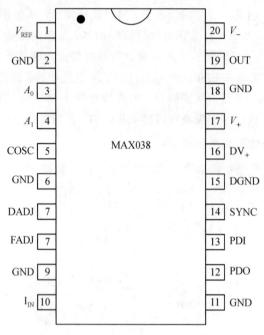

图 4.2.11　MAXO38 的引脚排列图

表 4.2.3　MAX038 各引脚的功能

引脚号	名　称	功　　能
1	V_{REF}	2.5 V 带隙基准电压输出端
2、6、9、11、18	GND	地
3、4	A_0、A_1	波形选择输入端，TTL/CMOS 兼容
5	COSC	外部电容连接端
7	DADJ	占空比调节输入端
8	FADJ	频率调节输入端
10	I_{IN}	用于频率控制的电流输入端
12	PDO	相位检波器输出端。如果不用相位检波器，则接地
13	PDI	相位检波器基准时钟输入端。如果不用相位检波器，则接地
14	SYNC	TTL/CMOS 兼容的同步输出端，可将 DGND 至 DV_+ 间的电压作为基准
15	DGND	数字地。开路使 SYNC 无效，或 SYNC 不用
16	DV_+	数字＋5 V 电源。如果 SYNC 不用，则让它开路
17	V_+	＋5 V 电源
19	OUT	正弦波、方波或三角波输出端
20	V_-	－5 V 电源

MAX038 的制造成本低、体积小、携带方便。基于 MAX038 的设计电路比较简单，调整方便，可兼顾多方面的指标要求。采用 MAX038 设计信号发生器时，利用单片机和 D/A 转换器改变输入电流，可产生 0.1 Hz～40 MHz 的正弦波；内部构成锁相环，达到输出频率覆盖系数要求；频率稳定度高，易于实现步进；外围电路简单，能达到指标要求。读者可自行查阅相关资料进行设计。

4.3 有源 *RC* 滤波器

一、实验目的

（1）了解有源 *RC* 滤波器的基本结构和特性。
（2）掌握有源 *RC* 滤波器的分析和设计方法。
（3）了解滤波器的结构和参数对滤波器性能的影响。
（4）掌握滤波器的调试、幅频特性的测量方法。

二、预习要求

（1）复习滤波器的基本概念和原理。
（2）复习有源滤波器的分析方法。
（3）利用仿真软件对实验电路进行仿真验证。

三、实验原理

采用有源器件集成运放和无源器件 *R*、*C* 组成的模拟滤波器称为有源 *RC* 滤波器。其功能是让一定频率范围内的信号通过，抑制或急剧衰减此频率范围以外的信号。有源 *RC* 滤波器可用在信息处理、数据传输、抑制干扰等方面。但受运算放大器频带限制，这类滤波器主要用于低频范围。根据对频率范围的选择不同，有源 *RC* 滤波器可分低通（LPF）、高通（HPF）、带通（BPF）与带阻（BEF）四种，它们的幅频特性如图 4.3.1 所示。

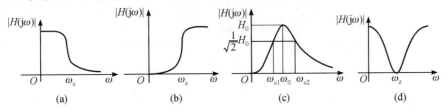

图 4.3.1 有源 *RC* 滤波器的幅频特性

1. 低通滤波器

低通滤波器允许低于指定截止频率的信号顺利通过，而抑制高频信号。

滤波器的阶数指其传递函数中最高次幂的阶数，也是传递函数中极点的个数。滤波器阶数越高，滤波器滤波的效果越好。二阶低通有源 *RC* 滤波器电路如图 4.3.2 所示，其幅频特性曲线如图 4.3.1(a) 所示，其传递函数为

$$H(s) = \frac{H_0 \omega_p^2}{s^2 + \left(\dfrac{\omega_p}{Q}\right)s + \omega_p^2}$$

其中，H_0 为直流增益，ω_p 为极点频率；s 为拉普拉斯变换中的复数变量，滤波器系统稳定条件下 $s = j\omega$；Q 为品质因数。

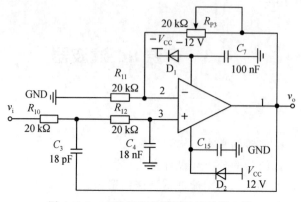

图 4.3.2　二阶低通有源 RC 滤波器电路

2. 高通滤波器

高通滤波器允许高于指定截止频率的信号顺利通过，而抑制低频信号。二阶高通有源 RC 滤波器电路如图 4.3.3 所示。其幅频特性曲线如图 4.3.1(b)所示，其传递函数为

$$H(s) = \frac{H_0 s^2}{s^2 + \left(\dfrac{\omega_p}{Q}\right)s + \omega_p^2}$$

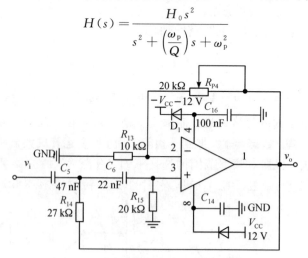

图 4.3.3　二阶高通有源 RC 滤波器电路

3. 带通滤波器

带通滤波器允许一定频带范围内的信号通过，而抑制频带范围以外的信号。图 4.3.1(c)为一个典型的二阶有源 RC 带通滤波器的幅频特性曲线，其传递函数为

$$H(s) = \frac{H_0 \left(\dfrac{\omega_p}{Q}\right)s}{s^2 + \left(\dfrac{\omega_p}{Q}\right)s + \omega_p^2}$$

4. 带阻滤波器

带阻滤波器抑制一定频带范围内的信号,而允许频带范围以外的信号顺利通过。图 4.3.1(d)为一个典型的二阶有源 RC 带阻滤波器的幅频特性曲线,其传递函数为

$$H(s) = H_0 \frac{s^2 - \left(\frac{\omega_p}{Q}\right)s + \omega_p^2}{s^2 + \left(\frac{\omega_p}{Q}\right)s + \omega_p^2}$$

5. 滤波器主要性能指标

(1) 传递函数 $H(s)$:反映滤波器增益随频率的变化关系,也称为电路的频率响应或频率特性。

(2) 通带增益 A_{vP}:通频带放大倍数,为一个实数。

(3) 固有频率 ω_0:也称自然频率、特征频率,其值由电路元件的参数决定。

(4) 通带截止频率 ω_c:滤波器增益下降到其通带增益 A_{vP} 的 0.707 时所对应的频率,也称 -3 dB 频率、半功率点,包括上限截止频率(ω_H、f_H)或下限截止频率(ω_L、f_L)。

(5) 品质因数 Q:反映滤波器频率特性的一项重要指标。不同类型滤波器,品质因素的定义不同。

(6) 通带增益:滤波器在低频下输出信号的增益。

(7) 阻带衰减:指在通带以外输出信号的增益,反映了该滤波器对阻带频率信号的抑制程度。

四、电路仿真

为进一步熟悉有源滤波器的性能和实验方法,下面首先对二阶高通和低通有源 RC 滤波器进行仿真,为实物实验做准备。

1. 二阶有源 RC 低通滤波器

图 4.3.2 所示的二阶低通有源 RC 滤波器的仿真电路如图 4.3.4 所示。

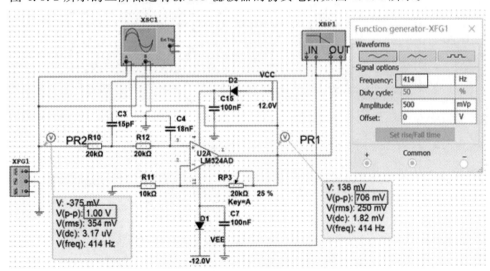

图 4.3.4 二阶低通有源 RC 滤波器的仿真电路

1) 截止频率的测试

a. 利用示波器观察截止频率

通过观察输出信号幅度可以找到滤波器的截止频率。改变输入信号频率,当输出信号的幅度下降到原来的 0.707 时对应的信号频率即为截止频率。如图 4.3.4 所示,当输入 $v_i = 1$ V(峰峰值)时,输出信号幅度为 706 mV(接近 707 mV),这时对应的截止频率为 414 Hz。改变电容 C_3、C_4、R_{10}、R_{12},可改变该低通滤波器的截止频率。改变电阻 R_{P3} 位置,可改变低通滤波器的直流增益。如图 4.3.5 所示,将 R_{P3} 调至 $20 \times 50\% = 10$ kΩ 时,截止频率增大至 585 Hz。

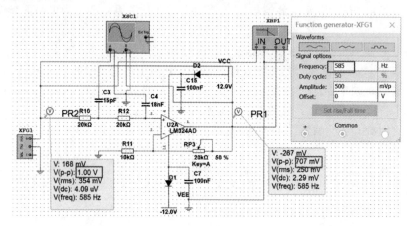

图 4.3.5　改变 R_{P3} 后二阶低通有源 RC 滤波器的仿真电路

b. 利用频谱分析仪观察截止频率

如图 4.3.6 所示,当输出信号下降到 -3 dB 时对应的截止频率约为 414 Hz,这与利用示波器观察得到的截止频率一致。

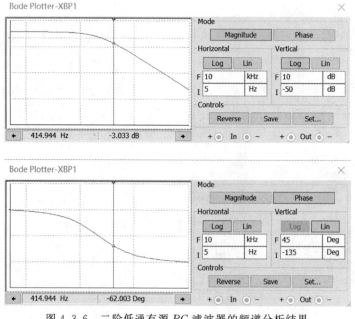

图 4.3.6　二阶低通有源 RC 滤波器的频谱分析结果

2）通带增益的测试

输入一个 10 Hz 幅度约为 460 mV 的低频信号，可得到输出信号幅度约为 677 mV，如图 4.3.7 所示，此时低通滤波器的通带增益约为 1.5。

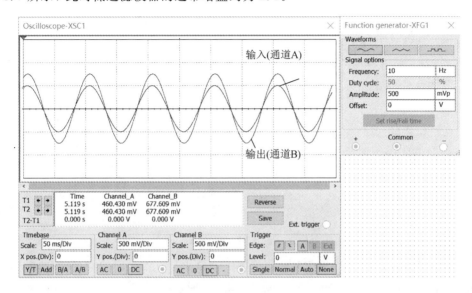

图 4.3.7 低通滤波器的输入、输出波形

3）阻带衰减的测试

输入一个 50 kHz 的高频信号，输出信号幅度接近 0，如图 4.3.8 所示，它与输入信号的比值就是低通滤波器的阻带增益，该增益也接近 0。

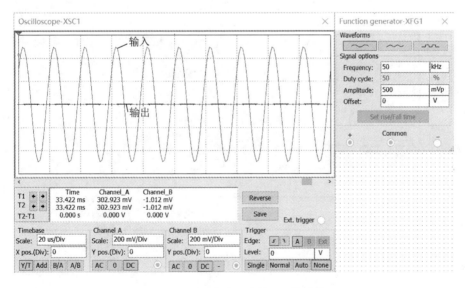

图 4.3.8 低通滤波器的输入、输出波形

2. 二阶有源 *RC* 高通滤波器

图 4.3.3 所示的二阶高通有源 *RC* 滤波器的仿真电路如图 4.3.9 所示。

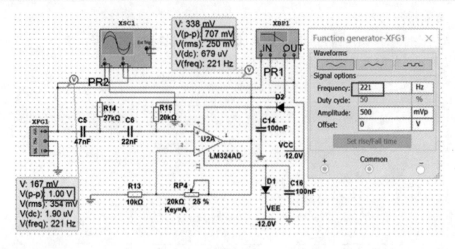

图 4.3.9 二阶高通有源 RC 滤波器的仿真电路

1）截止频率的测试

a. 利用示波器观察截止频率

改变输入信号频率，当输出信号的幅度下降到原来的 0.707 时对应的信号频率即为截止频率。如图 4.3.9 所示，当输入 $v_i = 1$ V（峰峰值）时，输出信号幅度为 707 mV，这时对应的截止频率为 221 Hz。

b. 利用频谱分析仪观察截止频率

如图 4.3.10 所示，当输出信号下降到 -3 dB 时对应的截止频率约为 221 Hz，这与利用示波器观察得到的截止频率一致。

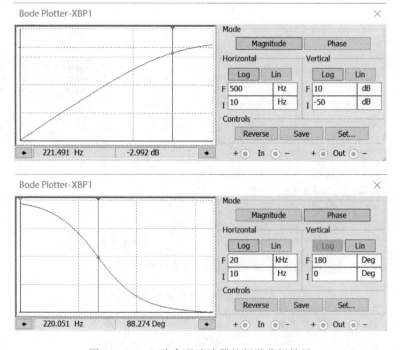

图 4.3.10 二阶高通滤波器的频谱分析结果

2) 通带增益的测试

高通滤波器的通带增益需输入一个 50 kHz 的高频信号，如图 4.3.11 所示，输出信号幅度约为 355 mV，输入信号幅度约为 270 mV，此时高通滤波器的通带增益约为 1.3。

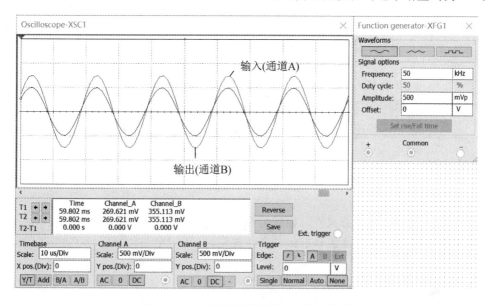

图 4.3.11 高通滤波器的输入、输出波形

3) 阻带衰减的测试

输入一个 10 Hz 的高频信号，如图 4.3.12 所示，输出信号的幅度接近 0，它与输入信号的比值就是高通滤波器的阻带增益，该增益也接近 0。

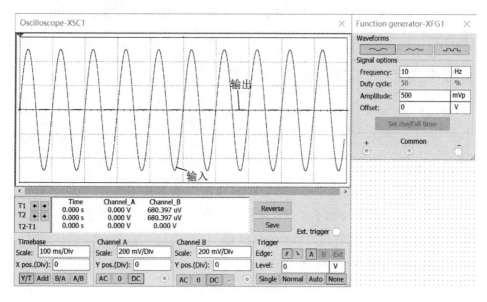

图 4.3.12 高通滤波器的输入、输出波形

五、实验仪器

本次实验需要的实验仪器如表 4.3.1 所示。

表 4.3.1　实验仪器

序号	仪器名称	主要功能	数量
1	双踪示波器	观测输入、输出的波形及电压	1
2	直流稳压电源	为电路提供直流电源	1
3	函数信号发生器	输入信号	1
4	实验电路模块	搭建实验电路	1

六、实验内容

本次实验内容包括：

（1）二阶有源 RC 低通滤波器的幅频特性测量。

（2）二阶有源 RC 高通滤波器的幅频特性测量。

七、实验步骤

1. 二阶低通有源 RC 滤波器的幅频特性测量

（1）关闭系统电源。按图 4.3.2 正确连接电路图。将信号源与电路 v_i 连接，示波器与电路输出 v_o 连接。

（2）打开系统电源，调节信号源，使之输出 $v_i = 1$ V（峰峰值）的正弦波。改变其频率，并维持 $v_i = 1$ V（峰峰值）和 R_{P3} 位置不变，用示波器监测输出波形，测量输出电压 v_o，将数据记入表 4.3.2 中。

表 4.3.2　输出电压记录表

f/Hz	v_o/V	f/Hz	v_o/V
420		460	
430		470	
440		截止频率	
450			

（3）输入方波，调节其频率，取 $v_i = 1$ V（峰峰值），观察输出波形，越接近截止频率得到的正弦波的波形越好，频率远小于截止频率时波形几乎不变，仍为方波。

2. 二阶高通有源 RC 滤波器的幅频特性测量

（1）关闭系统电源。按图 4.3.3 正确连接电路图。将信号源与电路 v_i 连接，示波器与电路输出 v_o 连接。

（2）打开系统电源，调节信号源，使之输出 $v_i = 1$ V（峰峰值）的正弦波。改变其频率（接近理论上的高通截止频率 220 Hz 附近改变），并维持 $v_i = 1$ V（峰峰值）不变，用示波器监测输出波形，测量输出电压 v_o，将数据记入表 4.3.3 中。

表 4.3.3　输出电压记录表

f/Hz	v_o/V	f/Hz	v_o/V
200		240	
210		250	
220		截止频率	
230			

八、思考题

（1）集成运放闭环增益对滤波器有何影响？

（2）运算放大器在有源 RC 滤波器中扮演什么角色？

（3）改变 R_{P3} 或 R_{P4}，对滤波器有何影响？

（4）有源 RC 滤波器与无源 RC 滤波器相比有哪些优势？

（5）实际有源 RC 滤波器设计中可能遇到哪些非理想因素？如何补偿或减少这些非理想因素对滤波器性能的影响？

九、知识拓展

1. 基于正反馈的单运放双二次型有源 RC 滤波器

Sallen-key 滤波器是基于正反馈的单运放双二次型有源 RC 滤波器，其低通、带通和高通滤波器电路如图 4.3.13 所示。

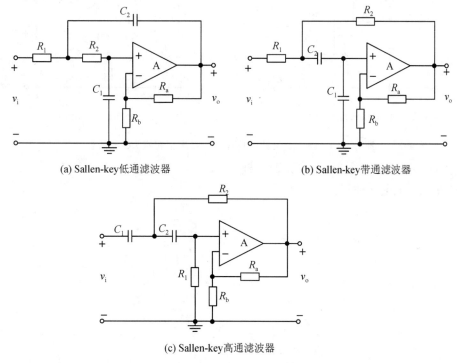

(a) Sallen-key低通滤波器　　　　(b) Sallen-key带通滤波器

(c) Sallen-key高通滤波器

图 4.3.13　Sallen-key 滤波器

三种 Sallen-key 滤波器的传递函数分别为

Sallen-key 低通滤波器：

$$H(s) = \frac{v_0}{v_i} = \frac{\dfrac{K}{R_1 R_2 C_1 C_2}}{s^2 + s\left[\left(\dfrac{1}{R_1} + \dfrac{1}{R_1}\right)\dfrac{1}{C_2} + (1-K)\dfrac{1}{R_2 C_1}\right] + \dfrac{1}{R_1 R_2 C_1 C_2}}$$

Sallen-key 带通滤波器：

$$H(s) = \frac{v_0}{v_i} = \frac{s\dfrac{K}{R_1 C_1}}{s^2 + s\left[\left(\dfrac{1}{R_1} + \dfrac{1}{R_1}\right)\dfrac{1}{C_2} + \dfrac{1}{R_3}\left(\dfrac{1}{C_1} + \dfrac{1}{C_2}\right) - K\dfrac{1}{R_2 C_1}\right] + \left(\dfrac{1}{R_1} + \dfrac{1}{R_2}\right)\dfrac{1}{R_3 C_1 C_2}}$$

Sallen-key 高通滤波器：

$$H(s) = \frac{v_o}{v_i} = \frac{Ks^2}{s^2 + s\left[\left(\dfrac{1}{C_1} + \dfrac{1}{C_2}\right)\dfrac{1}{R_1} + (1-K)\dfrac{1}{R_2 C_1}\right] + \dfrac{1}{R_1 R_2 C_1 C_2}}$$

其中 $H_0 = K = 1 + \dfrac{R_a}{R_b}$ ， $\dfrac{1}{Q\omega_p} = C_1(R_1 + R_2) + R_1 C_2(1-K)$ ， $\omega_p = \sqrt{1/R_1 R_2 C_1 C_2}$

2. 基于负反馈的单运放双二次型有源 *RC* 滤波器

Delyiannis 滤波器是基于负反馈的单运放双二次型有源 *RC* 滤波器，其低通和带通滤波器如图 4.3.14 所示。

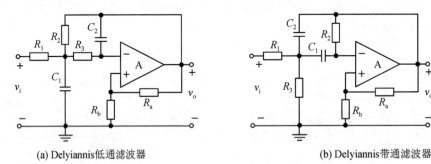

(a) Delyiannis低通滤波器 (b) Delyiannis带通滤波器

图 4.3.14 基于负反馈的单运放双二次型有源 *RC* 滤波器

两种 Delyiannis 滤波器的传递函数分别为

Delyiannis 低通滤波器：

$$H(s) = \frac{v_o}{v_i} = \frac{-\dfrac{1}{R_1 R_3 C_1 C_2}}{s^2 + s\left(\dfrac{1}{R_1} + \dfrac{1}{R_2} + \dfrac{1}{R_3}\right)\dfrac{1}{C_1} + \dfrac{1}{R_2 R_3 C_1 C_2}}$$

Delyiannis 带通滤波器：

$$H(s) = \frac{v_o}{v_i} = \frac{-s\dfrac{\gamma}{R_1 C_2}}{s^2 + s\left[\dfrac{1}{R_2}\left(\dfrac{1}{C_1} + \dfrac{1}{C_2}\right) + (1-\gamma)\left(\dfrac{1}{R_1} + \dfrac{1}{R_3}\right)\dfrac{1}{C_2}\right] + \left(\dfrac{1}{R_1} + \dfrac{1}{R_3}\right)\dfrac{1}{R_2 C_1 C_2}}$$

其中 $\omega_p = \sqrt{1/R_2R_3C_1C_2}$，$|H_0| = \dfrac{R_2}{R_1}$，$\dfrac{1}{Q\omega_p} = C_2\left(\dfrac{R_2R_3}{R_1} + R_2 + R_3\right)$，$K = 1 + \dfrac{R_a}{R_b}$，$\gamma = \dfrac{K}{K-1}$。

3. 高阶滤波器

高阶滤波器通常基于一些经典的滤波器原型，如巴特沃斯（Butterworth）、切比雪夫（Chebyshev）、椭圆（Elliptic）等。与低阶滤波器相比，高阶滤波器还具有更好的带外抑制能力，即在截止频率以上的频率范围内，信号的衰减速度更快。

（1）巴特沃斯滤波器：具有平坦的通带和在截止频率处滚降（滤波器滚降特性指滤波器频率响应边缘呈现平滑衰减的特性）最慢的特性。

（2）切比雪夫滤波器：分为类型Ⅰ（最大平坦型）和类型Ⅱ（最小失真型），允许通带内有一定波动，但过渡带更加陡峭。

（3）椭圆滤波器：同样能够获得非常陡峭的过渡带，但是通带和阻带内都有纹波。

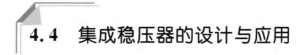

4.4 集成稳压器的设计与应用

一、实验目的

（1）了解单相整流、滤波和稳压电路的工作原理。
（2）学会直流稳压电源电路的设计与测试方法。
（3）掌握集成稳压器的特点，会合理选择和使用集成稳压器。

二、预习要求

（1）学习直流稳压电源的工作原理。
（2）了解集成直流稳压电源的性能指标和基本参数。

三、实验原理

1. 集成直流稳压电源电路的组成

直流稳压电源在电子电路中应用十分广泛。除少数直接利用干电池和直流发电机外，直流电源都是采用把交流电（市电）转变为直流电的方法获得的。直流稳压电源通常由电源变压器、整流电路、滤波电路和稳压电路四部分组成，其原理框图如图 4.4.1 所示。

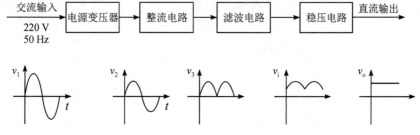

图 4.4.1 直流稳压电源的原理框图

电网供给的交流电压 v_1(220 V，50 Hz)经电源变压器降压后，得到符合电路需要的交流电压 v_2，然后由整流电路变换成方向不变、大小随时间变化的脉动电压 v_3，再用滤波器滤去其交流分量，就可得到比较平直的直流电压 v_i。但这样的直流输出电压，还会随交流电网电压的波动或负载的变动而变化。在对直流供电要求较高的场合，还需要使用稳压电路，以保证输出直流电压更加稳定。

2. 集成直流稳压电源的性能指标

稳压电源的技术指标分为两种：一种是特性指标，包括允许的输入电压、输出电压、输出电流及输出电压调节范围等；另一种是质量指标，用来衡量输出直流电压的稳定程度，包括纹波电压、稳压系数(或电压调整率)、输出电阻(或电流调整率)、温度系数等。

1）纹波电压

纹波电压是指叠加在输出电压 V_o 上的交流分量，可利用示波器观察其峰峰值。

2）电压调整率

电压调整率是输入电压相对变化为 $\pm10\%$ 时的输出电压相对变化量，即

$$K_V = \frac{\Delta V_o}{V_o}$$

稳压系数和电压调整率都是说明输入电压变化对输出电压的影响，因此只需测试其中之一即可。

3）输出电阻及电流调整率

输出电阻用来反映稳压电路受负载变化的影响。与放大器输出电阻相同，定义为当输入电压、环境温度不变时，输出电压变化量与输出电流变化量之比的绝对值，即

$$r_o = \frac{|\Delta V_o|}{|V_o|}$$

电流调整率是输出电流从 0 变到最大值 I_{Lmax} 时所产生的输出电压的相对变化值，即

$$K_I = \frac{\Delta V_o}{V_o}$$

输出电阻和电流调整率都是说明负载电流变化对输出电压的影响，因此只需测试其中之一即可。

3. 集成直流稳压电源的工作原理

1）整流电路

整流电路主要是利用二极管的单向导电性，把交流电整流得到脉动的直流电。整流分为半波整流、全波整流和桥式整流。整流部分通常采用由 4 个二极管组成的桥式整流电路(又称桥堆)，如 2W06(或 KBP306)，其内部接线和外部引脚如图 4.4.2 所示。

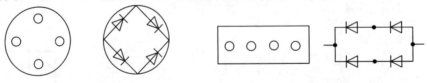

(a) 圆桥2W06　　　　　　　　　　　　　(b) 排桥KBP306

图 4.4.2　桥式整流器内部接线和外部引脚

变压器降压后输出电压波形如图 4.4.3(a)所示，整流后的电压波形如图 4.4.3(b)所示，其输出的脉动电压平均值为

$$V_3 = \frac{1}{\pi} \int_0^\pi \sqrt{2} V_2 \sin(\omega t)\,dt = \frac{2\sqrt{2}}{\pi} V_2 \approx 0.9 V_2$$

桥式整流电路中流过二极管的平均电流为

$$I_{DAV} = \frac{1}{2} I_{LAV}$$

其中，I_{LAV} 为负载平均电流。桥式整流电路中二极管承受的最大反向电压为

$$V_{rm} = \sqrt{2} V_2$$

2）滤波电路

滤波电路是利用电容或电感将脉动直流电压变成较平滑的直流。滤波电路有电容式、电感式、电容电感式、电容电阻式，具体需根据负载电流大小和电流变化情况以及对纹波电压的要求来选择。最简单的滤波电路就是把一个电容与负载并联后接入整流输出电路，其整流滤波后的电压波形如图 4.4.3(c)所示。

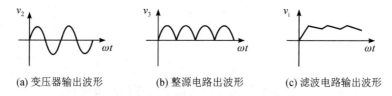

(a) 变压器输出波形　　　　(b) 整源电路出波形　　　　(c) 滤波电路输出波形

图 4.4.3　整流滤波电路的电压波形

桥式整流后电容滤波电路的输出电压为

$$V_i = (0.9 \sim \sqrt{2}) V_2$$

其系数大小主要由负载电流大小决定。负载电阻很小时，$V_i = 0.9 V_2$；负载电阻开路时，$V_i \approx 1.4 V_2$。滤波电容需满足

$$C = (3 \sim 5) \frac{T}{2R_L} \quad (T = 0.02\ \text{s})$$

3）稳压电路

稳压电路是直流稳压电源的核心。最简单的稳压电路是由一个电阻和一个稳压二极管组成的，适用于电压值固定不变，而且负载电流变化较小的场合。早期的稳压电路常由稳压管和三极管等组成，由于其电路较复杂和功能不强等，现已很少使用。随着半导体工艺的发展，稳压电路也制成了集成器件。由于集成稳压器具有体积小、成本低、性能好、外接线路简单、使用方便、功能强、工作可靠性高等优点，因此在各种电子设备中应用十分普遍，基本上取代了由分立元件构成的稳压电路。在本实验的设计中，要求采用集成稳压器进行稳压。

（1）固定式三端集成稳压器。CW78××系列的稳压器是固定正电压输出的三端集成稳压器。CW79××系列的稳压器是固定负电压输出的三端集成稳压器。固定式三端集成稳压器的主要技术指标如表 4.4.1 和表 4.4.2 所示。

表 4.4.1　固定正电压输出三端集成稳压器的主要技术指标

型　号	主要技术指标						封装形式	国外对应产品
	输入电压范围/V	输出电压/V	最大输出电流/mA	最小输入、输出电压差/V	电压调整率 K_V/mV（条件）	电流调整率 K_I/mV（条件）		
CW78L00	35～40	5、6、8、12、15、18、20、24	100	3	200 （$V_o=5$ V,$I_o=40$ mA）	60 （$V_o=5$V, 1 mA$\leqslant I_o\leqslant$ 100 mA）	T（金属圆壳）、S（塑料单列）	LM78L00 MC78L00 μA78L00
CW78M00	35～40	5、6、8、12、15、18、20、24	500	3	50 （$V_o=5$ V,$I_o=100$ mA）	100 （$V_o=5$ V, 5 mA$\leqslant I_o$ 500 mA）		LM78M00 MC78M00 μA78M00
CW7800	30～40	5、6、8、12、15、18、20、24	1500	3	50 （$V_o=5$ V,$I_o\leqslant 1$ A）	50 （$V_o=5$ V, 1 mA$\leqslant I_o\leqslant$ 1.5 A）		LM7800 MC7800

表 4.4.2　固定负输出三端集成稳压器的主要技术指标

型　号	主要技术指标						封装形式	国外对应产品
	输入电压范围/V	输出电压/V	最大输出电流/mA	最小输入、输出电压差/V	电压调整率 K_V/mV（条件）	电流调整率 K_I/mV（条件）		
CW79L00	−35～−40	−5、−6、−8、−12、−15、−18、−20、−24	100	3	200 （$V_o=5$ V,$I_o=40$ mA）	50 （$V_o=-5$ V, 1 mA$\leqslant I_o\leqslant$ 100 mA）	T、S	LM79L00 MC79L00 NJM79L00
CW79M00	−35～−40	−5、−6、−8、−12、−15、−18、−20、−24	500	3	50 （$V_o=5$ V,$I_o=350$ mA）	100 （$V_o=-5$ V, 5 mA$\leqslant I_o\leqslant$ 500 mA）		LM79M00 RA79M00 AN79M00 μPC79M00
CW7900	−30～−40	−5、−6、−8、−12、−15、−18、−20、−24	1500	3	50 （$V_o=5$ V,$I_o\leqslant 500$ mA）	100 （$V_o=-5$ V, 5 mA$\leqslant I_o\leqslant$ 1.5 A）		LM7900 MC7900 SG7900 AN7900

图 4.4.4 所示为 CW78$\times\times$系列与 CW79$\times\times$系列稳压器的外形和接线图。

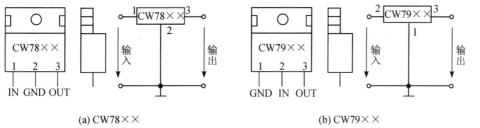

(a) CW78×× 　　　　　　　　　　　(b) CW79××

图 4.4.4　稳压器的外形和接线图

　　固定式三端集成稳压器(以 CW7800 为例)的典型应用电路如图 4.4.5 所示,将输入端接整流滤波的输出,输出端接负载电阻,构成串联型稳压电路。

　　(2)可调式三端集成稳压器。CW117/217/317 系列的稳压器为可调正电压输出的三端集成稳压器。CW137/237/337 系列的稳压器为可调负电压输出的三端集成稳压器。可调式三端集成稳压器的主要技术指标如表 4.4.3 所示。

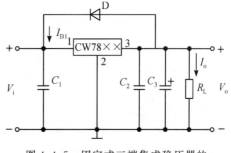

图 4.4.5　固定式三端集成稳压器的典型应用电路

表 4.4.3　可调式三端集成稳压器的主要技术指标

产品类型	型号	主要技术指标						封装形式	国外对应产品
		最大输入电压 /V	输出电压范围 /V	最大输出电流 /A	最小输入、输出电压差/V	电压调整率 /%	电流调整率 /%		
正输出	CW117	40	1.2～37	1.5	3	0.01 ($T=25\ ℃$)	0.1 ($T=25\ ℃$)	K(金属菱形)、T(金属圆壳)、S(塑料单列)	LM117 gAl17 SG117
	CW217	40	1.2～37	1.5	3	0.01 ($T=25\ ℃$)	0.1 ($T_1=25\ ℃$)		LM217 gA217 SG217
	CW317	40	1.2～37	1.5	3	0.01 ($T=25\ ℃$)	0.1 ($T=25\ ℃$)		LM317 μA317 SG317
负输出	CW137	−40	−1.2～ −37	1.5	3	0.01 ($T=25\ ℃$)	0.3 ($T=25\ ℃$)	K、T、S	LM137 pA137 SG137
	CW237	−40	−1.2～ −37	1.5	3	0.01 ($T=25\ ℃$)	0.3 ($T=25\ ℃$)		LM237 gA237 SG237
	CW337	−40	−1.2～ −37	1.5	3	0.01 ($T=25\ ℃$)	0.3 ($T=25\ ℃$)		LM337 gA337 SG337

图 4.4.6 所示为 CW317 稳压器的外形和接线图。

可调式三端集成稳压器(以 CW317 为例)的典型应用电路如图 4.4.7 所示,输出电压为

$$V_o = \left(1 + \frac{R_2}{R_1}\right) V_{REF}$$

因为 $V_{REF} \approx 1.25$ V,所以

$$V_o = 1.25 \left(1 + \frac{R_2}{R_1}\right)$$

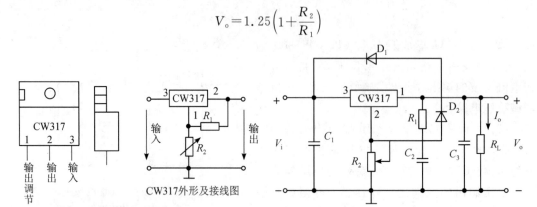

图 4.4.6　CW317 稳压器的外形和接线图　　　图 4.4.7　可调式三端集成稳压器的典型应用电路

四、实验仪器

本实验所用实验仪器如表 4.4.4 所示。

表 4.4.4　实 验 仪 器

序号	仪器名称	主要功能	数量
1	信号源-综合信号测试仪模块	提供直流电源和交流信号	1
2	多功能实验板	提供需要的器件,搭建电路	1
3	双踪示波器	观测信号波形、测量电压	1
4	万用表	测量各点交直流电压、测量电阻	1

五、实验内容

采用 LM7805 设计一个固定输出直流稳压电源,性能指标满足以下要求:输出电压 $V_o = 5$ V;输出电流 $I_{omax} = 1$ A;稳压系数 $S \leqslant 3 \times 10^{-3}$;纹波电压 $\widetilde{V}_o < 10$ mV。

六、实验步骤

1. 确定电路形式

根据设计要求,电源所需功率较小,负载变化不大,但对输出直流电压纹波要求较高,所以采用桥式整流和电容滤波电路;输出电压为 +5 V,可选择 CM7805 三端集成稳压器。电路形式如图 4.4.8 所示。

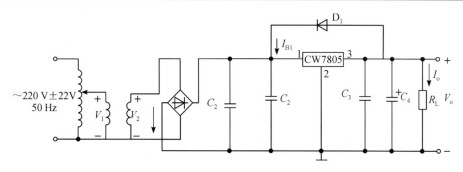

图 4.4.8 固定式稳压电源电路

2. 计算参数和选择元器件

采用从输出级开始倒推的方法,计算参数、选择元器件。

(1)集成稳压器的选择。设计要求输出电源电压为 $V_o = 5$ V,输出电流为 $I_{omx} = 1$ A。查表 4.4.5 可知,7805 满足设计要求,7805 维持正常输出时要求其输入电压 8 V$\leqslant V_i \leqslant$35 V。

表 4.4.5 78$\times\times$系列三端集成稳压器的主要参数

系列	输入电压 V_i/V	输出电压 V_o/V	最大输出电流 I_{omax}/A	电压调整率 K_V/mV	输出电阻 r_o/mΩ	输出电压温度系数 S_T/(mV/C)	静态工作电流 I_d/mA	最小输入电压 V_{imin}/V	最大输入电压 V_{imax}/V	最大耗散功率 P_{DM}/W
7805	10	5	1.5	7.0	17	1.0	8	8	35	15
7806	11	6	1.5	8.5	17	1.0	8	9	35	15
7809	14	9	1.5	12.5	17	1.2	8	12	35	15
7812	19	12	1.5	17	18	1.2	8	15	35	15
7815	23	15	1.5	21	19	1.5	8	18	35	15
7818	26	18	1.5	25	22	1.8	8	21	35	15
7824	35	24	1.5	33.5	28	2.4	8	27	40	15

(2)变压器的选择。变压器的主要参数为功率、次级电压和电流。由图 4.4.8 知,V_i 是变压器次级输出电压 V_2 经桥式整流和电容滤波后得到的。

根据电网变化情况($\pm 10\%$)和桥式整流电容滤波电路的电压关系,倒推设计、计算 V_2 的电压值,即

$$V_2 = 1.2 \times V$$

电路中稳压器要求满足 8 V$\leqslant V_i \leqslant$35 V,所以变压器次级输出电压应满足 7 V$\leqslant V_2 \leqslant$ 29 V,本实验接入 +6 V~ -6 V。

由于电源额定输出为 5 V、1 A,满载时输出功率为 5 W,理想情况下整流滤波 输出功率应为 5 W,所以整流滤波输出平均电流为

$$I_{LAV} = \frac{5}{0.9 \times V_2} = 463 \text{ mA}$$

（3）整流二极管的选择。整流二极管的主要参数是流过二极管的平均电流和二极管承受的反向电压。桥式整流电路中流过二极管的平均电流为

$$I_{DAV}=\frac{1}{2}I_{LAV}=232 \ mA$$

桥式整流电路中二极管承受的最大反向电压为

$$V_{rm}=\sqrt{2}V_2=17 \ V$$

由于电解电容容易损坏，一般应使用其耐压值的 80%，故滤波电容的耐压值应达到 $21.5 \ V$。再考虑电网 10% 的波动，滤波电容的耐压值应取值 $24 \ V$。查器件手册知，选择二极管 1N4001 构成桥式电路（或选择桥堆）可满足设计要求。

（4）滤波电容的选择。滤波电容的主要参数是电容的容量 C 和电容的额定电压 V_C。为了得到比较平稳的直流输出电压，一般经验上要求滤波电容需满足

$$C=(3\sim5)\frac{T}{2R_L} \quad (T=0.02 \ s)$$

即滤波电容容量 $C=(250\sim417) \ \mu F$，所以最好取值 $470 \ \mu F$，额定电压 $V_C \geqslant 35 \ V$。

（5）其他。集成稳压器离滤波电容较远时，应在稳压器靠近输入端和输出端处各接一只 $0.1\sim0.33 \ \mu F$ 的旁路电容 C_2、C_3。

集成稳压器在没有容性负载的情况下可以稳定工作，但当输出端有 $500\sim5000 \ pF$ 的容性负载时，就容易发生自激。为了抑制自激，在输出端接入 $20 \ \mu F$ 左右的电容 C_4，该电容还可改善电源的瞬态响应。但接入该电容后，集成稳压器的输入一旦发生短路，C_4 将对稳压器输出端放电，损坏稳压器，所以稳压器输入、输出端接一只保护二极管 D，选择 1N4001 即可满足要求。

3. 仿真电路

根据图 4.4.8 所示电路结构，利用 Multisim 搭建的三端稳压电路如图 4.4.9 所示。图中，变压器主副线圈匝数比为 18∶1，可以将 220 V 市电转换为 12 V 的有效值以满足实验要求。为达到输出电压 $V_o=5 \ V$ 的设计要求，选用三端稳压器 7805 进行实验，电容 C_1、C_2、C_3 和 C_4 的取值分别为 $470 \ \mu F$、$0.1 \ \mu F$、$0.1 \ \mu F$ 和 $220 \ \mu F$。从图 4.4.9 中可以看出输出电压为 $5.002 \ V$，满足设计要求。

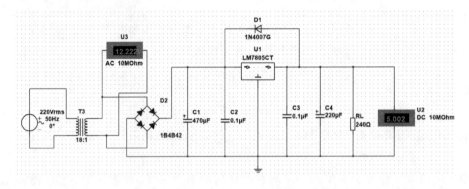

图 4.4.9　固定式稳压电源仿真电路

图 4.4.10 示出了在交流耦合模式下三端集成稳压器的输入和输出端的纹波电压对比。图中上方的曲线表示输入端纹波电压，由示波器通道 A 进行测量，测量值为 $214.139 \ mV$；

图中下方的曲线表示输出端纹波电压，由示波器通道 B 进行测量，测量值为 22.741 μV，满足纹波电压小于 5 mV 的设计要求。

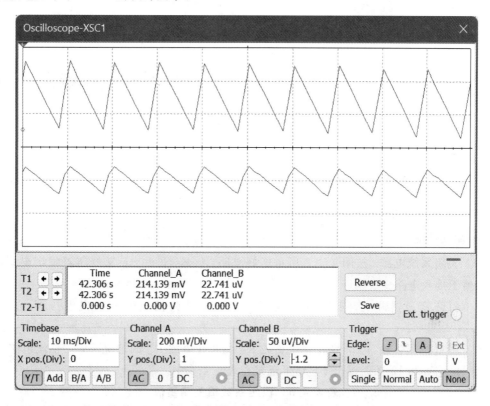

图 4.4.10　固定式稳压电源输入和输出端纹波电压对比

空载时三端集成稳压器 7805 的输出电压 V_o＝5.004 V，如图 4.4.11 所示。结合图 4.4.9 仿真结果可知，负载由断开到接入 240 Ω 的过程中，输出电压 V_o 由 5.004 V 变为 5.002 V，因此电流调整率为 0.04%。同理，为了验证输入电压变化对输出电压的影响，通过控制变压器的匝数比及变压器副线圈端的电压值，相应的输出电压 V_o 由 5.004 V 变为 5.003 V，如图 4.4.12 所示，表明电压调整率为 0.02%。

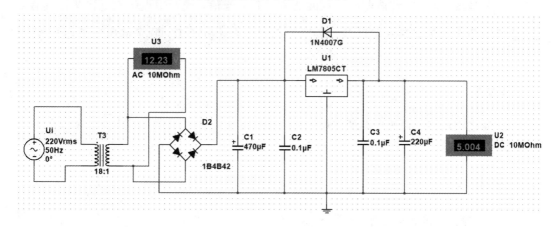

图 4.4.11　空载时的固定式稳压电源仿真电路

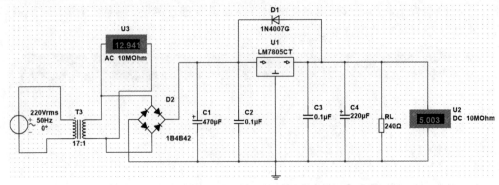

图 4.4.12　改变输入电压后的固定式稳压电源仿真电路

4. 连接电路

按照计算的参数和选定的元器件连接图 4.4.8 所示的电路。

5. 测试验证

（1）关闭系统电源。按图 4.4.8 所示连好电路，接入＋6～－6 V 变压器输出电源，负载 R_L 暂不接入电路。

（2）打开变压器开关。观察输出电压 V_o，测量开路情况下的输出电压 V_o 的值为 _____ V。

（3）测量稳压系数 S。分别在连接负载 R_L 和断开负载 R_L 的情况下，在整流电路输入电压 V_2 为 6 V 和 12 V 时求出 S，结果记录在表 4.4.6 中。

表 4.4.6　稳压系数相关测量值

V_2/V	V_i/V	接入负载时 S	未接入负载时 S
12			
6			

根据所测数据，计算 $S=\dfrac{\Delta V_o/V_o}{\Delta V_i/V_i}\Big|_{R_L=120}=$ _____；$S=\dfrac{\Delta V_o/V_o}{\Delta V_i/V_i}\Big|_{R_L=\infty}=$ _____。

（4）测量纹波电压。纹波电压用示波器测量其峰峰值，或者用毫伏表直接测量其有效值，由于不是正弦波，有一定误差。取 $V_2=12$ V，$R_1=120$ Ω，测量输出纹波电压 $\widetilde{V}_o=$ _____ mV。

七、思考题

（1）简述集成直流稳压电源的工作原理。

（2）稳压器输入、输出端的电容有何作用？

八、知识拓展

1. 集成稳压器的扩展应用

在工程实践中，常用到一些非标准的稳压电源，或者当所需的元器件缺少时，可根据现有的条件和元器件进行适当的组合,以达到扩展电源输出电压或输出电流的目的。下面介绍几种实用电路。

1)可调扩压电路

可调扩压电路如图 4.4.13 所示。

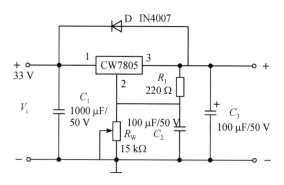

图 4.4.13　可调扩压电路

2)稳压管电压提升电路

稳压管电压提升电路如图 4.4.14 所示。

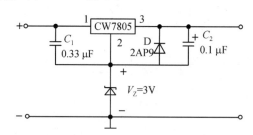

图 4.4.14　稳压管电压提升电路

3)大功率三极管扩流电路

一般塑料封装的 CW78×× 系列集成稳压器的最大输出电流为 1.5 A,当需要较大输出电流时,可采用大功率三极管扩流电路来实现,电路如图 4.4.15 所示。

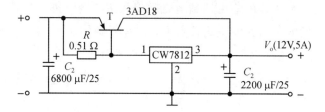

图 4.4.15　大功率三极管扩流电路

2. 开关电源

与线性电源相比,开关电源中的调整管工作在开关状态。在调整管截止期间,穿透电流 I_{CEO} 很小,消耗的功率也很小,而调整管饱和导通时,功耗为饱和压降 V_{CES} 与集电极电

流 I_C 的乘积,管耗也很小。因此,调整管的管耗主要发生在工作状态从开到关或从关到开的转换过程。开关电源的主要损耗就是开关损耗,所以开关电源的效率可提高到 $80\% \sim 90\%$。

1) 开关稳压电源控制器 SG3524

SG3524 是模拟数字混合集成电路,是一个性能优良的开关电源控制器,其内部结构框图如图 4.4.16 所示,图中给出了引脚标号。SG3524 的内部包括 5 V 参考源、误差放大器、限流保护电路、电压比较器、振荡器、触发器、输出逻辑控制电路和功率输出级电路等。

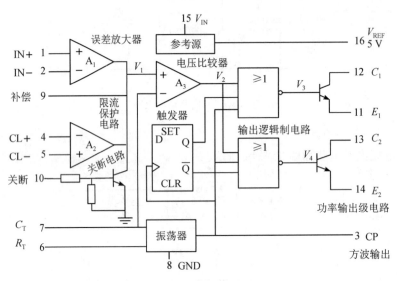

图 4.4.16　SG3524 的内部结构框图

参考源是一个典型的小功率串联调整型线性稳压电源,输入电压为 8～40 V,输出电压为 5 V,输出电流为 20 mA,电压调整率 $K_V = 0.01\%$,电流调整率 $K_I = 0.4\%$。参考源不仅可以作为芯片内其他部件的电源,同时也提供给比较器作为基准电源。

误差放大器的输出端从 9 脚引出,9 脚与 1 脚之间跨接电阻可控制放大器的增益。为使放大器稳定工作,可在放大器的输出端到地之间串入 RC 网络进行补偿。误差放大器的输出和外接电容 C_T 上的电压加到电压比较器上,比较器的输出可驱动或非门,用于对输出晶体管进行控制。C_T 上的电位高于误差放大器输出端的电位时,电压比较器输出高电平,或非门输出低电平,输出晶体管处于截止状态;反之,C_T 上的电位低于误差放大器输出端的电位时,电压比较器输出低电平,或非门输出高电平,输出晶体管处于饱和导通状态。

限流保护电路的输出接在误差放大器的输出端 9 脚,过流信号接在限流放大器的反相输入端 4 脚。当过流信号达到一定值时,限流放大器输出低电平,将误差放大器的输出钳制为低电平,电压比较器输出 V_2 高电平,迫使输出晶体管截止。

SG3524 内部还有关断电路,它的输出也接在误差放大器的输出端 9 脚,关断电路的输入端通过 10 脚引出。若 10 脚接高电平,同样可以将误差放大器的输出钳制为低电平,电

压比较器输出 V_2 高电平，迫使输出晶体管截止。

振荡器使用基准电压 5 V 工作。振荡器输出的锯齿波加到电压比较器的反相输入端，和误差放大器的输出进行比较后，比较器输出矩形脉冲去控制输出晶体管。振荡器的输出脉冲有两个用途：一是作为时钟脉冲送至内部的 D 触发器，因 Q 和 $\bar{Q}$ 的状态始终相反，所以两路输出晶体管的开与关是交替的；二是作为死区时间控制用，它直接送至两个或非门，作为封锁脉冲，以保证两个输出管开与关的交替瞬间有一段死区，两个管子不会同时导通。

SG3524 的输出部分是两只中功率的 NPN 型晶体管，每个管子的集电极和发射极都从电路引出，其集电极和发射极电位都由外加电路决定。

2）SG3524 的性能测试

SG3524 的基本性能测试电路如图 4.4.17 所示。

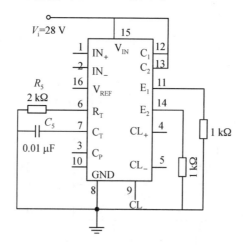

图 4.4.17　SG3524 的基本性能测试电路

（1）测量 SG3524 内部振荡器输出信号的频率及幅度。用示波器的两个通道分别观察与记录 3 脚（方波）和 7 脚（锯齿波）的电压波形，并测量信号的频率、幅度以及 3 脚脉冲的脉宽。将 R_5 变为 1 kΩ，观察 3 脚和 7 脚输出信号的频率变化情况。

（2）观察 SG3524 的脉宽控制作用。9 脚引入一可调直流电压 V_i（电压变化范围在 7 脚输出锯齿波幅度范围内），用示波器同时观察 11 脚和 14 脚的脉冲波形，并观察输出脉冲宽度 t_w 随电压 V_i 的变化情况，将测量结果填入表 4.4.7 中。

表 4.4.7　输出脉冲宽度 t_w 与输入电压 V_i 的关系

V_i/V	$t_w/\mu\text{s}$
1	
1.5	
2	
2.5	

（3）验证 SG3524 的关断功能。用可调直流电源在 9 脚加 2～3 V 的直流电压，使 11 脚和 14 脚产生输出波形，然后在 10 脚加入一可调直流电压，观察电压升高到一定数值时，输出波形消失。

3）实际应用

图 4.4.18 所示电路是由 SG3524 构成的开关电源稳压电路。电路连接好后，测试输出电压和 11 脚输出脉冲的占空比 D，若电路正常，可继续进行测试。

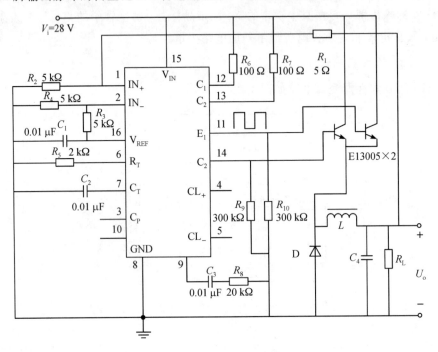

图 4.4.18　由 SG3524 构成的开关电源稳压电路

（1）将结果填入表中，计算电压调整率和电流调整率。

表 4.4.8　稳压性能测试表

参　数	条　件	测 试 结 果	
		V_o	D
电压调整率	$R=100\ \Omega$	$V_N=23\ V$	
		$V_N=33\ V$	
电流调整率	$V=28\ V$	$R_L=510\ \Omega$	
		$R_L=51\ \Omega$	

（2）用示波器观察纹波电压 $\widetilde{V}_o$ 的大小和频率。

（3）将 R_5 减小到 1 kΩ，用示波器观察纹波电压的大小和频率的变化情况。

（4）分析、总结开关电源稳压原理。

4.5 开关稳压电源

一、实验目的

1. 了解升压式 DC/DC 变换电路的基本结构和特性。
2. 了解降压式 DC/DC 变换电路的基本结构和特性。
3. 掌握 DC/DC 升压(降压)电路输出电压的调节方法。

二、预习要求

1. 复习开关电源的基本概念和原理。
2. 根据 DC/DC 变换电路原理估算不同占空比时的输出电压。

三、实验原理

开关稳压电源将整流滤波后仍不稳定的直流电压变换成各种数值稳定的直流电压,又称为 DC/DC 变换电路。DC/DC 变换电路的形式很多,有单管、推挽和桥式等变换形式;按三极管的激励方式不同可分为自激式和他激式两种;按输入输出电压关系分为升压式和降压式两种,其原理图如图 4.5.1 和图 4.5.2 所示。

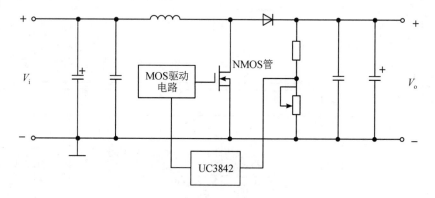

图 4.5.1　升压式 DC/DC 变换电路原理框图

开关稳压电源按稳压的控制方式分为脉冲宽度调制(PWM)式、脉冲频率调制(PFM)式及脉宽频率混合调制式等类型。本实验采用 PWM 式控制器 UC3842,该控制器具有离线式或直流/直流固定频率电流模式控制方案所需的特性,并使用了最少的外部元件。内部实现的电路包括欠压锁定(UVLO)电路、锁存逻辑电路、提供电流控制的脉宽调制(PWM)比较器以及设计用于拉取或灌入高峰值电流的输出级。当控制器处于关闭状态时,用于驱动 N 沟道 MOSFET 的输出级为低电平。

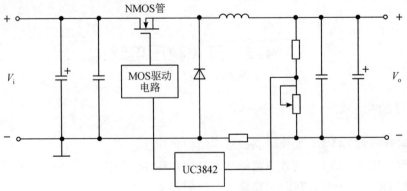

图 4.5.2　降压式 DC/DC 变换电路原理框图

1. 升压式 DC/DC 变换电路

升压式 DC/DC 变换电路如图 4.5.3 所示。图中 LM7818 与 C_8、C_9、C_{10} 构成固定式输出的三端集成稳压器，向整个电路提供 12 V 直流电压；UC3842 与其外围的电阻、电容构成电流控制的 PMW 脉冲产生电路；NMOS 管、电感 L_1、二极管 D_1 和外围的电容、电阻构成升压电路进行输出。电阻 R_1、R_3 构成稳压电源的反馈环节。

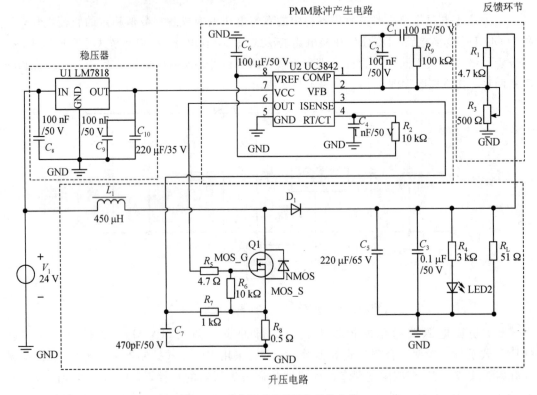

图 4.5.3　升压式 DC/DC 变换电路

2. 降压式 DC/DC 变换电路

降压式 DC/DC 变换电路如图 4.5.4 所示。图中 LM7818 与 C_9、C_{10} 构成固定式输出的三端集成稳压器，向整个电路提供 12 V 直流电压；UC3842 与其外围的电阻、电容构成电流控制的 PMW 脉冲产生电路；NMOS 管、电感 L_1、二极管 D_2 和外围的电容、电阻构成降压电路；三极管 T_2、T_3、T_4，变压器 Tr_1、二极管 D_3、D_4 和外围电阻电容构成驱动电路，增大脉冲信号的同时，驱动 NMOS 管导通。

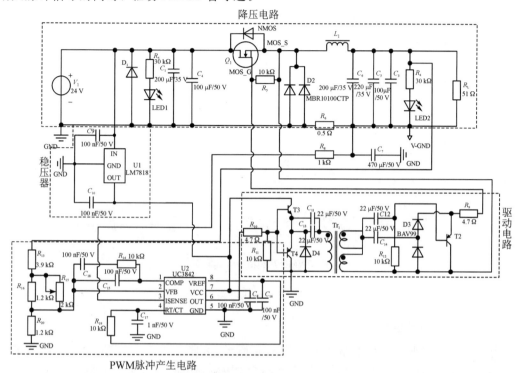

图 4.5.4　降压式 DC/DC 变换电路

四、电路仿真

开关稳压电源一般包括升压电路和 PWM 脉冲产生电路两部分。对开关稳压电源仿真时应分别对这两部分电路进行仿真，并对其性能验证无误后再进行总体电路的调试。

1. 升压电路

搭建的基本升压电路如图 4.5.5(a)所示，给 MOS 开关管输入 PWM 脉冲。该脉冲的占空比为 35%，频率为 20 kHz，峰峰值为 10 V。如图 4.5.5(b)所示，测得输出电压为 35 V，可见升压电路能够实现升压功能。

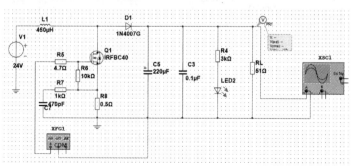

(a) 基本升压电路仿真图

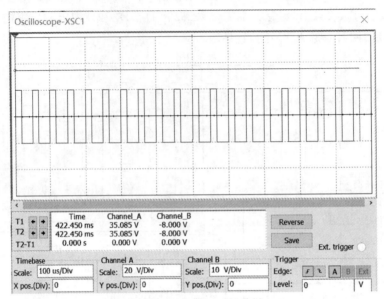

(b) PWM脉冲和输出电压波形

图 4.5.5　基本升压电路仿真图

2. PWM 脉冲产生电路

搭建的 PWM 脉冲产生电路如图 4.5.6(a)所示，8 脚输出 5 V，说明 UC3842 正常工作。用三角波代替稳压输出，最终在输出端得到 PWM 脉冲信号，如图 4.5.6(b)所示。

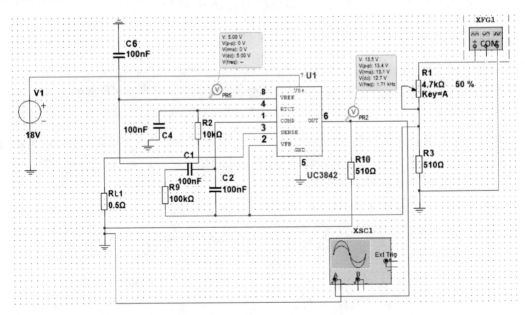

(a) PWM脉冲产生电路仿真图

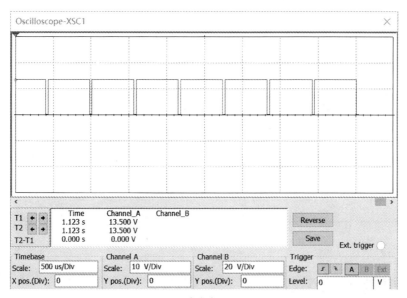

(b) PWM脉冲波形

图 4.5.6　PWM 脉冲产生电路仿真

3. 整体电路调试

两部分电路搭建成功后便可进行联调，如图 4.5.7 所示。用 PWM 专用芯片 UC3842 产生占空比可调脉冲，激励 MOS 开关管升压电路，并将其输出电压取样返回 UC3842，构成闭环反馈式自动稳压系统，产生可调升压的稳定电压输出。

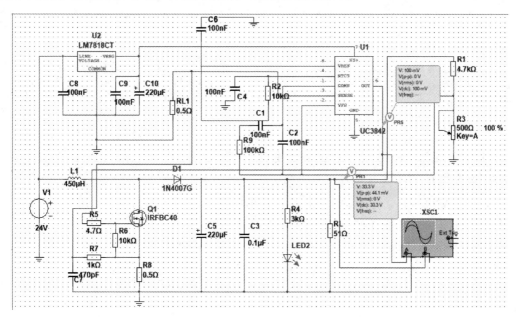

图 4.5.7　整体电路仿真

五、实验仪器

本次实验需要的实验仪器如表 4.5.1 所示。

表 4.5.1　实　验　仪　器

序号	仪 器 名 称	主 要 功 能	数量
1	双踪示波器	观测输入、输出的波形及电压	1
2	直流稳压电源	为电路提供直流电源	1
3	万用表	测试电压	1
4	升压实验电路	测试电路	1
5	降压实验电路	测试电路	1

六、实验内容

本次实验内容包括：
（1）升压式 DC/DC 变换电路的输出调节。
（2）降压式 DC/DC 变换电路的输出调节。

七、实验步骤

1. 升压式 DC/DC 变换电路的输出调节

输入 24 V 电压，分别将多圈电位器旋至最小、最大和中间位置，用万用表测试并记录输出电压，将示波器探头接在图 4.5.3 中测试端子"MOS_G"和"MOS_S"上，观察并记录 PWM 的占空比 D。将结果记录在表 4.5.2 中。

表 4.5.2　实　验　数　据

电位位置	输入电压/V	输出电压/V	占空比 D/%
最小			
最大	24		
中间位置			

2. 降压式 DC/DC 变换电路的输出调节

输入 24 V 电压，分别将多圈电位器旋至最小、最大和中间位置，用万用表测试并记录输出电压，将示波器探头接在 MOS 管的栅极、源极上，观察并记录 PWM 的占空比 D。将结果记录在表 4.5.3 中。

表 4.5.3　实　验　数　据

电位器位置	输入电压/V	输出电压/V	占空比 D/%
最小			
最大	24		
中间位置			

八、思考题

（1）PWM 的占空比对输出电压有何影响？

（2）DC/DC 变换电路中电感电流的脉动和输出电压的脉动与哪些因素有关？

（3）不同拓扑结构开关电源各有什么优缺点？它们分别适用于哪些场合？

（4）开关稳压电源中，开关器件（如 MOSFET）的主要作用是什么？它的工作状态有哪些？

（5）影响开关稳压电源效率的因素有哪些？如何降低开关电源中的损耗，提高其效率？

九、知识拓展

1. UC3842/3/4/5 的功能及应用

UC3842/3/4/5 系列以最少的内部零件数量实现了离线或 DC-DC 固定频率电流模式控制。内部实现的电路包括启动电流小于 1 mA 的欠压锁定电路、提供电流限制控制的 PWM 比较器以及用于产生或吸收高峰值电流的输出级。输出级适用于驱动 N 沟道 MOSFET。

该系列芯片之间的区别在于欠压锁定阈值和最大工作周期范围。UC3842 和 UC3844 的欠压锁定阈值分别为 16 V（开启）和 10 V（关闭），非常适合离线应用。UC3843 和 UC3845 的相应阈值分别为 8.5 和 7.9 V。UC3844 和 UC3845 通过添加内部跳变触发器可获得 0%～50% 的工作周期范围。

UC3842 采用双列直插式封装，适于设计小功率开关电源。图 4.5.8 是 UC3842 的引脚图和内部原理框图，各脚引脚功能如下：

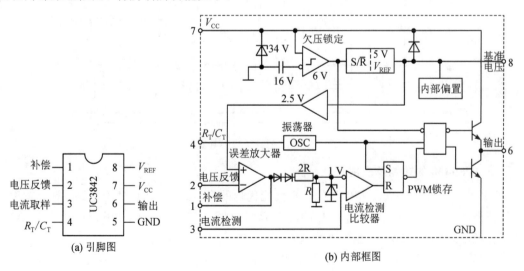

图 4.5.8 UC3842 的引脚图内部框图

1 脚：误差放大器的输出端，外接阻容元件用于改善误差放大器的增益和频率特性。

2 脚：误差放大器的反相输入端。通常将开关电源输出电压取样后加至此端，与内部 2.5V 基准电压进行比较，输出的误差信号加至 PWM 锁存器，用来控制振荡脉冲的脉宽，以改变输出电压的大小。

3 脚：电流检测输入端。当被检测的电流流经电阻时，即转换为检测电压送入此脚，用来控制 PWM 锁存器，调整输出电压大小。当该脚电压超过 1 V 时，关闭输出脉冲，从而保护开关管不致过流损坏。

4 脚：接振荡电路，外接 RC 定时元件。定时电阻 R_T 接在 4 脚和 8 脚之间，定时电容 C_T 接在 4 脚和地之间。振荡频率为 $f=1.8/(R_T C_T)$，振荡频率最高可达 500 kHz。

5 脚：电源电路与控制电路的接地端。

6 脚：推挽输出端，可直接驱动场效应管。驱动电流的平均值可达 200 mA，最大可达 1 A 峰值电流，1.5 V 的低电平输出，13.5 V 的高电平输出。

7 脚：电源端，外接电源电压 V_{CC}。UC3842 输入电源电压可达 30 V。该电源经内部基准电压电路的作用产生 5 V 基准电压（作为 UC3842 的内部电源使用），并经衰减得到 2.5 V 电压（作为内部比较器的基准电压）。

8 脚：基准电压源输出端，可提供 2.5 V 的稳定基准电压。

图 4.5.9 所示为采用 UC3842 控制的升压式 DC-DC 变换电路。电路中输入电压 V_i 给芯片提供电源，同时又供给升压电路。开关管以 UC3842 设定的频率周期通断，使电感 L 储存能量并释放能量。当开关管导通时，电感以 V_i/L 的速度充电，把能量储存在 L 中。当开关截止时，L 产生反向感应电压，通过二极管 D 把储存的电能以 $(V_o-V_i)/L$ 的速度释放到输出电容器 C_2 中。输出电压由传递的能量多少来控制，而传递能量的多少通过电感电流的峰值来控制。

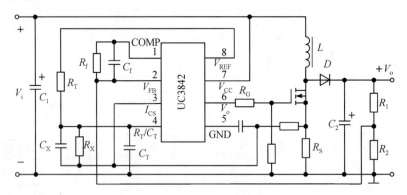

图 4.5.9   UC3842 的开关电源典型应用电路

2. TPS5430 的功能及应用

TPS5430 是 TI 公司开发生产的一款性能优越的降压式 DC/DC 变换电路，具有宽输入电压范围（5.5～36 V）、宽输出电压范围（最低可以调整到 1.221 V）、输出电流大（3 A）以及工作频率高（500 kHz）等优点。

TPS5430 采用 SOIC Power PAD 封装，其引脚排列如图 4.5.10(a)所示，各引脚功能如下：

1 脚：BOOT 脚，接高边 FET 栅极驱动用的自举电容。

2、3 脚：NC 脚，即空脚。

4 脚：VSENSE 脚，即稳压器反馈电压输入端，接至输出电压分压器，产生基准电压值。

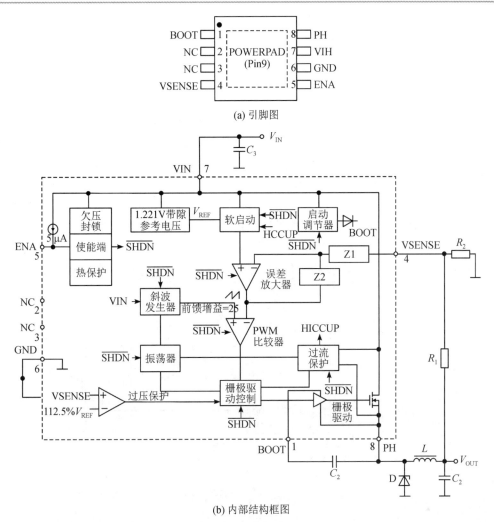

(a) 引脚图

(b) 内部结构框图

图 4.5.10　TPS5430 的引脚图及内部结构框图

5 脚：ENA 脚，即开/关控制使能端。该脚电位低于 0.5V 时，器件停止工作；浮空时，器件工作。

6 脚：GND 脚，即地端，与 Power PAD 连接。

7 脚：VIN 脚，即直流电压输入端。

8 脚：PH 脚，即相位端，与外部 LC 滤波器连接。

9 脚：POWER PAD。为使器件正常工作，GND 脚必须与 Power PAD 裸露焊盘连接，用于散热。

图 4.5.10(b) 为 TPS5430 内部结构框图，主要由以下各部分组成。

(1) 斜波发生器：固定 500 kHz 转换速率。

(2) 1.221 V 带隙参考电压：提供 $V_{REF}=1.221$ V 的精准电压。

(3) 软启动：当 ENA 脚上的电压超过极限电压时转换器和内部的软启动开始工作，低于极限电压时转换器停止工作，软启动开始复位。

(4) 欠压封锁：无论在上电或掉电过程中，只要 VIN(输入电压)低于极限电压，转换芯片不工作。

（5）栅极驱动：在 BOOT 脚和 PH 脚间连接 $0.01\ \mu F$ 的陶瓷电容，为高边 MOSFET 提供门电压。

（6）PWM 比较器：器件采取固定频率（500 kHz）的脉宽调制控制方式。

（7）过流保护：使得电流超过极限值时，内部的过流指示器设置为真，过流保护被触发。

（8）过压保护：用于最小化当器件从失效状态中恢复时的输出电压过冲。

（9）热保护：接点温度超过了温度关断点，电压参数被置为地，高边 MOSFET 关断。

此外，TPS5430 具有外部反馈和内部补偿功能。输出电压通过外部电阻分压被反馈到 VSENSE 脚。在稳定状态下，VSENSE 脚的电压等于电压参考值 1.221 V。TPS5430 拥有内部补偿电路，简化了芯片设计，提高了稳压器工作的稳定性。内部的电压正反馈保证了无论输入电压如何变化电源芯片都有一个恒定的增益。

图 4.5.11 是 TPS5430 的典型应用电路。电路输入电压为 10～35 V，输出电压为 5 V。输出电流可达 3 A。

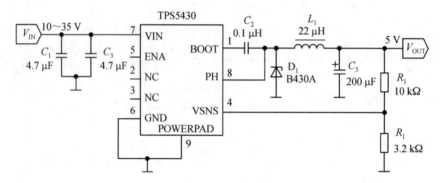

图 4.5.11 TPS5430 典型应用电路

第 5 章

自 主 实 验

　　"模拟电子技术基础"是一门强调工程实践的电子技术课程，学生仅仅掌握基础理论知识和基本实验操作技能显然是不够的，因此本章设置了自主实验项目，旨在帮助学生在了解基本电路原理的基础上，利用掌握的实验操作技能，综合若干个单元电路，做出具有完整使用功能的电子产品，在实现知识综合过程中感受"工程之美"，进而提高运用基础理论解决工程实际问题的能力。

　　传统的实验项目中，具体的电路结构、实现器件乃至实验步骤和所需测试的指标都是固定的，实验过程侧重电路原理的深化和实践技能的训练。自主实验往往只设定实验大类，如"运放应用类""信号处理类""数模混合类"等，更侧重电路设计和装配调试内容，并没有完全现成的实验电路，具体实验题目由学生自主完成。学生通过选题论证、电路设计、仿真验证、布局焊接、调试排障等过程，最终实现具有应用价值的功能电路。

　　虽然本章所选取的实验项目都经过了验证，特别是其中的功能模块，可供实验设计过程参考和移植，但给出的系统方案并不是所选课题的唯一实现方案。为了尽可能体现更多的电路结构和解决方案，书中尽量给出不同的单元电路结构，尽管它们实现的功能可能是相同的。当然，根据应用背景的不同，学生完全可以在参考电路的基础上进行器件替换、结构改进、功能拓展及综合运用，最终实现理论性、实用性和趣味性相统一，在完成实验任务的过程中激发创新精神。为此，我们特地在每个项目的最后部分给出了拓展改进的相关建议。

　　最后需要说明的是，面向应用的实验项目，仅靠单纯一种功能电路往往难以达成实验预期。为了实现完整的应用功能，本章给出的一些参考电路并非完全由模拟电子电路构成，少部分属于数模混合电路。对于其中的数字电路部分，如计数、译码、显示等，可简单地从典型结构和功能实现角度进行把握，这里不对其真值表、逻辑关系、性能参数等内容进行过多介绍。

5.1 "呼吸灯"电路

一、电路结构

　　本项目属于比较简单的"运放应用类"实验项目，强调对基本电路原理的深化理解。所谓"呼吸灯"，是指 LED 发出的光呈现连续而缓慢的明暗变化，具有类似"呼吸"的节律，多出现在电子产品待机或充电的过程中。总体的实现思路是：用线性变化的三角波激励

LED，使流过 LED 的电流按照三角波的规律进行波动，从而产生"呼吸"效果。其系统框图如图5.1.1所示。其中三角波产生电路采用迟滞比较器和反相积分器来实现。此外，为减少 LED 对三角波发生电路产生的负载效应，提高整个电路的可扩展性和驱动能力，还应设计简单的 LED 驱动电路。

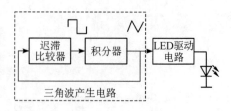

图 5.1.1 "呼吸灯"电路系统框图

具体的"呼吸灯"实现电路如图 5.1.2 所示。运放 A_1 及 R_1、R_2、R_3、R_4 构成同相型迟滞比较器；运放 A_2 及 R_P、C_1 等构成反相积分器；共集电极组态的三极管 T 作为电压跟随器，驱动其发射极所接的 LED，使之发光。R_3 和 R_4 通过对 V_{CC} 的分压，为 A_1 的反相端提供参考电压 V_{REF}，同时也为 A_2 的同相端提供 $\frac{1}{2}V_{CC}$ 的偏置电位。因整个电路采用单电源 V_{CC} 供电，故 A_1 输出的高电平 $V_{oH} \approx V_{CC}$，低电平 $V_{oL} \approx 0$ V。当 v_{o1} 为周期性变化的高低电平时，经过反相积分后便可以获得近似三角波输出 v_{o2}，v_{o2} 作用于 T 的基极以驱动 LED 明暗变化。

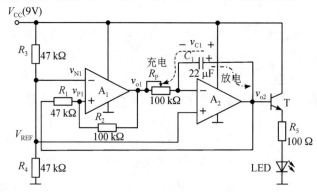

图 5.1.2 "呼吸灯"电路原理图

二、原理分析

A_2 的输出 v_{o2} 通过电阻 R_1 接回 A_1 的同相输入端，因此可将 v_{o2} 看作迟滞比较器的输入。令 A_1 的同相端与反相端电位相等，即 $v_{P1} = v_{N1}$，求得此时迟滞比较器的上下两个门限 V_{T+} 和 V_{T-}。具体表达式如下：

$$V_{T+} = \left(1 + \frac{R_1}{R_2}\right)V_{REF} - \frac{R_1}{R_2}V_{oL} \approx 6.6\ \text{V}(v_{o1} = V_{oL})$$

$$V_{T-} = \left(1 + \frac{R_1}{R_2}\right)V_{REF} - \frac{R_1}{R_2}V_{oH} \approx 2.4\ \text{V}(v_{o1} = V_{oH})$$

进一步，可画出同相型迟滞比较器的电压传输特性，如图 5.1.3 所示。当 v_{o2} 逐渐升高并超越上门限 6.6 V 时，v_{o1} 会由 V_{oL} 跳变为 V_{oH}；反之，当 v_{o2} 逐渐降低并低于下门限 2.4 V 时，v_{o1} 会由 V_{oH} 跳变为 V_{oL}。

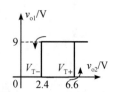

"呼吸灯"电路具体的工作过程如下。

当电路上电时，因 A_1 处于正反馈状态，因此其输出 v_{o1}

图 5.1.3 同相型迟滞比较器电压传输特性

只能是 V_{oL} 或 V_{oH}。假设此时 $v_{o1}=V_{oL}=0$ V，因为 A_2 的反相端电位 $v_{N2}=v_{P2}=V_{REF}=$ 4.5 V，所以电容 C_1 在被充电的过程中，R_P 上产生由右向左的电流，如图 5.1.3 所示。由电路结构可知 $v_{o2}=v_{C_1}+v_{N2}$。随着充电过程的持续，电容 C_1 上电压 v_{C_1} 逐渐升高，运放 A_2 输出端的电位 v_{o2} 逐渐升高。v_{o2} 的升高意味着 A_1 同相端电位正在逐步升高并接近其反相端电位。当 v_{o2} 超越上门限 6.6 V 时，$v_{P1}>v_{N1}$，A_1 输出状态发生翻转，由 V_{oL} 跳变为 V_{oH}，迟滞比较器对应的门限则跳变为 V_{T-}。

当 $v_{o1}=V_{oH}=9$ V 时，电容 C_1 则通过 A_2 的输出端放电，并在 R_P 上产生由左向右的电流，如图 5.1.3 所示。随着充电过程的持续，电容 C_1 上电压 v_{C_1} 逐渐降低，v_{o2}（即 $v_{C_1}+v_{N2}$）随之逐渐降低，A_1 同相端电位则逐渐降低并接近其反相端电位。当 v_{o2} 低于下门限 2.4 V 时，$v_{P1}<v_{N1}$，A_1 输出状态再次发生翻转，由 V_{oH} 跳变为 V_{oL}，对应的门限则跳变为 V_{T+}，如此不断重复。

从上述工作过程可以得出结论：在迟滞比较器上下门限固定不变时，v_{o2} 将会是幅值为 2.4～6.6 V 线性变化的三角波。这样的三角波作用于三极管的基极，可以保证三极管始终处于导通状态，避免了 LED 在某段时间内处于截止状态，影响"呼吸"效果。即便 v_{o2} 最小，也能保证 LED 正偏发光，只是此时流过 LED 的电流最小，LED 发光最暗。随着 v_{o2} 线性增大和减小，LED 随之有规律地明暗变化，当变化的频率比较慢时，就会产生"呼吸"的效果。A_2 输出的三角波的频率取决于电容充放电过程的快慢，由时间常数 τ 决定。$\tau=R_P C_1$，τ 越大，"呼吸"的节奏越慢，反之亦然。

三、仿真验证

在完成电路结构设计和原理分析之后，可以利用 Multisim 等软件搭建仿真电路，对其功能进行验证，同时辅助进行器件的选择。具体 Multisim 仿真电路如图 5.1.4 所示，利用示波器观测到的 v_{o1} 和 v_{o2} 波形如图 5.1.5 所示。从仿真波形看，A_1 的输出高低电平 V_{oH} 和 V_{oL} 达不到理想的 V_{CC} 和 0 V，只有约 7.5 V 和 1.5 V，迟滞比较器的上下门限分别为 5.8 V 和 3.1 V。即便如此，电路的功能也完全可以实现，所选器件参数可以用于实际调试实现。

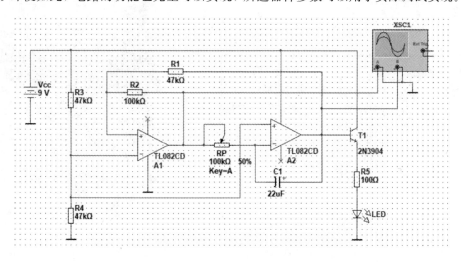

图 5.1.4　呼吸灯电路的 Multisim 仿真电路

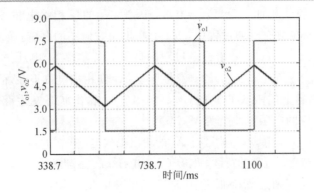

图 5.1.5 v_{o1}、v_{o2} 仿真波形

四、调试实现

在仿真验证之后，就可以选择合适的器件进行实物布局和焊接了。由于 A_1、A_2 输出信号的频率都比较低，因此选用通用型集成运放即可，如 LM358、LM324、TL082、OP07 等实验室常见运放，当驱动的 LED 数量比较少时，三极管选用典型小功率管即可，如 8050、9013 等。图 5.1.6 给出了由 TL082 构成的呼吸灯实现电路。图中根据 TL082 芯片的实际引脚，对外围器件的分布和排列进行了规划，大体采用了竖排卧装的方式，以此来减小整个板件的面积。

器件焊接完毕后就可以进行电路调试了。具体的过程是：首先利用三用表检查电路连接关系，确定连线无误后再加电，并观察 LED 的明暗情况；然后测量运放同相端、反相端及输出端的电位，判断这些电位与理论设计值是否一致，若不一致，找出存在的故障原因。常见的故障主要包括运放与电路不共地、三极管或 LED 电极接错、A_2 同相端漏接等。当排除故障、实现电路功能后，可通过调节电位器 R_P，实现更加理想的"呼吸"规律。图 5.1.7 为已完成的实物照片。

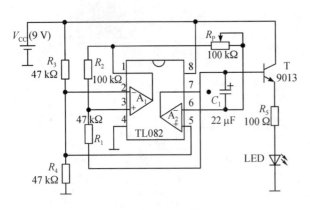

图 5.1.6 呼吸灯电路器件连接图

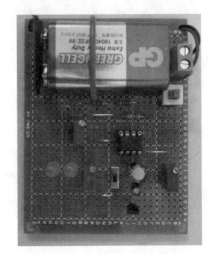

图 5.1.7 呼吸灯电路实物照片

五、功能拓展

在实现基本功能的基础上，可考虑进一步的改进完善和功能拓展，例如，参考上述设计过程，将供电改得更低，并使用 USB 接口进行供电，重新确定器件参数，利用贴片元件进行实现，可以制作出更加小巧实用的呼吸灯电路。再如，可以采用开关切换的方式，改变反相积分器中的电容。当电容很小时，三角波的频率会较高，LED 将会呈现快速的明暗变化，以此来实现呼吸灯与告警灯的切换。此外，还可以使用多组 LED，利用简单的移相电路，给予各组 LED"呼吸"时不同的延时，最终呈现"循环"或"辉光"的效果。

5.2　温控风扇

一、电路结构

本项目属于比较简单的"运放应用类"实验项目，侧重于电路原理的深化和参数的优化设计。本项目设计目标是：设计一款散热风扇自动控制电路，该电路能根据设定的温度高低自动开启或关闭散热风扇，为电脑机箱或小型密闭舱室散热。基本实现思路是：用热敏电阻和普通电阻分压的方式，将温度变化转换为电压的高低变化，并与电压比较器门限电压进行比较，使电压比较器输出高低电平，进而控制继电器吸合，实现散热风扇电机回路的闭合与断开。其系统框图如图 5.2.1 所示。

$$温度-电压转换 \xrightarrow{V_{NTC}} 电压比较器 \xrightarrow[V_{oL}]{V_{oH}} 风扇电机回路$$

图 5.2.1　温控风扇初步设计方案

本项目的实现方案比较明确，理论上似乎温度高于设定温度，比较器的输入信号超越门限，比较器的输出相应的高/低电平控制风扇开启；反之，温度降低，比较器输出状态翻转，风扇停转。但结合风扇控制的应用背景可知，温度在设定值附近会发生波动和变化，设定一个门限必然导致输入反复跨越门限时输出产生反复跳变，电机发生频繁启停。因此，电压比较器不能使用单门限比较器，而应该使用迟滞比较器，利用其上下两个门限之间的回差，来解决这种输出反复跳变的问题。具体电路结构如图 5.2.2 所示。

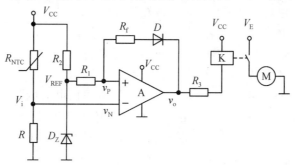

图 5.2.2　温控风扇电路图

二、原理分析

如图 5.2.2 所示，具有负温度系数的热敏电阻 R_{NTC} 与电阻 R 串联构成温度-电压转换电路。负温度系数热敏电阻（NTC）的特点是温度越高，阻值越小，因此电阻 R 上端电位 V_i 就高。运放 A 及外围器件构成了反相输入型迟滞比较器，其中稳压管 D_Z 与 R_2 串联构成基准电压电路，它们对电源电压的分压为迟滞比较器提供参考电压 V_{REF}。迟滞比较器的输出有高电平 V_{oH} 和低电平 V_{oL} 两种状态，这两种状态又决定了其上门限 V_{T+} 与下门限 V_{T-}。典型反相型迟滞比较器的电压传输特性如图 5.2.3 所示。

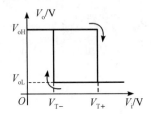

图 5.2.3   反相型迟滞比较器的电压传输特性

随着温度逐渐升高，V_i 逐渐增大，当 V_i 高于 V_{T+} 时，可以理解为温度超过了设定的温度上限，运放的输出由原来的高电平 V_{oH} 跳变为低电平 V_{oL}，继电器 K 在两端电压的作用下发生吸合，电机回路闭合，散热风扇开始启动；随着温度逐渐降低，V_i 逐渐降低，直到 V_i 低于下门限 V_{T-} 时，运放的输出才由 V_{oL} 跳变为 V_{oH}，继电器两端电压不足，开关断开，电机回路中的散热风扇停转。上述原理分析可以理解为散热风扇在环境温度达到设定值时开启，直到温度"确切地"比设定温度低一定程度后，散热风扇才会停转。由此可见，迟滞比较器更符合实际对散热风扇进行控制的要求。

虽然本项目的工作原理比较简单，电路结构也不复杂，若要单纯验证迟滞比较器的功能也很容易，但要真实可靠地实现预设功能，需要科学合理地设计参数。比如：需要风扇在 60℃ 时开启，待温度降低到 50℃ 甚至更低时才停转。如何才能结合迟滞比较器原理，将上下门限取值与实际温度的变化对应起来，这是本项目参数设计的核心部分。下面将以 9 V 电源供电为例介绍具体设计过程。

1. 确定上门限 V_{T+}

根据图 5.2.2 中电压比较器的结构，当输出为 V_{oH} 时，二极管 D 的负极为高电位，因此 D 截止，如图 5.2.4 所示。此时运放同相输入端电位 $v_P = V_{REF}$，上门限 $V_{T+} = V_{REF}$，即运放的上门限 V_{T+} 的大小并不由 V_{oH} 决定，而取决于 V_{REF}，这也是反馈通路里增加二极管的根本原因。因此，

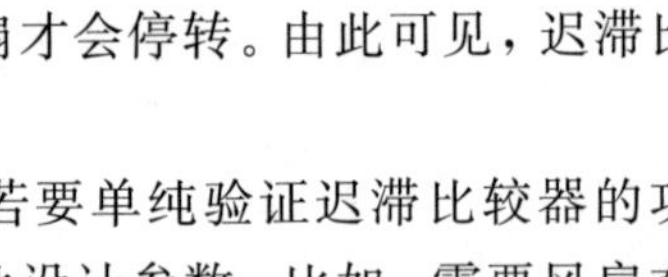

图 5.2.4 $v_o = V_{oH}$ 时的电路结构

确定上门限实际上是要确定合适的 V_{REF}。对于 9 V 电源供电的电路，稳压管 D_Z 一般选择 $3 \sim 6$ V，考虑到运放同相端所接的其他器件对稳压管而言相当于其负载，为了参考电压 V_{REF} 的稳定，D_Z 选择 3.3 V，这样基准电路中 R_2 的选择会留有一定的余地，初步选择 $R_2 = 100$ Ω。

2. 确定下门限 V_{T-}

$V_{T+} = 3.3$ V 意味着当温度上升到 60℃时反相输入端的电位 v_N 需要达到 3.3 V。60℃
时，$R_{NTC} = 2.47$ kΩ。根据 R_{NTC} 与 R 的串联分压关系可计算得出 $R = 1.43$ Ω。在此基础上
可根据 45～55℃时 R_{NTC} 的具体阻值和 R 的值计算出相应的 V_i 值。这些值其实也可以认为
就是下门限确定时要达到的值，具体如表 5.2.1 所示（表中只列出了几个典型值）。

表 5.2.1　比较器门限估算值

温度/℃	R_{NTC}/kΩ	V_i/ V	说明
60	2.47	3.3	V_{T+}
55	2.9144	2.97	V_{T-}
50	3.587	2.57	V_{T-}
45	4.3554	2.23	V_{T-}

3. 确定反馈电阻

当运放输出为 V_{oL} 时，二极管 D 导通，电路结构如图 5.2.5 所示。

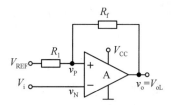

图 5.2.5　$v_o = V_{oL}$ 时的电路结构

根据门限电压的定义，$v_N = v_P$ 时的 V_i 即门限电压，因此当 $v_o = V_{oL}$ 时对应的同相输
入端电位 v_P 即为下门限 V_{T-}。将运放输入端"虚断"，v_P 就可以看作 V_{REF} 与 V_{oL} 两个独立
源共同作用的结果，根据"叠加原理"可写出 V_{T-} 的表达式：

$$V_{T-} = \frac{R_f}{R_1 + R_f} V_{REF} + \frac{R_1}{R_1 + R_f} V_{oL} \quad (v_o = V_{oL})$$

对上式进行整理和变形，可得 R_f 与 R_1 的关系：

$$R_f = \left(\frac{V_{REF} - V_{oL}}{V_{REF} - V_{T-}} - 1 \right) R_1 = k R_1$$

上式中，$V_{REF} = 3.3$ V，V_{T-} 即表 5.2.1 中不同温度时对应的典型值。对于高输出摆幅
的运放，单电源供电时 V_{oL} 可接近 0 V（实际约 100 mV），但考虑到二极管 D 存在约 0.7 V
的导通压降，因此取 $V_{oL} = 0.7$ V。将上述所有参数代入上式，可得不同 V_{T-} 时 R_f 与 R_1 的
比例关系（即得到 k 值），如表 5.2.2 所示。

表 5.2.2　反馈电阻关系的估算值

温度/℃	R_{NTC}/kΩ	V_{T-}/ V	k
55	2.9144	2.97	6.88
50	3.587	2.57	2.56
45	4.3554	2.23	1.42

由此可见，对于不同的下门限 V_{T-}，只需要设置 R_f 与 R_1 的比例即可。若 R_1 固定，则调节 R_f 的值即可调节下门限。R_f 越小，对应的下门限越低。比如，取 $R_1 = 1\ \text{k}\Omega$，R_f 在 $1.42 \sim 6.88\ \text{k}\Omega$ 范围调节时，对应的下门限在 $2.23 \sim 2.97\ \text{V}$ 范围变化，这意味着让散热风扇停止转动的"下限温度"在 $45 \sim 55 ℃$ 范围变化。另外，R_1 的值之所以不取得更大（比如 $10\ \text{k}\Omega$），是考虑到 R_f 的值过大时电位器的调节不太方便。在具体实现时，为了使下门限调节范围更具有针对性，可以将 R_f 分为 $1.5\ \text{k}\Omega$ 的固定电阻 R_{f1} 和 $5\ \text{k}\Omega$ 的电位器 R_{f2}。这样，R_{f1} 在 $0\% \sim 100\%$ 范围内调节时，对应的温度下限近似为 $45 \sim 55 ℃$。

三、仿真验证

根据理论估算值搭建仿真电路，如图 5.2.6 所示。其中热敏电阻 R_{NTC} 用 $10\ \text{k}\Omega$ 替代，调节其阻值可模拟不同温度时热敏电阻的阻值。风扇电机回路用 R_L 和 LED 替代，电机回路闭合时 LED 点亮（模拟散热风扇的开启）。

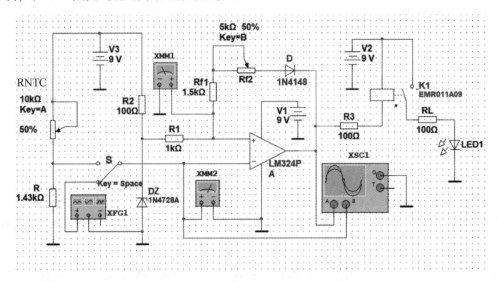

图 5.2.6　温控风扇仿真电路

首先是电路基本功能的仿真，先将 R_{f2} 调节至某一固定的值，比如调至最大时，代表将风扇停转的下限温度设置为 $55 ℃$。将 R_{NTC} 逐渐调小，随后逐渐增大，用三用表观察运放同相端和反相端的电位，观察 LED 的亮灭，以此来验证电路的基本功能。通过仿真可见：R_{NTC} 从 50% 逐渐减小时，v_N 从 $2\ \text{V}$ 逐渐增大，v_P 保持 $3.29\ \text{V}$，LED 不亮；R_{NTC} 减小至 25% 时，代表温度升至 $60 ℃$，热敏电阻阻值降为约 $2.5\ \text{k}\Omega$ 时，v_N 增大为 $3.275\ \text{V}$，v_P 跳转为 $2.947\ \text{V}$，继电器吸合，LED 被点亮，代表散热风扇开始运转，此时开始逐渐增大 R_{NTC}，代表温度开始下降；当 R_{NTC} 增大至 30% 时，对应热敏电阻阻值增大至 $3\ \text{k}\Omega$ 时（恰好约等于 $60 ℃$ 时的阻值），v_N 减小为 $2.905\ \text{V}$，v_P 跳转为 $3.292\ \text{V}$，继电器断开，LED 熄灭。当然，也可以选择不同的 R_{f2} 值来重复上述过程。至此，电路基本功能得到验证。

然后进行门限调节功能的验证。用函数发生器给运放的反相输入端加频率 $10\ \text{Hz}$、幅度在 $0 \sim 5\ \text{V}$ 变化的三角波，以模拟温度升降引起的输入电压变化，示波器用来观察输入、输出波形，具体波形如图 5.2.7 所示。

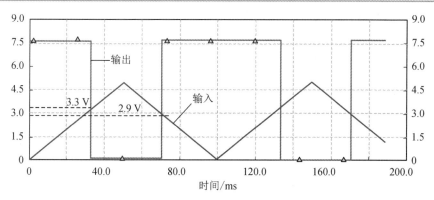

图 5.2.7   温控风扇仿真波形($R_{f2} = 5\ \text{k}\Omega$)

通过仿真可观察到：输出发生跳变时对应的门限电压并不相同，在输入逐渐增大的过程中，输出由高电平跳变为低电平时对应的门限电压约为 3.3 V（上门限），输出由低电平跳变为高电平时对应的门限电压约为 2.9 V（下门限）；当输出为低电平时，继电器吸合，LED 被点亮；同时，调节 R_{f2} 的大小，可观察到输出低电平持续的时间发生变化，如图 5.2.8 所示，R_{f2} 越小，对应的下门限越低，输出低电平持续的时间越长，代表让散热风扇停转所需的环境温度越低；当 R_{f2} 调至最大和最小时，对应的下门限电压也和 55℃ 与 45℃ 理论估算的门限电压保持一致。至此，电路的下门限调节功能得到了验证。

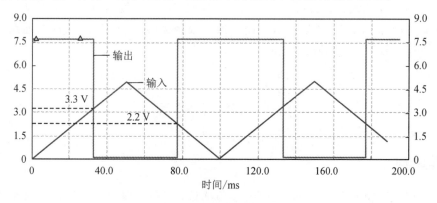

图 5.2.8   温控风扇仿真波形($R_{f2} = 0\ \text{k}\Omega$)

四、调试实现

仿真验证后就可选择合适的器件进行焊接和调试了。其中：R_{NTC} 使用 NTC_10k 热敏电阻（25℃ 时阻值为 10 kΩ），稳压管 D_Z 选择 1N4728，其额定稳压值为 3.3 V；二极管 D 使用导通压降相对较小的开关管 1N4148；运放使用输出摆幅较大的 LM324；R 及 R_f 均使用电位器实现，其中 R_f 用粗调电位器即可；继电器使用 9 V 直流继电器，其常开端用于接风扇电机回路。需要说明的是，用于机箱内部散热的小型风扇，一般供电电压为 5～12 V，其供电并不一定要与控制电路共用（实验演示除外）。具体调试时，可沿用与电路仿真过程类似的思路，考虑到热敏电阻短期内升降温过程比较麻烦，不利于电路功能调试，可先将热敏电阻用电位器替代，通过调节其阻值模拟温度的上升与下降，测量电路相关节点的电位，检查输入电压达到上门限后输出是否由高电平跳变为低电平，继电器是否吸合，风扇是否开启；当温度回落时，输入低于设定的下门限后，风扇是否能够停止。当电路功能整体得到验证之后，再将热敏电阻接入电路，利用电烙铁靠近加热，测量运放两个输入端电位变化，观察风扇的启停状态，并记录对应的数据。

调试过程中经常出现的问题包括：使用了 PTC（正温度系数）热敏电阻，而串联结构未改变，导致输入电压随温度升高而减小；稳压管极性接错引起的参考电压过小；运放更换型号（如替换为 TLO82）后，输出低电平增大，下门限范围过小或无法调节；继电器引脚接错导致无法发生吸合动作；等等。对于出现的故障，对照原理分析和仿真分析的过程，逐项进行排查即可。

五、功能拓展

本项目最终实现的功能是，当温度达到 60℃时散热风扇开启，当温度下降到某一门限时风扇停止，调节 R_f 可实现温度在 45～55℃ 范围内的调节。显然，本项目的功能拓展可以基于以下思路：一是改变温度范围，比如可以针对室温环境的应用需求，通过调整器件参数实现对散热风扇的控制；二是增设上限调节功能，考虑到参考电压往往是固定的，因此可以调节热敏电阻的分压比来实现温度上限的改变，但此时相应的温度下限也会改变，需要重新调整 R_f 与 R_1 的比值；三是功能的整合扩充，比如本项目可与后续介绍的"模拟温度计"电路进行整合，再配以湿度控制电路，从而构成完整的温度监测与控制系统；四是精简结构实现专一用途，比如将风扇电机回路替换为报警器（蜂鸣器），将正反馈通路去掉，可构成反应更加灵敏的温度超限报警器。

5.3　窗帘控制器

一、电路结构

本项目属于比较简单的"运放应用类"实验项目，侧重电路原理的深化和功能的调试实现。本实验项目的设计目标是：设计一款窗帘电机的控制电路。当光照较强时，控制窗帘电机正转，拉上窗帘；当光照不足时，控制窗帘电机反转，拉开窗帘；当窗帘拉至轨道的两个尽头时，窗帘电机自动停转。具体实现过程中可以用继电器控制的不同颜色 LED 来显示电机的正转和反转。基本实现思路是：用光敏电阻作为传感器，将光照情况的明暗变化转换为相应的电信号，然后将其与两个参考门限值进行比较，利用运放的输出电平控制相应继电器，进而闭合电机正转或反转回路。窗帘控制器的系统框图如图 5.3.1 所示。

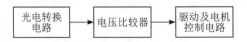

图 5.3.1　窗帘控制器的系统框图

根据设计要求，光照适中时电机不运转，光照过高或过低时电机才运转，且电机运转分正转和反转，因此电压比较器应该选择窗口比较器；光电转换电路可以采用传统电桥结构；驱动及电机控制电路采用三极管反相器加继电器的典型结构，由此构成的窗帘控制器整体电路如图 5.3.2 所示。其中，光敏电阻 R_G 与普通电阻 R_1、R_2 分压的结构充当了光电转换电路。光敏电阻的阻值会随光照强度增加而明显减小，R_2 上端电位 V_G 则随光照强度增加而升高。A_1、A_2 作为两个单门限电压比较器，其门限电压 V_{T+}、V_{T-} 由 R_P、R_3 构成的分压结构决定；R_4、R_5、T_1、T_2、K_1、K_2 等器件构成驱动及电机控制电路；接在继电器常开端的 R_6、LED_1 和 R_7、LED_2 分别代表电机正转和反转回路。两个接触开关 S_1、S_2 分别对应窗帘轨道尽头的两个限位开关，当其闭合时可直接断开电机回路。

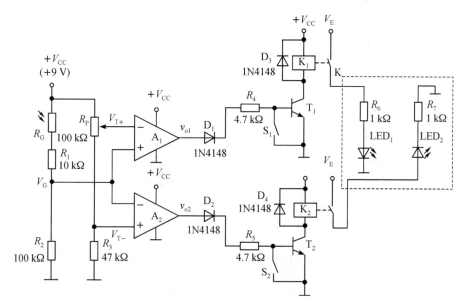

图 5.3.2　窗帘控制器原理图

二、原理分析

图 5.3.2 所示电路的基本原理是，两个比较器通过比较 V_G 与 V_{T+}、V_{T-} 的大小，输出不同的电平，使三极管处于导通或截止状态，进而分别控制电机的正转或反转。根据 R_P、R_3 的串联分压结构可知，V_{T+} 显然大于 V_{T-}，因此可认为 V_{T+} 代表了设置的光照强度上限，而 V_{T-} 代表了设置的光照强度下限。

图 5.3.2 所示电路的具体工作过程如下：

当光照过于强烈时，R_G 的阻值急剧减小，V_G 电位迅速上升，当 V_G 高于 V_{T+} 时，A_1 的同相端电位高于反相端，A_1 输出高电平 V_{oH}。$v_{o1}=V_{oH}$ 时，二极管 D_1 正偏导通，运放输出的高电平通过 R_4 为三极管 T_1 提供足够的基极电位，引起 T_1 导通并迅速趋于饱和，T_1 的集电极电位迅速降低。继电器 K_1 则因为两端出现足够大的电压而发生吸合，将电机正转回路闭合，LED_1 亮，窗帘开始拉上。当窗帘拉至轨道尽头时，限位开关 S_1 被触发，T_1 因基极电位被置 0 而截止，集电极电流消失，继电器将电机回路断开。在 A_1 输出高电平 V_{oH} 的过程中，A_2 的反相端电位高于同相端（$V_G>V_{T-}$），A_2 输出低电平 V_{oL}，二极管 D_2 反偏截止，T_1 因基极电位接近 0 而截止，继电器 K_1 无动作。

当光照强度过低（遮光）时，R_G 的阻值增大，V_G 电位下降，当 $V_G<V_{T-}$ 时，A_2 因同相

端电位高于反相端而输出高电平 V_{oH}，A_1 则输出低电平 V_{oL}。相应地，D_2 导通、D_1 截止、T_2 导通、T_1 截止，继电器 K_2 发生吸合，将电机反转回路闭合，LED_2 亮，窗帘被拉开。当窗帘拉至轨道尽头时，限位开关 S_2 被触发后将 T_2 基极电位置 0，电机反转回路断开。

　　当光照强度适中时，V_G 介于 V_{T+} 与 V_{T-} 之间，A_1、A_2 输出均为低电平，D_1、D_2 及 T_1、T_2 均截止，窗帘电机处于停转状态。

　　通过上述分析可知：虽然电路中为比较器设置了两个门限 V_{T+} 与 V_{T-}，窗帘电机在 V_G 介于 V_{T+} 与 V_{T-} 之间时停转，其他情况下运转，比较器似乎有类似窗口比较器的特性，但电路中的两个比较器实质上是两个独立的单门限电压比较器，两路输出通过两个继电器独立控制电机。其电压传输特性如图 5.3.3 所示。

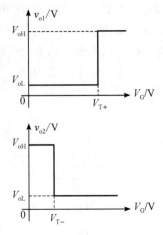

图 5.3.3　比较器电压传输特性

　　虽然本项目电路原理比较简单，但光敏电阻的特性不同于普通电位器的线性特性，因此门限调节和设置需要重点关注。以 GL3516 光敏电阻为例，其暗电阻（遮光情况）约为 600 kΩ，亮电阻（有光情况）约为 5～10 kΩ。光敏电阻的阻值从遮光到有光变化非常明显，这就是为什么要给 R_G 串联一个电阻 R_1，否则在光照强烈时 R_G 值很小，V_G 将接近电源电压，门限 V_{T+} 的设置将会比较困难。根据图中的分压结构可初步估算出，V_G 的值大约为 1.2～7.8 V。据此，可通过调节 R_P 的值来调节 V_{T+}，理论上，只需要保证 V_{T+} 与 V_{T-} 在 V_G 的变化范围内即可。实际中，考虑到散射光、光源强度、照射角度等环境因素的影响，R_G 值不会严格呈现高阻（除非完全遮光），因此两门限之间的差距往往不是很大，为实现良好的应用效果，需要根据实际情况进行调节。

三、仿真验证

　　利用 Multisim 软件搭建的窗帘控制器仿真电路如图 5.3.4 所示。图中用继电器来模拟

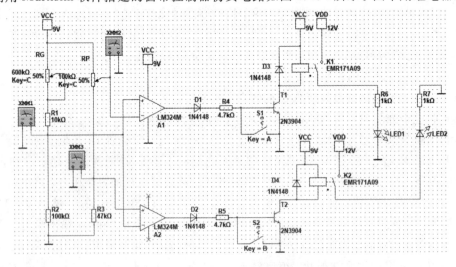

图 5.3.4　窗帘控制器仿真电路

光敏电阻阻值的变化，用不同颜色的 LED 来显示电机的正转与反转。由于该项目中门限的调节更多依赖于实际环境中的调试，因此仿真过程侧重于对电路整体功能的验证。具体仿真过程是：先随意设定好门限值 V_{T+} 与 V_{T-}（V_{T-} 取决于 R_P 与 R_3 的整体大小，V_{T+} 取决于 R_P 的调节程度），改变 R_G 的值，用三用表（或电压探针）测量 R_G、V_{T+}、V_{T-} 的值，观察电位的变化关系和 LED 的亮灭情况。通过仿真过程可知：随着 R_G 的增大（光照减弱），V_G 逐渐减小，当 V_G 小于 V_{T-} 时，继电器 K_2 吸合，LED_2 被点亮，代表窗帘电机开始反转，窗帘被拉开，若闭合开关 S_2，继电器立刻将电机回路断开，LED_2 熄灭，代表窗帘已拉至轨道尽头，电机停转；反之，随着 R_G 的减小（光照增强），V_G 逐渐增大，当 V_G 大于 V_{T+} 时，继电器 K_1 吸合，LED_1 被点亮，代表窗帘电机开始正转，若闭合开关 S_1，继电器立刻将电机回路断开，LED_1 熄灭，代表窗帘关至最大程度。至此，整个电路的功能得到验证。

四、调试实现

仿真验证后可选择合适的器件进行焊接和调试。其中：二极管 $D_1 \sim D_4$ 使用导通压降相对较小的开关管，如 1N4148；继电器使用 9 V 直流继电器；光敏电阻选择整体阻值较小的GL3516（参数如前）；非标称电阻可选择电位器实现；为便于调试和演示，S_1 与 S_2 可选择小型复位开关；电路中的集成运放使用失调较小、摆幅较大的通用型运放，如 LM324、TL084 等。需要注意的是，TL082 等运放输出的低电平 V_{oL} 相对较高（9 V 单电源供电时可达到 1.5 V 左右），容易造成比较器输出低电平时 T_1 和 T_2 仍然能够导通，因此应避免使用。

调试的过程中，门限的设定是关键。首先可在需要窗帘打开的环境（适当遮光）下，测量 V_G 的值，选择合适的 R_3 与 R_P 的值，使得两者的分压比略高于此时的 V_G 值，即为确定的 V_{T-}。此过程中 R_3 往往也选择用电位器实现，便于 V_{T-} 的调节。V_{T-} 确定后，R_3 将不再调节。然后，在需要窗帘关闭的环境（一定照度）下，测量 V_G 的值。通过调节 R_P 使 V_{T+} 的值略低于此时的 V_G，即为确定的 V_{T+}。最后，接入后续的继电器控制电路，分别在不同光照下进行验证，观察 LED 的亮灭，同时，闭合相应的 S_1 或 S_2，检查限位开关闭合后电机能否停转。上述过程需要在不同的环境下反复调试，才能实现比较理想的效果。

五、功能拓展

经过调试的窗帘控制器可实现遮光和有光状态下电机的正转和反转，但电路核心是两个单门限电压比较器，抗干扰能力较弱。实际应用中，当环境较暗时电极带动窗帘开始打开，光照强度会明显增加，V_G 将迅速大于 V_{T-}，电机将停转，窗帘可能只打开很小一部分，而实际中窗帘可以完全打开。因此，可考虑将单门限电压比较器改为迟滞比较器。$V_G < V_{T-}$ 窗帘开始打开时，运放 A_2 输出的高电平将门限电压拉得更高，尽管光照增强后 $V_G > V_{T-}$，但因为 V_G 达不到新的门限，电机将带动窗帘完全打开，直至触碰限位开关。窗帘关闭过程中也是类似情况。当然，结构改进后两个迟滞比较器的门限需要分别设置，参数的计算也将更加复杂，具体可参考上一节。

5.4　模拟温度计

一、电路结构

　　本项目属于中等难度的"运放应用类"实验项目，侧重电路结构的优化和设计。本项目的设计目标是：设计一款能用于电子设备舱室（如计算机机箱），具有大范围温度监控功能的电路，可实现 $25 \sim 60$℃共 8 个挡位的温度显示。当温度每上升 5℃时，多点亮一个 LED 用于显示温度范围。用点亮 LED 的数量配合标识温度来"模拟"常规温度计的刻度显示。基本实现思路是：用热敏电阻和普通电阻分压的方式，将温度信号转换为电压信号，将电压信号与不同门限电压进行比较，高于某一门限时比较器对应输出高电平，驱动 LED 发光，此时代表温度达到对应挡位。

　　本项目的难点在于利用热敏电阻这种非线性的温度传感器来线性显示温度的挡位变化。热敏电阻分为负温度系数热敏电阻 NTC 和正温度系数热敏电阻 PTC，是一种常用的温度传感器，经常用于温度-电压转换电路或增益自动控制电路中。利用负温度系数热敏电阻 NTC 构成的模拟温度计初步方案如图 5.4.1 所示。

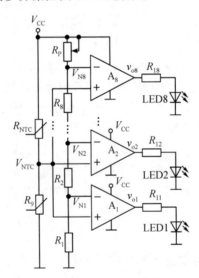

图 5.4.1　模拟温度计初步设计方案

二、原理分析

　　电阻 R_{NTC} 与电阻 R_9 串联，对电源电压 V_{CC} 分压得到 V_{NTC}，V_{NTC} 作为 $A_1 \sim A_8$ 同相输入端电位。因为 R_{NTC} 具有负温度系数，其阻值会随温度的升高而降低，所以 V_{NTC} 随温度升高而增大。$A_1 \sim A_8$ 为 8 个用作电压比较器的运放，其反相输入端电位 $V_{N1} \sim V_{N8}$ 由 $R_1 \sim R_8$ 及 R_P 串联分压得到。从 V_{N1} 至 V_{N8}，电位逐渐升高，分别对应 8 个不同的温度挡位。电路工作过程中，当温度高于 25℃时，$V_{NTC} > V_{N1}$，A_1 同相端电位高于反相端，输出高

电平 V_{oH}，LED1 正偏点亮；温度上升 5℃，$V_{NTC} > V_{N2}$，A_2、A_1 均输出高电平 V_{oH}，LED2、LED1 均被点亮，以此类推。精确设计 $V_{N1} \sim V_{N8}$ 的值，可以在温度每上升 5℃ 时，点亮一个 LED，直观显示对应的温度范围。

图 5.5.1 所示方案的原理看似比较简单，实则存在"先天"的缺陷。无论是 NTC 还是 PTC，热敏电阻的阻值-温度特性都是非线性的。在一定范围内，阻值随温度升高/降低有近似指数规律的变化。图 5.4.2 给出了 NTC-10 kΩ 热敏电阻在一定温度范围内的阻值-温度特性。当温度在 10～70℃ 范围内逐渐升高时，对应的阻值由 19.87 kΩ 减小为 1.46 kΩ。而且，由图能很明显地看到阻值随温度变化是非线性的，整体温度越高，阻值变化的"间隔"越小。

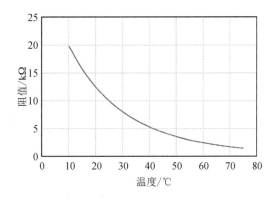

图 5.4.2　典型 NTC 阻值-温度特性

正因为 R_{NTC} 并不随温度上升线性减小，所以 R_{NTC} 与电阻 R_9 串联分压得到的 V_{NTC} 也不随温度升高而线性增大。表 5.4.1 给出了不同 R_9 时计算出的 V_{NTC} 的大小($V_{CC} = 9$ V)。从表中可以看出，无论 R_9 较大还是较小，V_{NTC} 分别只有不到 3 V 和 2 V 的变化。最关键的是，对应温度变化的每个挡位，V_{NTC} 的变化"间隔"是不相等的，从 0.6～0.2 V 不等。如果以表中的 V_{NTC} 为基准去设计比较器对应的门限 $V_{N1} \sim V_{N8}$，则需要分别调节 $R_1 \sim R_8$ 及 R_P 的值。因为 $V_{N1} \sim V_{N8}$ 是靠电阻串联分压得到的，所以每调节一个电阻，对所有门限都会产生影响，实际的调节设置过程将异常烦琐，且产生的误差较大，因此图 5.5.1 所示方案还需要改进。

表 5.4.1　不同 R_9 时 V_{NTC} 的大小

温度/℃	R_{NTC}/kΩ	V_{NTC}/V ($R_9 = 20$ kΩ)	V_{NTC}/V ($R_9 = 1$ kΩ)
25	10	4.5	0.818182
30	8.0541	4.985 017	0.994 025
35	6.5252	5.446 228	1.195 982
40	5.3164	5.876 054	1.424 862
45	4.3554	6.269 418	1.680 547
50	3.587	6.623 979	1.962 067
55	2.9144	6.968 965	2.299 203
60	2.47	7.217 322	2.59 366

改进的基本思路是：既然 R_{NTC} 与温度变化之间有近似的指数规律关系（实际要更复杂一些），就用对数运算电路对这种指数规律进行补偿或抵消，得到近似的线性规律。与此同时，因为增加了对数运算电路，虽然电压-温度关系线性度更好了，但电压整体变化范围会比较小，因此还需要对变换后的电压进行线性放大，最终得到随温度近似线性变化的电压信号。基本的系统框图如图 5.4.3 所示。

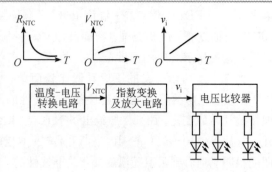

图 5.4.3　模拟温度计系统框图

指数变换及放大电路如图 5.4.4 所示。A_{10}、A_{11}、T_1、T_2 以及 $R_{11} \sim R_{16}$ 构成"平衡对消"型的反相对数运算电路，其输出为 v_{o10}。R_{10} 与稳压管 D_Z 为对数运算电路提供约 2 V 的参考电压 V_{REF}。A_9、$R_{18} \sim R_{20}$ 构成反相电压放大器，为 v_{o10} 提供 10 倍的增益。反相电压放大器的输出 v_o 可以看作随温度升高而线性增大的电压，可以作为后续电压比较器的输入。对数运算电路的详细的分析推导过程这里不做赘述（可参考理论教材），若仅从实现功能角度看，理想情况下，它可以实现的对数运算关系如下：

$$v_{o10} = -\left(1 + \frac{R_{15}}{R_{16}}\right) V_T \ln\left(\frac{V_{NTC}}{V_{REF}}\right) \approx -\lg\left(\frac{V_{NTC}}{V_{REF}}\right)\ (V_T = 26\ \text{mV})$$

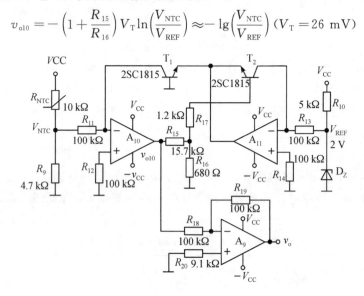

图 5.4.4　指数变换及放大电路

关于指数变换及放大电路，需要说明的有三点。第一，因为该电路使用的是反相对数运算电路，其输出需要有负电位，且 $A_9 \sim A_{11}$ 在实现时往往属于同一片集成运放芯片，因此该电路采用 $\pm V_{CC}$（± 9 V）双电源供电。第二，本项目中，对数运算电路的作用仅仅是为了对近似指数规律进行补偿或抵消，不是为了提供精准的数学运算关系，因此电路中省略了失调补偿及调零电路。第三，为保证对数运算电路的输出 v_{o10} 始终是负值，经反相放大后的 v_o 始终是正值，连接电压比较器同相端时更便于门限设定，当 R_{NTC} 最大时 V_{NTC} 也要大于 V_{REF}，因此 R_9 的值不能过小。当然，R_9 也不能过大，否则 R_{NTC} 最小时 V_{NTC} 过大将引起 v_o 饱和，破坏 v_o 与温度之间的线性关系。

四、仿真验证

核心单元设计完毕后，可采用图 5.4.4 中参数对电路功能进行仿真验证。仿真结果表明：当温度从 25℃ 增加至 60℃，对应 R_{NTC} 从 10 kΩ 减小至 2.47 kΩ（即表 5.4.1 中数据）时，指数变换及放大电路的输出 v_o 从 1.922 V 至 7.225 V 近似线性变化。而且，对应每个挡位（温度每上升 5℃），v_o 相对均匀地增加约 0.76 V，具体如图 5.4.5 所示。为了对比，图 5.4.5 中还特意绘出了没有指数变换及放大电路时，V_{NTC} 随温度变化的曲线。由图可以清楚地看到，增加了指数变换及放大电路后，电压-温度变化的线性度更好，整体变化范围更大，对应于每个温度挡位的电压变化幅度更加均匀。如果以此时不同挡位的 v_o 值作为基准，将极大简化后续电压比较器对应门限设定的难度。

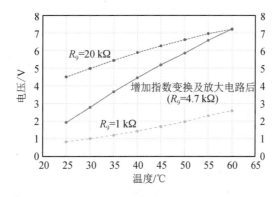

图 5.4.5 指数变换及放大电路仿真结果

根据指数变换及放大电路仿真结果，可利用仿真软件辅助进行门限的设定。具体仿真电路如图 5.4.6 所示。

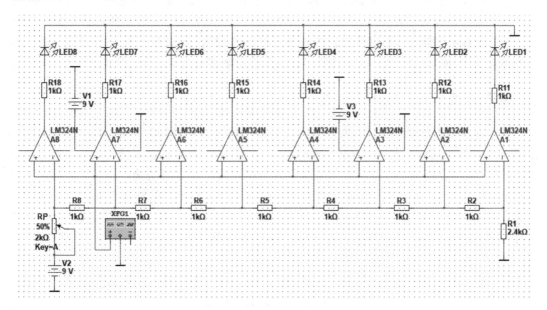

图 5.4.6 电压比较器仿真电路

对应于 8 个温度挡位，运放同相端电位（即指数变换及放大电路的输出）V_P 最低为 1.92 V，最高为 7.23 V。每提升一个温度挡位，V_P 约增加 0.8 V。由此，可将每两个比较器之间的电阻固定为恒定值（即 $R_2 \sim R_8 = 1\ \text{k}\Omega$），则 $V_{N1} \sim V_{N8}$ 增量固定；然后结合 V_P 的最小和最大值，根据 R_1 与 R_P 上电压估算出 R_1 与 R_P 值；最后利用仿真软件，略微调整 R_P 的值即可获得合适的 $V_{N1} \sim V_{N8}$ 门限。仿真结果如表 5.4.2 所示。由表可以看出，门限的设定基本符合（且略小于）每个挡位所对应的电压，整个设置过程也比较简便。

表 5.4.2　电压比较器门限仿真结果

温度挡位/℃	输入电压 V_P/V	门限电压 V_N/V
25	1.92	1.90
30	2.82	2.70
35	3.65	3.50
40	4.42	4.30
45	5.18	5.06
50	5.86	5.85
55	6.59	6.64
60	7.23	7.43

四、调试实现

仿真验证后可选择合适的器件进行焊接和调试。由于本项目用于较大温度范围的监测和显示，对精度的要求并不高，因此实现相对容易。运放可以选择高电压增益、低失调电压的通用型运放，如 LM324、TL082 等单片多相运放；由于对数运算电路是依靠结温抵消特性来实现较为精确的运算关系的，因此 BJT 应选择温度特性好、I_{CBO} 小的对管，如 SC1815 等。考虑到实际电阻的容差以及比较器电路对前级的影响，因此反相放大电路的增益还需要根据实测值进行微调。相应地，比较器的门限值也需要通过 R_P 进行微调。

五、功能拓展

从实现效果的角度来看，本项目为了宏观显示温度高、中、低范围，比较器输出端的 LED 可以采用不同的颜色加以区分。除此之外，当温度达到最高温度挡位后，可利用运放输出控制继电器回路中散热风扇的开启，实现对模拟温度计电路功能的拓展，构成功能完善的温控散热系统。从电路设计的角度来看，这种利用对数运算电路实现非线性补偿的方法完全可以用到其他具有非线性特性的传感器电路中。即便是对于小范围测温电路（如体温计），本项目也有很强的借鉴意义。例如，用热敏电阻替换反相电压放大器中的反馈电阻，对一个恒定的参考电压进行放大，就能得到一个随温度大幅度变化但非线性特性明显的电压信号，该电压信号经过对数运算电路的补偿和反相放大后，同设定的多个门限进行比较，可驱动 LED 对小范围的温度变化进行"精确"显示。

5.5 红外心率放大器

一、电路结构

本项目是一个中等难度的"运放应用类"实验项目，属于运放的线性应用范畴，侧重电路功能的调试和实现。本项目设计目标是：设计一种心率信号的放大电路，通过检测手指血液波动来反映心率变化。基本实现思路是：用红外光电传感器将手指血液波动转换为反映心率变化的微弱电信号，并用多级放大电路及半波整流电路对微弱电信号进行放大、整流，以驱动 LED 发光，LED 发光的强弱变化用来反映心率变化。红外心率放大器的系统框图如图 5.5.1 所示。考虑到放大电路采用多级放大的形式，若使用单电源供电，需要将每一级放大器的输入端和输出端静态电位都偏置到 $\frac{1}{2}V_{CC}$。而偏置电路的设置相对比较复杂，由此产生的失调也比较大，特别是前后级采用直接耦合时，前级的失调输出会被后级放大，在增益较高时很容易导致放大器输出饱和，根本无法实现信号放大，因此放大电路采用双电源供电的运放。但本项目实际应用中往往只使用单电源，因此系统中还设计了电源变换电路，用于产生正负双电源。

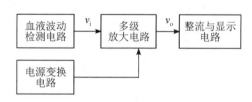

图 5.5.1　红外心率放大器的系统框图

具体电路结构如图 5.5.2 所示，其中：A_1、R_1、R_2、R_{P1}、$C_1 \sim C_3$ 等器件构成电源变换电路，将 +9 V 单电源转化为 ±4.5 V 的双电源，提供给后续血液波动检测和多级放大电路；TCRT5000 反射式红外光电传感器及 R_3、R_4 构成血液波动检测电路，将检测得到的电信号通过 C_4 耦合至放大器的输入端；A_2、A_3、$R_5 \sim R_{10}$、C_4、C_5 等器件构成双电源供电的

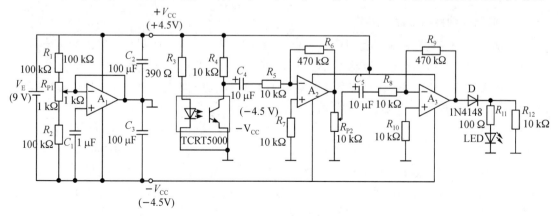

图 5.5.2　红外心率放大器原理图

两级反相放大电路，对微弱的心率信号进行放大；放大的信号经二极管 D 半波整流后，驱动 LED 随着手指血液波动产生明暗变化，以此来反映心率。

二、原理分析

1. 电源变换电路

理论上，要实现 +9 V 单电源到 ±4.5 V 双电源的转换，可以采用图 5.5.3 所示的分压式结构。当 $R_1 = R_2$ 时，根据基本的电阻分压关系，两个电阻中间点（O 点）为参考零电位点，两个输出端的电位中，$V_{oA} = +4.5$ V，$V_{oB} = -4.5$ V。但实际应用过程中，V_{oA} 和 V_{oB} 所驱动的负载 R_{L1} 和 R_{L2} 并不一定相同，因此 O 点电位不一定是零电位点，两个输出端的电位 V_{oA}、V_{oB} 也就不一定严格等于 ±4.5 V。正因为该结构存在比较明显的负载效应，因此不是一种理想的电源变换电路。

常用的一种双电源电路如图 5.5.4 所示。严格意义上讲，该电路属于基准电压电路，而不是电源电路。但对于驱动芯片较少、功率较低的简单电路，也可以用它来充当电源。该电路可以看作在图 5.5.3 的基础上，增加了 A_1 构成的电压跟随器以及用于滤波的 C_1、C_2 等器件。根据 A_1 的"虚短""虚断"可知，两个电阻 R_1、R_2 中间点的电位将严格保持为零电位。自然当 $R_1 = R_2$ 时，$V_{oA} = +4.5$ V，$V_{oB} = -4.5$ V。增加电位器 R_{P1} 的原因是：标称值相等的两个电阻 R_1、R_2，实际阻值还是会有差别，微调 R_{P1}，可使上下两部分电阻完全相等。

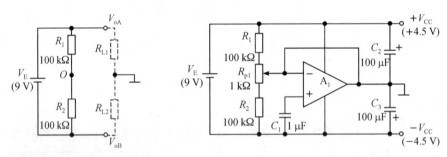

图 5.5.3　分压式结构实现双电源电路图　　图 5.5.4　电源变换电路原理图

2. 血液波动检测电路

血液波动检测电路的核心是 TCRT5000 反射式红外传感器，如图 5.5.5 所示。该器件是红外发射-接收一体化光电传感器，由红外发射二极管和光敏三极管组成，具有响应快速、功耗低等特点，常用于信号采集、微距测量、障碍识别等场合。使用该器件进行血液波动检测的基本原理是：正偏导通的发光二极管会发出具有指向性的红外线，在没有遮挡时，光敏三极管接收不到红外线，因而处于截止状态，集电极输出为高电位（电源电压）；当手指贴于传感器上表面时，红外发射管发出的红外线经反射后被光敏三极管接收，光敏三极管将迅速导通并趋于饱和，集电极呈现低电位；红外线在经过指骨反射的过程中，会随毛细血管中的血流发生微弱的波动，进而引起光敏三极管集电极电流发生微小变化，并使其集电极电位发生 1 mV 左右（甚至更小）的波动变化。这样，随着心率变化的血液波动就被传感器转换为微弱的电信号了。

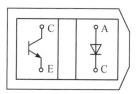

图 5.5.5　TCRT5000 反射式红外传感器

3. 多级放大电路及整流与显示电路

多级放大电路及整流与显示电路如图 5.5.6 所示。该电路实质是两级反相放大电路和半波整流电路。反映心率的微弱电信号经电容 C_4 耦合至放大器的输入端，以便作为放大器的输入 v_i。考虑实际运放的输出总会有一定的失调电压，若采用直耦合的方式，经过第二级的高增益放大，很容易造成输出饱和，因此经过第一级放大的信号由 R_{P2} 进行适当衰减后，再经电容 C_5 耦合至第二级放大器的输入端。第一级放大器的增益等于 $-R_6/R_5 = -47$。第二级放大器的增益等于 $-R_9/R_8 = -47$，两级放大电路会为信号提供 2000 倍以上的增益。由于输入心率电信号的幅度在 1 mV 左右，因此 ±4.5 V 供电的运放，输出信号的幅度最大约为 4 V。若输入信号的幅度较大，可通过 R_{P2} 调节第二级放大电路的输入，进而调节输出信号的大小。经过放大的心率电信号 v_o 通过 D 进行半波整流，得到正向幅度变化的电压，最终驱动 LED 导通并使之发出明暗变化。需要说明的是，实际的心率信号波形是比较复杂的，包含着 R 波、P 波、T 波、S 波等波动成分，而本项目只为了对波动心率主峰值波动进行显示，因此只采用半波整流的方式获取其正向波动的波形。同时，为了利用 LED 亮度变化反映心率"波动"效果，整个电路对增益进行了相应控制，防止微小波动引起 LED 常亮。

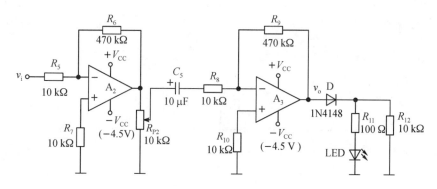

图 5.5.6　多级放大电路及整流与显示电路

三、仿真验证

基于 Multisim 的红外心率放大器仿真电路如图 5.5.7 所示。对于红外光电传感器，仿真电路只能验证其"通断"，无法对反射距离和反射强度进行精确控制，因此电路中用函数发生器产生的小信号来模拟微弱的心率信号。

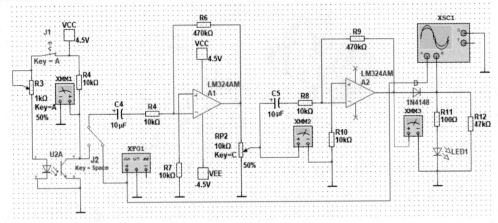

图 5.5.7　红外心率放大器仿真电路

具体的仿真过程如下：

首先，对传感器部分进行基本的功能验证。闭合红外发射管所在通路前后，若用三用表测得接收管集电极电位由高电平变为电平，则说明传感器部分偏置电阻取值基本合适。

其次，对运放的失调情况进行仿真。可用三用表测得没有交流信号输入时，两个运放的输出端均有几十毫伏的失调电压。适当调整平衡电阻的取值后，会发现失调输出并没有明显的改善，这是因为失调输出除受外电路影响外，更多取决于运放的本身特性，若想使得失调输出为 0，只能通过输入补偿或调零的方式来实现。

最后，对放大、整流和显示功能进行验证。利用函数发生器为电路提供 $1\sim2$ mV 的交流正弦输入，用示波器分别观察第一级放大输出、第二级放大输出及半波整流后的输出波形，调节 R_{P2} 的大小，同时观察 LED 亮灭，验证波形是否与设计一致。输入与最终半波整流后的波形如图 5.5.8 所示。

至此，电路整体功能得到验证。

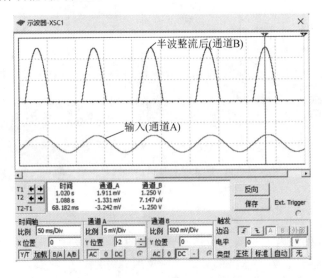

图 5.5.8　红外心率放大器仿真波形

四、调试实现

仿真验证之后就可以选择合适的器件进行焊接调试了。其中，集成运放选用失调电压小、输出摆幅大的 LM324 来实现；R_{P1}、R_{P2} 择精密电位器；因为 LED 导通后管压降大约在 1 V 左右，运放的输出信号幅度最大在 4 V 左右，因此 D_1 选择导通压降相对比较小的小功率开关管，比如 1N4148（导通压降约为 0.5～0.6 V）。

焊接调试过程采用分模块"边焊边测"的思路，先完成电源变换电路部分，再完成血液波动检测电路、多级放大电路及整流与显示电路部分，最后进行系统联调。电源变换电路调试时，主要测其输出 V_{oA}、V_{oB} 的数值是否为电源电压的一半（9 V 电池的实际电压是 9 V 左右），若存在偏差，调整 R_{P1} 即可。实际接后续运放电路后，V_{oA}、V_{oB} 的数值还会有所变化，若偏差明显，可再次微调 R_{P1}。血液波动检测电路的测试，主要是在遮挡和无遮挡情况下，测量接收管集电极电位，看它是否有高低电平的变化。多级放大电路及整流与显示电路部分的测试，首先应该对两个运放输入端与输出端的静态电位进行测量（微小的输出直流属于正常现象）；然后，将手指置于传感器之上，测量两级运放的输出电位是否有明显的变化；最后，调节 R_{P2}，使 LED 的闪动变化相对比较明显，且与心率变化基本一致。

装配测试过程中存在的典型问题包括：电源变换电路与后续放大电路不共地，导致整个电路电位出现"异常"；红外传感器引脚识别错误，导致"集电极"电位始终无变化；电容等器件的错焊、损毁，导致第一级失调输出被后级放大产生输出饱和；等等。对于存在问题，可对照电路原理和仿真验证部分，测量相关节点电位后分析原因，逐项进行排查即可。

五、功能拓展

红外心率放大器最终输出的是单向脉动的心率电信号，若再经过滤波、整形电路处理，就能将每一次的心率波动转化为一个计数脉冲，结合计数、译码和显示等数字电路（一般会有固定结构），就能构成完整的红外心率计，用于人体心率的测量。另外，本项目中的 TCRT5000 反射式红外传感器是对手指血液波动进行检测，其实它完全可以对那些有对比的特定标志物进行检测（微距范围），比如电机带动的转盘、循迹小车面对的线迹等。因而采用与本项目类似的电路结构，可以实现转速计数、障碍识别等功能。

5.6　可调声控灯

一、电路结构

本项目属于中等难度的"运放应用类"实验项目，以集成运放的线性应用为主，侧重电路功能的调试和实现。本项目设计目标是：设计一款声控灯电路，当没有声音时，LED 不亮；有声音时，LED 点亮并持续一定时间才熄灭，且其延时的时长可调。基本实现思路是：先用小型驻极体（麦克风）作为传感器，将声音转换为微弱的电信号，再由放大电路增强电信号的幅度，最后通过倍压整流得到用于控制的直流信号，用于驱动后续的 LED 驱动控制电路，闭合或断开 LED 回路。可调声控灯的系统框图如图 5.6.1 所示。

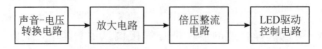

图 5.6.1　可调声控灯的系统框图

本项目实质上是一个可控的声音延时开关电路，具体电路结构如图 5.6.2 所示。其中：R_1、MIC 构成声音-电压转换电路，将声音转换为微弱的电信号，并使之通过电容 C_1 耦合至放大电路的输入端；A_1、A_2、$R_2 \sim R_9$、C_3、R_{P1} 等器件构成了两级同相电压放大电路，其中可通过调节 R_{P1} 实现对声音灵敏度的调节；C_4、C_5、D_1、D_2、R_{10}、D_Z 等器件构成倍压整流电路，该电路将经过放大的电信号转化为相对稳定的直流控制信号，再加至 A_3 的反相端；A_3、$R_{11} \sim R_{13}$、R_{P2}、继电器 K 等构成 LED 驱动控制电路。A_3 实际上是一个单门限电压比较器，其门限电压由 R_{P2} 与 R_{11} 分压得到，调节 R_{P2} 可调整门限电压的大小，进而调节延时的时长。实际工程应用过程中，控制电路电源 V_{CC} 和后续 LED 照明供电电源 V_E 一般不会共用，因为两者电压高低和驱动能力截然不同，因此这类控制型电路一般会使用继电器进行隔离，但作为实验验证和演示，两者可以共用，即整个电路都采用单电源 V_{CC} 供电。

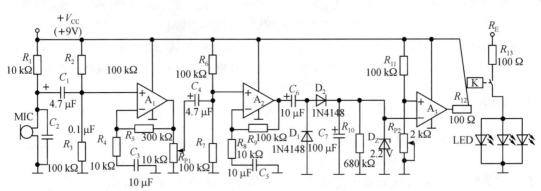

图 5.6.2　可调声控灯原理图

二、原理分析

1. 声音-电压转换及放大电路

声音-电压转换及放大电路如图 5.6.3 所示。其中：MIC 为小型驻极体(麦克风)，是一种常用的声音传感器。其内部的具体结构和工作机理可不必深究，使用时可以将其简单地"看作"一个大电阻和电容的并联结构。正常偏置情况下(一般是串联 5～15 kΩ 的电阻)，没有声音时 MIC 两端电压保持恒定值(接近偏置电压)；当其接收到声音激励时，电容两端积累的电荷产生变化，相应串联支路中的电流和驻极体两端电压都会产生微弱变化，这样就将声音转换为电信号了。通常简化的理解是：一次极短时间内的声音振动，会被驻极体转换为一个微弱的负向脉冲。为了防止这种负向脉冲过于尖锐，图 5.6.3 所示电路还在 MIC 两端并联了一个小电容 C_2，利用其滤波特性来平缓脉冲波形。

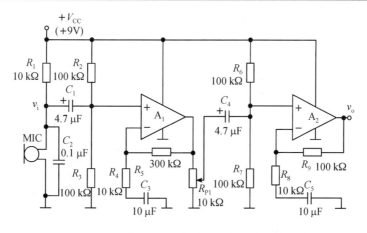

图 5.6.3　声音-电压转换及放大电路原理图

　　放大电路由两级同相电压放大器构成。因为该放大电路采用单电源供电，要使运放的输出有较大的摆幅，运放的输出需要有 $\frac{1}{2}V_{CC}$ 的静态偏置。所以，两级运放的同相输入端都接有两个电阻的分压结构，分别是 R_2 与 R_3 和 R_6 与 R_7，它们通过对电源的分压来为运放同相端提供 $\frac{1}{2}V_{CC}$ 的静态偏置。根据运放的"虚短、虚断"，运放的反相输入端和输出端都将保持 $\frac{1}{2}V_{CC}$ 的静态电位。对于每级运放而言，输出交流信号实际上是叠加在 $\frac{1}{2}V_{CC}$ 直流电压之上的。随声音变化的微弱电信号通过电容 C_1 耦合至第一级放大器的输入端，以便作为放大器的交流输入。经过第一级放大的信号再由 R_{P1} 进行适当衰减后，通过电容 C_4 耦合至第二级放大器的输入端。第一级放大器的增益等于 $(1+R_5/R_4)=31$；第二级放大器的增益等于 $(1+R_9/R_8)=11$，因此两级同相电压放大电路会为信号提供 300 倍以上的增益。考虑MIC 输入信号的幅度一般在 10～20 mV 量级，+9 V 单电源供电的运放，输出信号的幅度最大约为 4 V，因此整个电路的增益符合需要。若输入信号的幅度较大，可调节 R_{P1} 来调整第二级放大电路的输入，进而调节输出信号的大小，防止极小的声音信号通过后续电路对LED 产生控制作用，因此调节 R_{P1} 实际上是在调节整个电路的灵敏度。

2. 倍压整流电路

　　倍压整流电路如图 5.6.4 所示，其主要作用是将经过放大的电信号转化为直流控制信号。虽然运放 A_2 输出是叠加在直流之上的交流信号，但因为电容 C_6 的"隔直通交"作用，所以倍压整流电路的实际输入可以看作纯粹的交流信号 v_i（实际的 v_i 是以负向脉冲为主的形式）。在 v_i 的负半周期（即 $v_i<0$ V 时），D_2 截止、D_1 导通，C_6 放电（反向充电）。C_6 上将保持一定电压 v_{C_6}，其极性如图

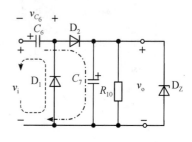

图 5.6.4　倍压整流电路原理图

5.6.4 所示。在 v_i 的正半周期（即 $v_i>0$ V 时），D_1 截止、D_2 导通，已经被充电的 C_6 和正半周期的 v_i 共同为 C_7 充电。理论上，C_7 可以被充电到 $v_{C_6}+v_i$。这样，只要有输入信号，C_7 上将始终保持一定的电压。MIC 拾取到的声音信号最终被转换为直流控制信号，利用该

直流控制信号可以控制 LED 回路的闭合。当 MIC 端声音消失时，控制信号不会立即消失，被充电的 C_7 会通过大电阻 R_{10} 放电，当 C_7 上电压低到一定程度后，后续 LED 回路被断开，从而实现延时功能。

显然，对于持续时间较短的声音信号，该电路能实现良好的控制功能。但当 MIC 端始终有声音时，意味着该电路输入端始终有交流信号，C_7 还没来得及放电就又被充电，引起控制信号幅度不断升高。为此，在 C_7 两端增加了稳压管 D_z。当持续性的声音出现时，C_7 两端电压将维持在稳压管的稳定电压值，不再随声音的持续而增加。

3. LED 驱动控制电路

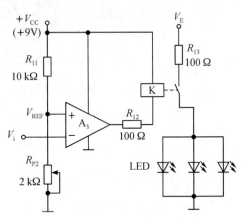

图 5.6.5　LED 驱动控制电路原理图

LED 驱动控制电路如图 5.6.5 所示。该电路的本质是一个单门限电压比较器，同相端电位为 R_{11} 与 R_{P2} 分压得到的参考电压 V_{REF}，反相端为倍压整流电路输出的直流控制电压 V_i。当 MIC 没有拾取到声音或声音很小时，$V_i < V_{REF}$，A_3 输出高电平，继电器 K 不发生吸合，后续 LED 回路处于断开状态；当 MIC 拾取到足够大小的声音后，$V_i > V_{REF}$，A_3 输出低电平，继电器 K 吸合，后续 LED 回路闭合，LED 发光；当声音消失后，V_i 因电容 C_7 的放电近似呈指数规律下降，当 $V_i < V_{REF}$ 时，A_3 的输出才变为高电平，继电器将 LED 回路断开。显然，这段延时的长短既和 C_7 放电回路时间常数有关，又和门限 V_{REF} 高低有关，适当调高 V_{REF} 即可缩短延时，反之亦然。

三、仿真验证

基于 Multisim 的可调声控灯仿真电路如图 5.6.6 所示。对于声音传感器，仿真电路很难对其产生的信号强度进行精确控制，因此电路中用函数发生器产生的小信号来模拟微弱

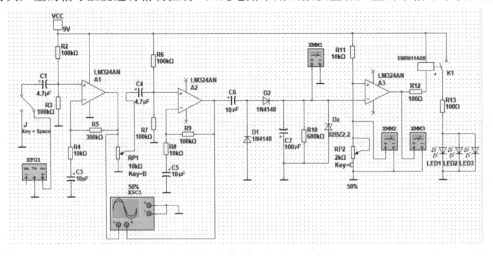

图 5.6.6　可调声控灯仿真电路

的声音信号。用开关的切换来模拟 MIC 拾取到和没有拾取到声音信号的两种状态。

具体的仿真过程如下：

首先，对放大电路的静态情况进行验证。将输入端信号置零，用三用表测量两个运放的输出端电位（正常情况下运放的输出端电位应为电源电压的一半）；同时调节 R_{P2} 使得 A_3 的同相端电位约为 0.7 V 左右。

其次，对电路基本功能进行仿真。输入端接 10 mV 的正弦信号，将 R_{P1} 调至最大（衰减最小），用示波器观察经过放大的"声音"信号，用三用表测量经过倍压整流之后的直流控制信号，同时观察 LED 的亮灭情况。通过仿真可发现：经过放大的交流信号幅度大约为 3.5 V，其波形如图 5.6.7 所示。经过倍压整流后可得到 2.26 V 的直流控制信号，随着直流控制信号的建立，继电器迅速动作，LED 被点亮。

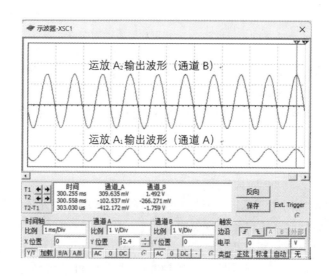

图 5.6.7　可调声控灯仿真波形

然后，对电路的延时功能进行仿真。利用开关切换将输入端"声音"信号置零，观察直流控制信号逐渐降低的过程，同时观察 LED 的亮灭。正常情况下，经过一段时间后，控制信号低于参考电压时，继电器将后续 LED 回路断开；因为电容在放电时电压呈指数规律下降，而门限值又比较低，控制信号越接近参考电压时变化越缓慢，因此仿真过程较长。

最后，对电路的延时调节功能进行仿真。调节 R_{P2} 的值，适当提高参考电压的值（如 1.4 V），可观察到 LED 由亮到灭经历的时间明显减小。

至此，电路整体功能得到验证。

四、调试实现

仿真验证之后就可以选择合适的器件进行焊接调试了。其中集成运放选用 TL082、OP07、LM324 等通用型集成运放均可；R_{P1}、R_{P2} 择精密电位器；继电器选择 9 V 继电器，其常开端连接后续 LED 电路；二极管选择小功率开关管（如 1N4148 等），稳压管选择稳压值为 2 V 或 2.2 V 的，如 1N4615(2 V)、1N4616(2.2 V)等。

由于使用的 MIC 不同，放大器输入声音信号大小不同，且无法利用软件进行精确仿真,因此该项目对调试过程的依赖性更强。焊接调试过程采用分模块"边焊边测"的思路,先完成声音-电压转换电路、放大电路和倍压整流电路部分,再完成 LED 驱动控制电路部分,最后进行系统联调。调试的过程与仿真的过程类似,在确保电路连接关系准确无误的情况下,首先调节 R_{P2} 将参考电压调至 1 V 以下(以确保有声音时能快速点亮 LED),同时测量运放各端的静态电位(正常时应为电源电压的一半左右);其次调节 R_{P1},将灵敏度调到最高(增益最大),测量直流控制信号的大小,观察继电器能否闭合 LED 回路;然后适当调节 R_{P1} 使电路只对合适强度的声音做出反应;最后再根据需要适当调节 R_{P2} 以提高参考电压,使电路的延时功能符合设计要求。正常情况下,LED 被点亮后,可延时 5~15 s 再熄灭。

装配测试过程中存在的典型问题包括:灵敏度调节过高,参考电压调节过低,导致稍有"风吹草动"LED 就点亮,且迟迟无法熄灭;运放偏置错误导致其始终处于饱和状态,特别是输出始终是低电平时,整个电路对 MIC 声音信号没有反应;倍压整流电路二极管极性错误,稳压管始终无法处于稳压状态,出现直流控制信号的幅度很小且变化剧烈,导致 LED 不亮或频繁出现闪动;MIC 焊接过程损毁,导致始终无法拾取声音信号;继电器引脚识别或使用错误,导致比较器的输出无法控制 LED 或使得比较器的输出始终为低电平;等等。对于存在问题,可对照电路原理和仿真验证部分,测量相关节点电位后分析原因,逐项进行排查即可。

五、功能拓展

该项目可拓展的方向主要是增加光敏控制功能,可考虑增加光敏电阻和三极管构成的开关电路,当光照强烈时光敏电阻呈现低阻状态(几十千欧),无光照时呈现高阻状态(一般可达 500 kΩ 以上),这样可实现低照度或无光照条件下开启声控灯。另外,本项目中的功能模块完全可以进行移植。比如:将比较器的输入信号改为电桥结构获取的红外信号、温度信号,则可实现红外报警器、温度超限报警器等实用电路;将放大电路移植到需要语音放大的场合使用,增加带通滤波器和功率放大电路后,可构成完整的语音放大电路;等等。

5.7 红外探测雷达

一、电路结构

本项目属于难度较高的"运放应用类"实验项目,侧重电路功能的调试和实现。本项目设计目标是:设计一款利用红外线探测障碍物距离并进行告警的电路,该电路在 60 cm 范围内可根据障碍物远近距离实现至少三个挡位的告警提示。该电路可用于车辆倒车告警、智能系统障碍躲避等场合。系统框图如图 5.7.1 所示,其基本实现思路是:以红外发光和接收二极管为传感器,利用红外发射电路驱动二极管发射特定频率的红外脉冲信号;该脉冲信号经障碍物反射后被红外接收电路捕获,后经过放大、整流和滤波后转变为特定幅度的直流电平(电平高低与反射距离成正比);利用告警指示电路,将直流电平同代表不同距离的门限电平进行比较,驱动输出端不同颜色的发光二极管进行告警显示。

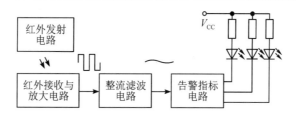

图 5.7.1 红外探测雷达系统框图

具体电路结构如图 5.7.2 所示。其中，图 5.7.2(a) 为红外发射模块，NE555 驱动红外发光二极管 D_1 发射红外脉冲信号。图 5.7.2(b) 为红外接收模块，R_7 和红外接收二极管 D_2 构成红外接收电路，该电路将接收到的红外信号转变为电信号；A_1、$R_4 \sim R_6$、$C_3 \sim C_5$ 等器件构成信号放大电路，以便给予接收信号一定的增益用于后续电路；D_3、D_4、C_6、R_{16} 等器件构成整流滤波电路，以便将放大后的交流信号转变为直流信号，直流信号的大小取决于交流信号的幅度；A_2、A_3、A_4 构成告警指示电路，该电路根据输入直流电平的高低驱动不同的 LED 发光。整个电路中，红外发光二极管信号幅度恒定，障碍物距离越近，接收到的反射信号越强，告警指示电路输入电平越高，LED 点亮个数越多。经过合理的设计和调试，

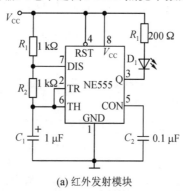

(a) 红外发射模块

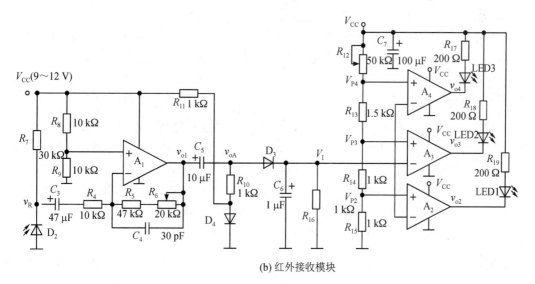

(b) 红外接收模块

图 5.7.2 红外探测雷达原理图

可建立不同 LED 亮灭与障碍物远近距离之间的对应关系,实现障碍物远近距离的告警指示。

二、原理分析

1. 红外发射模块

红外发射模块是由 NE555 构成的多谐振荡器,如图 5.7.2(a)所示。NE555 是数字电路中极为常见的一款集成芯片,通常被称为 555 计时器,常用于构成多谐振荡器、施密特触发器、单稳态触发器等功能电路,用途非常广泛。该芯片的内部结构和具体工作机理在此不作赘述,读者可以参考脉冲与数字电路课程教材,这里仅对其构成的多谐振荡器工作原理做简要说明。这里以图中典型电路结构和参数为例进行介绍。加电瞬间,电容 C_1 上电压 $v_C = 0$ V,低触发端"TR"电位为 0,输出端"Q"电位 v_o 为高电平 V_{oH},理想情况下 V_{oH} 等于电源电压 V_{CC};随着 C_1 被充电,v_C 不断增大,当 $v_C \geq \frac{2}{3}V_{CC}$ 时,"TH"端电位高于高位触发电平,输出端"Q"电位 v_o 由高电平 V_{oH} 跳变为低电平 V_{oL},理想情况下 $V_{oL} = 0$ V;v_o 跳变后,C_1 通过 R_2 及 555 内部放电开关管放电,v_C 不断减小,当 $v_C \leq \frac{1}{3}V_{CC}$ 时,"TR"端电位低于低位触发电平,输出端"Q"电位 v_o 又由低电平 V_{oL} 跳变为高电平 V_{oH}。如此不断重复,产生高低电平不断重复的矩形波输出,如图 5.7.3 所示。

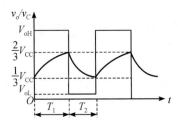

图 5.7.3 多谐振荡器输出波形

多谐振荡器"Q"端输出的高低电平持续时间分别为 T_1 和 T_2,分别对应于电容 C_1 充电和放电的持续时间,由相应的时间常数决定,具体可表示为

$$T_1 = \ln 2 \cdot (R_1 + R_2)C_1 \approx 0.7(R_1 + R_2)C_1$$
$$T_2 = \ln 2 \cdot R_2 C_1 \approx 0.7 R_2 C_1$$

当"Q"端输出高电平时,红外发光二极管 D_1 截止;反之,低电平时 D_1 导通,发出红外光(典型波长 940 nm)。因此红外发射信号可看作周期为 T 的脉冲信号,$T = T_1 + T_2 \approx 0.7(R_1 + 2R_2)C_1$。

2. 红外接收模块

红外接收模块包括红外接收,信号放大、整流滤波及告警指示电路,如图 5.7.2(b)所示。红外接收、信号放大及整流滤波电路如图 5.7.4 所示。红外信号经障碍物反射后被 D_2 接收,距离越近,反射信号越强,D_2 的反偏电流越大,D_2 负极的瞬时电位 v_R 越低,这样就将红外信号转换为负向变化的电信号。接收到的电信号(v_R 中的变化成分)再通过电容 C_3 耦合至信号放大电路的输入端。信号放大电路是典型单电源供电的反相电压放大器,其电压增益等于 $-(R_5 + R_6)/R_4$,C_1 为频率补偿电容,防止产生自激振荡。因为运放 A_1 采用单电源供电,为了实现尽可能大的输出摆幅,其输出端需要大约 $\frac{1}{2}V_{CC}$ 的静态电位。R_8 与 R_9 串联分压的结构为运放同相输入端提供 $\frac{1}{2}V_{CC}$ 静态偏置的同时,利用运放的"虚短、虚断"特性，使 A_1 的反相输入端和输出端都保持 $\frac{1}{2}V_{CC}$ 的静态电位。之后，A_1 就输出叠加在

$\frac{1}{2}V_{CC}$ 之上的交流信号，即 A_1 输出端瞬时电位 v_{o1} 将以 $\frac{1}{2}V_{CC}$ 为基准，随红外接收信号强

度而变化。v_{o1} 中纯粹的变化成分又通过电容 C_5 耦合至整流滤波电路，通过 D_3 的整流作用和 C_6 的滤波作用，最终转化为变化相对平缓的直流信号 V_o。红外接收信号经过放大后，虽然具有足够的幅度，但毕竟是一串持续时间比较短的脉冲信号，直接整流滤波难以获得比较稳定的直流电平，因此整流前增加了 D_4、R_{10} 等构成的电平提升电路，利用导通的 D_4 提高 v_{oA} 整体电位，从而提高输出 V_o 的幅度和稳定程度。这可以理解为，人为在整流前的信号中，增加了部分直流成分。最终，V_o 的高低就代表了红外接收信号的强弱，自然 V_o 也和障碍物的远近距离成比例，障碍物越近，V_o 越大，反之亦然。

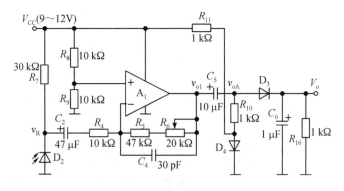

图 5.7.4　红外接收、信号放大及整流滤波电路

告警指示电路的实质是一组（3 个）电压比较器，每一个都是一个单门限电压比较器，如图 5.7.5 所示。运放 A_2、A_3、A_4 的同相端电位分别为 V_{P2}、V_{P3}、V_{P4}，它们由电阻 $R_{12}\sim$

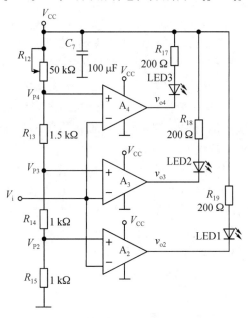

图 5.7.5　告警指示电路

R_{15} 构成的分压结构确定，显然 $V_{P2} < V_{P3} < V_{P4}$，从 A_2 到 A_4，门限电压逐次升高。三个运放的反相输入端电位 V_i 是整流滤波电路输出的直流电平，代表障碍物的远近程度。当 $V_i < V_{P2}$ 时，运放的反相端电位低于同相端，运放输出为高电平，LED 均不亮；当 $V_{P2} < V_i < V_{P3}$ 时，只有 A_2 的输出为低电平，LED1 被点亮；当 $V_{P2} < V_{P3} < V_i < V_{P4}$ 时，运放 A_2、A_3 的输出均为低电平，LED1 和 LED2 亮，以此类推。接收到的红外信号越强，整流滤波输出的直流电平越高，LED 被点亮数量越多，代表距离障碍物越近。

三、仿真验证

在完成电路结构设计和原理分析之后，可以利用 Multisim 等软件搭建仿真电路，对其功能进行验证。因本项目所使用的多谐振荡器、反相放大器、整流滤波电路、电压比较器等均为典型结构，因此 Multisim 仿真过程不再进行重复，重点对装配调试过程进行介绍。

四、调试实现

本项目中包含 $A_1 \sim A_4$ 共四个集成运放，为尽可能减小电路板，因此选用一片包含四运放的 LM324 来实现，其他器件及参数如原理图所示。需要说明的是项目中几个二极管的选择，D_1 和 D_2 应选择红外发射二极管和接收二极管，这样才能保证发射和接收频率一致，常见型号是波长为 940 nm 的 IR333（发射二极管）与 PT334（接收二极管）。D_3 用于半波整流，一般用小型高速开关管，如 1N4148 等。D_4 主要用于电位提升，可选择常见的小功率整流二极管，如 1N4001、1N4007 等。这些器件都是一般实验室中的常见器件。

在进行电路装配及元器件焊接之前，还需要根据芯片引脚分布进行合理的器件布局，如图 5.7.6 所示。整体采用分模块布局的方式，器件尽量采用统一的横排（或竖排）竖装的方式，以减少导线，同时便于焊接和调试。红外发射二极管和接收二极管应并排放置于板件的边缘部分，平齐且保持 1~2 cm 的间距。卧装时统一朝向板件外侧，竖装时还需保持一定的高度，以此来减少板件中其他器件对红外信号传播路径的干扰。

完成相应焊接和连线检查后，就可加电进行功能调试了。对于稍复杂一些的项目，一般采用分模块调试的方法，完成某一模块后随即进行功能测试，验证其功能，最后再进行系统联调。这样可以更精准地找到故障位置，更快速地排查故障隐患。否则，一个"LED 不亮"的问题，产生的原因就可能有"极性接反""位置接错""漏焊虚焊""器件损毁""信号不通"等多种类型，逐个排查非常烦琐。

本项目采用的就是分模块调试的方法，基本过程可分为三步：

第一步，查基本功能，即在完成焊接的基础上，先检查各个单元电路的功能是否与设计一致。简单地说就是验证电路工作原理，排查焊接装配过程中存在的故障。

第二步，定探测距离。在预设的最大探测距离上，通过 R_6 调节信号放大电路的增益，使整流滤波电路的输出略高于 A_2 的同相端电位 V_{P2}，代表最远距离的绿色 LED 被点亮；若始终无法实现，说明预设的最大探测距离过大或 A_2 同相端电位设置过高，可适当减小 R_{15} 或增大 R_{12}。

第三步，调节告警灵敏度。根据告警指示电路结构，在 R_{13}、R_{14} 阻值不变的情况下，其分压比例不变，也就是 V_{P3} 与 V_{P2}、V_{P4} 与 V_{P3} 之间的间隔是一定的。这可以理解为：距离

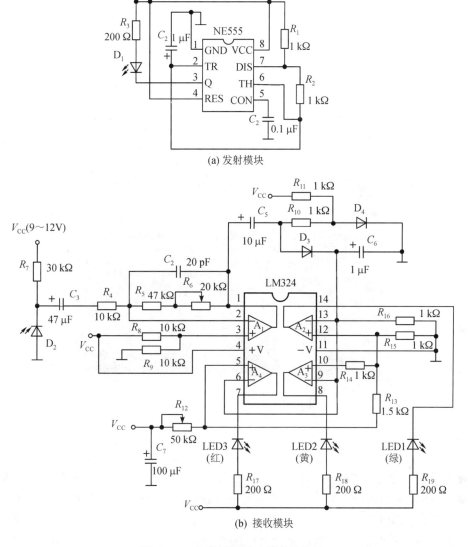

图 5.7.6 红外探测雷达器件连接图

每减小 20 cm(或 10 cm),多点亮一个 LED,这种"间隔"是固定的,在一定程度上代表了探测的灵敏度。显然,V_{P2}、V_{P3}、V_{P4} 之间差值的大小就代表了这种探测的灵敏度,可以通过微调 R_{12} 的方式来改变探测的灵敏度。但需要注意的是,改变 R_{12} 会引起 V_{P2} 大小的改变,这意味最大探测距离的变化,因此最大探测距离和灵敏度之间需要进行折中。

本项目调试的最大难点其实是第一步基本功能的调试。发射模块调试时,主要测试 NE555 的"3"脚电位,看它是否会有高低变化的电平,以此来判断电路是否能够振荡。接收模块调试时,先检查电路能否接收到红外信号并对其进行放大,主要测接收二极管负极是否有微弱的电位变化,A_1 的输出是否有明显的电位变化;接着检查经过整流滤波后的直流电平是否会随反射信号的强弱发生变化;最后检查电压比较器同相端电位是否与设计相符,在反相端电位高于同相端后,输出是否有高低电平的跳变。

调试时常见的故障主要有：接收二极管极性接错导致无法接收信号，运放输入端虚焊/漏焊引起输出饱和，电容极性接反导致不起振或器件烧毁，运放不共地/不接地导致输出电位不确定，LED极性接反引起显示关系错误，等等。只有完成了故障排查后，才能进行探测距离和接收灵敏度的调试。

最终，经过调试的实物电路如图5.7.7所示。整个电路采用9V单电源供电，可在距离障碍物60 cm、25 cm、10 cm时实现告警指示。

图 5.7.7　红外探测雷达实物图

五、功能拓展

在实现基本功能的基础上，可考虑进一步的改进完善和功能拓展，比如：增加继电器、蜂鸣器等器件，可在距障碍物最近时控制继电器动作，闭合蜂鸣器回路，进而产生尖锐告警声音，以此来模拟倒车过程中的强制制动或者产生转弯/避障信号等。此外，根据本项目设计过程，距离障碍物越近，整流滤波之后输出的电位越高，达到某一门限就代表距离近至某一程度，因此可以增加告警指示电路的组数（如增加到五组以上），以实现更精确的距离探测。

5.8　简易电子琴

一、电路结构

本项目属于难度较高的集成运放与音频功放综合应用类实验项目，侧重参数的设计和功能的调试。本项目设计目标是：设计一款9V电源供电的简易电子琴电路，使之能针对C调所有8个基本音阶，驱动小型扬声器发出明显声音。基本实现思路是：在典型RC正弦波振荡电路的基础上，通过按键开关接入不同的电阻，改变其选频网络的固有频率。合理设计电路参数，使振荡频率恰好对应 8 个基本音阶的频率。当电路满足起振和平衡条件时，就可以输出单一频率的正弦信号，该信号经放大后用于驱动小型扬声器发出声音。

典型的 RC 正弦波振荡电路如图 5.8.1(a)所示，这种结构一般采用双电源供电，输出端的振荡信号以 0 V 为基准进行波动。如果要采用单电源供电，就需要给运放的同相输入端提供 $\frac{1}{2}V_{CC}$ 的静态电位，利用运放的"虚短、虚断"使输出端也保持 $\frac{1}{2}V_{CC}$ 的静态电位，输出端的振荡信号则会以 $\frac{1}{2}V_{CC}$ 为基准进行波动，典型结构如图 5.8.1(b)所示。

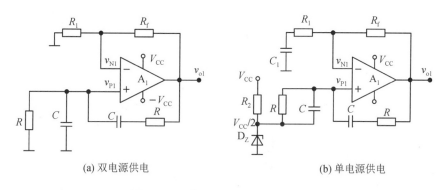

(a) 双电源供电　　　　　　　　　　(b) 单电源供电

图 5.8.1　典型 RC 正弦波振荡电路

单电源供电的 RC 正弦波振荡电路中，稳压管 D_Z 和电阻 R_2 构成的基准电压电路，通过并联的 R、C 为运放同相输入端提供 $\frac{1}{2}V_{CC}$ 的偏置电压。但运放的同相输入端同时也是选频信号的输入位置，因此 D_Z 和 R_2 必然会对振荡频率产生影响。对于单一频率的振荡电路，勉强可以通过调试选频网络中电阻等器件的参数进行校正，但对于多个振荡频率的电路，单电源供电显然就不合适了。因此，还需要使用负电源产生电路，将 9 V 电压转化为 -9 V，双电源同时为运放供电。另外，理论上双电源供电的运放，输出信号幅度能接近电源电压，但运放本身的驱动能力很有限，通用型运放输出电流一般在 100 mA 以内（短路电流），无法产生足够的输出功率来驱动扬声器发声，所以还需要使用功率放大电路来产生足够高的输出功率。最终，本项目的系统框图如图 5.8.2 所示。

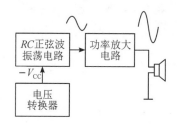

图 5.8.2　简易电子琴系统框图

根据系统框图，按模块分别选择典型电路结构就可构成完整的原理图，如图 5.8.3 所示。其中：ICL7660 模块构成负电源产生电路。ICL7660 是一款小功率、低压直流电源变换器，也称为 DC/DC 转换器或电压反向芯片，通常有转换器和分压器两种应用方式。图中所示即为典型的转换器应用方式，当它接入简单的外围器件就可以将＋(3.5～10) V 电压转换为对应的负电压输出。D_3 为防反接二极管，C_4 为负电源去耦电容。

核心振荡器部分采用双电源供电的 RC 正弦波振荡电路，二极管 D_1、D_2 用于稳幅，R、C 及 R_2 构成正反馈/选频网络，开关 $S_1 \sim S_8$ 控制选频网络并联部分所接入的具体 R_2 值。当电路满足起振和平衡条件后，就可以输出特定频率的正弦信号。产生的单音频正弦信号经过 R_3、R_P 适当衰减后，通过 C_1 耦合至 LM386 音频功率放大器的输入端。

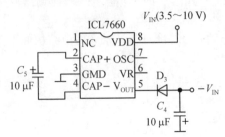

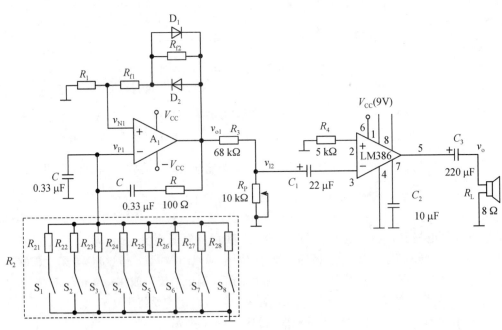

图 5.8.3　电子琴原理电路图

LM386 本质上是一个单电源供电的 OTL 电路，其输出端静态电位为芯片自动偏置到 $\frac{1}{2}V_{CC}$ 位置，因此理论上输出交流信号的幅度能接近 $\frac{1}{2}V_{CC}$（考虑到电源衰落及内部压降等因素后，实际中的输出要比理论值低 $1 \sim 2$ V），可以用来驱动 1 W 左右的扬声器发声。LM386 功放的增益主要取决于"1""8"引脚所接的器件，可在 $20 \sim 200$ 范围内调节。考虑本项目采用 9 V 电源供电，对功放部分增益的要求并不高（电源电压有限，功率放大效果有限），因此采用图中"1""8"引脚开路的方式，此时对应的电压增益为 20。为了防止输出端直流对扬声器产生冲击，输出端使用了较大的电容 C_3。此外，考虑本项目对音质的要求不是很高，因此输出端省略了用于匹配的 RC 串联结构（可参考 LM386 器件手册）。

二、原理分析

理论上 RC 正弦波振荡电路的原理比较简单：同相电压放大器和 RC 选频反馈网络构成的经典结构中，当满足起振条件(环路增益相位与模值分别满足：$\varphi_{AF}=2n\pi$，$|AF|>1$)时，初始电扰动经过放大和选频不断得到加强，初步实现单一频率信号的增幅振荡；当振荡信号幅度增大至一定程度时，二极管 D_1 或 D_2 导通，稳幅环节开始发挥作用，使得环路增益的模值下降为 1，满足平衡条件($\varphi_{AF}=2n\pi$，$|AF|=1$)，从而实现等幅振荡，输出幅度恒定的单音频正弦信号。实际 RC 振荡电路参数设计方法，虽然也延续了理论分析的思路，但具体过程要更复杂一些。除根据图中"非典型"的 RC 选频网络确定振荡频率外，还涉及 R_{f1}、R_{f2}、R_1 选择、输出幅值大小、起振快慢等因素的综合考虑。这些因素，在理论教材中往往很少提及，而在工程实际中又是必不可少的实践指导依据，因此下面将进行较为详细的推导和阐述。为了分析过程更加简便，可将振荡器部分简化为图

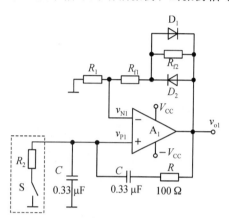

图 5.8.4　振荡器部分简化电路图

5.8.4 所示的形式，其中的 R_2 和 S 就代表了按下开关接入 $R_{21}\sim R_{28}$ 任何一个电阻的情况。

1. 选频网络参数设计

RC 选频网络的特性决定了电路的振荡频率，其特性体现在反馈系数上。反馈系数 F 指 R_2C 并联部分的电压与串并联网络总电压的比值，由此可推导出 F 的表达式：

$$F=\cfrac{1}{2+\cfrac{R}{R_2}+\sqrt{\cfrac{R}{R_2}}\,\mathrm{j}\left(\cfrac{\omega}{\omega_0}-\cfrac{\omega_0}{\omega}\right)}$$

其中 $\omega_0=\dfrac{1}{C\sqrt{RR_2}}$。进一步，可以写出反馈系数模值的表达式：

$$|F|=\cfrac{1}{\sqrt{\left(2+\cfrac{R}{R_2}\right)^2+\left[\sqrt{\cfrac{R}{R_2}}\left(\cfrac{\omega}{\omega_0}-\cfrac{\omega_0}{\omega}\right)\right]^2}}$$

当 $\omega=\omega_0$ 时，反馈系数的相位 $\varphi_F=0$，反馈系数的模值最大，即

$$|F|_{\max}=\cfrac{1}{2+\cfrac{R}{R_2}}\approx\cfrac{1}{2}(R_2\gg R)$$

选频网络参数设计时，需要让 ω_0 刚好等于 C 调 8 个基本音阶对应的角频率。通过对 ω_0 表达式进行变形可得

$$R_2=\cfrac{1}{4\pi^2C^2Rf^2}$$

取 $C=0.33\ \mu\mathrm{F}$，$R=100\ \Omega$，再结合 C 调 8 个基本音阶对应具体频率，就可以计算出电阻 R_2 的值(即原理图中 $R_{21}\sim R_{28}$ 的值)，如表 5.8.1 所示。

表 5.8.1 选频网络参数计算值

音阶(C 调)	频率 f/Hz	对应电阻	阻值/kΩ
1	262	R_{21}	8.504
2	294	R_{22}	9.532
3	330	R_{23}	12.015
4	349	R_{24}	15.138
5	392	R_{25}	19.098
6	440	R_{26}	21.360
7	494	R_{27}	26.912
$\dot{1}$	523	R_{28}	33.887

2. 反馈电阻参数设计

由之前分析可知，因选频网络结构不同，$|F|_{max}$ 并不是理论教材中的 $\frac{1}{3}$，而是 $\frac{1}{2}$。因此，满足起振条件和平衡条件时，同相电压放大器需要满足的增益要求也不相同。起振时，$A = 1 + \dfrac{R_{f1} + R_{f2}}{R_1} > 2$，故

$$R_{f1} + R_{f2} > R_1$$

稳幅时，D1 或 D2 导通，此时若输出信号的幅度用 V_{om} 表示，则运放同相端和反相端的电位均为 $\frac{1}{2} V_{om}$。假设 D_1 或 D_2 上压降始终为 0.7 V，因流过 R_1 的电流幅度为 $\frac{1}{2} V_{om}/R_1$，故 R_{f1} 与 R_{f2} 上的电压可表示为

$$\frac{1}{2} V_{om} = 0.7 + \frac{\frac{1}{2} V_{om}}{R_1} R_{f1}$$

对上式进行整理可得

$$V_{om} = \frac{2R_1 \times 0.7}{R_1 - R_{f1}}$$

由此可知：RC 正弦波振荡器输出信号的幅度大小取决于 R_1、R_{f1} 等器件的值，显然 $R_1 > R_{f1}$。进一步，综合起振时 $R_{f1} + R_{f2} > R_1$ 的条件，可得出这几个电阻选择时需要满足的基本条件为

$$R_1 - R_{f2} < R_{f1} < R_1$$

从以上分析可以得出三条重要结论：

第一，在 R_1 确定的情况下，R_{f1} 越接近 R_1，电路起振越快，输出信号的幅度 V_{om} 越大，但也意味着输出信号很容易被限幅，大信号时波形的失真也将更严重；R_{f1} 越接近 $R_1 - R_{f2}$，电路起振越慢，V_{om} 越小，但波形相对较好。

第二，R_{f2} 的阻值不能过小或过大，R_{f2} 过小就意味着为了满足起振条时，R_{f1} 更接近 $R_1 - R_{f2}$，输出容易受限；R_{f2} 过大将导致 R_{f1} 取值范围减小，输出无法达到理想幅度。

第三，振荡器输出幅值、起振快慢、波形失真等指标之间往往是矛盾制约关系，器件参数的设计和选择不是盲目的，需要在平衡这些因素过程中进行折中。鉴于此，可初步选择

标称电阻确定 R_1、R_{f2}，比如 $R_1=9.1\ \text{k}\Omega$，$R_{f2}=3.3\ \text{k}\Omega$。经过理论计算可确定 R_{f1} 的范围，即 $5.4\ \text{k}\Omega<R_{f1}<9.1\ \text{k}\Omega$。以此为基础进行仿真验证，才能确定出较为合理的器件参数。需要说明的是，虽然可以通过理论计算得出 V_{om} 的范围，根据设计预期更"精确"地确定 R_{f1} 阻值，但公式的得出毕竟基于很多"理想化"条件，因此在理论分析的大致范围内，用仿真的方法确定阻值更加高效。

三、仿真验证

1. 振荡与稳幅过程的仿真

按照原理图和初步设计参数搭建振荡器部分仿真电路后，应首先对振荡电路进行仿真，确定出合适的 R_{f1} 阻值。图 5.8.5 给出不同 R_{f1} 时的示波器显示的输出波形。从中可以看出，R_{f1} 较大时起振快，输出幅度大，波形相对较差；R_{f1} 较小时波形相对较好，但起振相对较慢且输出幅度小。这里经过权衡，取 $R_{f1}=6.8\ \text{k}\Omega$。

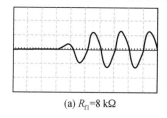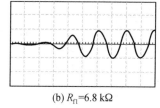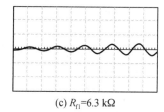

(a) $R_{f1}=8\ \text{k}\Omega$　　　　　　(b) $R_{f1}=6.8\ \text{k}\Omega$　　　　　　(c) $R_{f1}=6.3\ \text{k}\Omega$

图 5.8.5　振荡器仿真波形

2. 振荡频率的调节仿真

在实现起振和稳幅的基础上，可在运放的输出端接频率计和示波器，观察输出波形和具体频率。闭合选频网络中对应的开关，分别选择 $R_{21}\sim R_{28}$ 的阻值，使输出信号的频率等于 C 调 8 个基本音阶对应的频率，最终确定的阻值如表 5.8.2 所示。需要说明的是：RC 振荡器输出正弦信号并不是特别"理想"，一是因为 RC 选频网络的特性较差，对于 ω_0 频率分量的"选择性"不够强烈；二是电路采用二极管稳幅，二极管导通后，两端电压会随着信号的幅度而变化，这导致开始进入稳幅后，原本应该恒定不变的放大器增益，会随着信号的幅度呈现一定的非线性变化。在输出信号幅度较小时，这种非线性变化对输出波形的影响相对要小一些，输出波形会好一些，这也是实际中不追求较大输出幅值的重要原因。

表 5.8.2　选频网络参数仿真值

音阶（C 调）	频率 f/Hz	对应电阻	阻值/$\text{k}\Omega$
1	262	R_{21}	8.04
2	294	R_{22}	8.95
3	330	R_{23}	11.2
4	349	R_{24}	13.8
5	392	R_{25}	17.1
6	440	R_{26}	18.9
7	494	R_{27}	23.3
$\dot{1}$	523	R_{28}	28.5

3. 整体电路功能的仿真

整体仿真电路如图 5.8.6 所示。仿真的主要目的除验证后续 LM386 功放电路功能外，还要确定振荡器输出端电阻 R_3 的阻值和电位器 R_P 的调节范围。

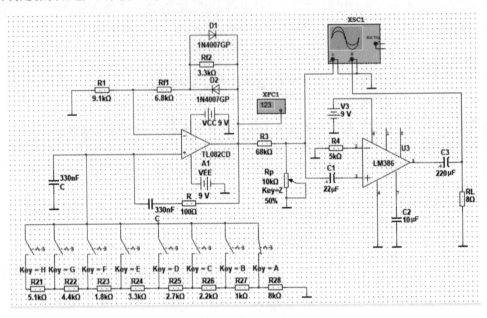

图 5.8.6　电子琴仿真电路

理论上本项目中 LM386 功放电压增益为 20，考虑 9 V 电源供电时输出信号的幅度最大能达到 2.5～3 V，因此输入信号幅度应控制在 200 mV 以内。结合振荡器的输出信号幅度，就可以利用简单的分压关系确定 R_3 与 R_P 的值。在此基础上调节 R_P 观察功放输出波形的变化，仿真波形如图 5.8.7 所示。

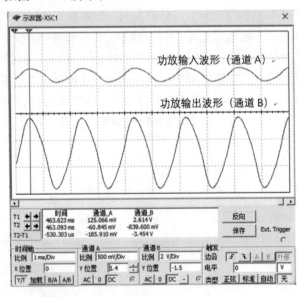

图 5.8.7　功放输出波形仿真结果

四、调试实现

在完成仿真验证之后，就可以选择合适的器件进行焊接和调试了。器件选择时，运放可选用 LM358、TL084 等常见通用型运放，二极管选择小功率整流管即可，如 1N4001、1N4007 等，不建议用 1N4148 等开关管，因为其在大信号作用下两端电压相对变化范围更大，振荡器输出波形会变差。电阻以标称电阻为主，$R_{21} \sim R_{28}$ 应选择精密电位器，但考虑具体阻值和频率微调的需要，可选用"固定电阻＋电位器"的方式替换单纯的电位器，比如：采用 10 kΩ 固定电阻和 10 kΩ 精密电位器串联的方式实现 17.1 kΩ 的电阻。R_P 主要用于控制功放电路的输入，最终调节输出声音的大小，一般采用可粗调的电位器。

在调试的过程中依然采用分模块调试的方法，比如：先调试负电源产生电路功能，再利用其和 9 V 电源为振荡器供电，调试振荡器功能；最后，再接入 LM386 功放电路的输入，试听扬声器声音，完成整个电路功能的调试。需要注意以下几方面：第一，设计电路即便经过了仿真验证，实际中受到焊接工艺、电源衰落、器件布局等因素的影响，部分器件参数可能还需要微调；第二，应先调试整个电路功能，再进行振荡频率的细调；第三，在进行系统联调时，应先将 R_P 调大，防止功放电路的输入过大引起输出失真；第四、功放电路在工作时可能会微微发烫，这属于正常现象，做好散热措施即可。最终经过调试的完整实物如图 5.8.8 所示。

图 5.8.8　简易电子琴实物照片

五、功能拓展

本项目除参数设计部分略有难度之外，整个电路结构简单，调试过程也比较简单，但也存在较大的改进拓展空间，主要集中在以下方面：

一是音阶范围的扩展。本项目实现的仅仅是 C 调 8 个基本音阶，离"电子琴"的音阶范围还有很大差距，可尝试适当进行扩展。扩展并不意味着需要照此结构多做几组。根据乐理知识，一组音节中高音"1"的频率正好是中音"1"频率的两倍。也就是说，如果要整体升高或降低一个调号，对应的频率只需要翻倍或减半即可。根据 RC 振荡器 ω_0 的表达式，在

不改变 $R_{21} \sim R_{28}$ 的情况下，R 的值只需要变为原来的四分之一或四倍即可，这一功能完全可以利用开关切换的方式来实现。

二是和弦功能的实现。本项目每次按动一个按键，发出一个单音频声音，不能同时按下几个按键。如果要实现同时按下几个按键产生和弦声音，可以考虑利用多个振荡器及加法器的实现方式。虽然增加了加法器，但振荡器本身将更加简单。

三是辅助功能的完善。比如：整合直流稳压电源以提高电源的稳定性；提高功放供电、提高功放增益、增加匹配电路，以此驱动较大功率的扬声器；丰富输入、输出方式，通过增加外界音频的方式实现"混音"功能；等等。

虽然，本项目距离商品级的"电子琴"还有较大差距，但是随着加法电路、滤波电路、功放电路、电源电路等功能模块的加入，一个越来越丰富的电子系统将逐渐呈现眼前，它在理论知识综合与创新思维培养方面的作用也将愈加明显。

5.9　混音放大器

一、电路结构

本项目属于难度较高的"运放与音频功放综合应用类"实验项目，侧重原理的深化和功能的调试。本项目设计目标是：设计一款 9 V 电源供电的多路音频放大电路。该电路对于麦克风输入和线路输入的两路音频信号，能进行混音放大，并至少驱动 2 W、8 Ω 扬声器发出声音，以此来模拟实际中的调音台。要求对麦克风输入音频信号至少能提供 46 dB 的增益，同时具有两路输入音频增益独立调节和输出声音整体调节功能。基本实现思路是：用运放构成的反相加法电路作为前级混音放大电路，用 LM386 构成功率放大电路，用于提升输出功率，驱动扬声器发声，其系统框图如图 5.9.1 所示。

图 5.9.1　混音放大器系统框图

虽然该项目实现思路比较明确，但电路拓扑的选择需要先根据设计指标进行参数的估算，然后才能确定。第一，对于小型驻极体麦克风，其输出的音频信号通常只有 10 mV 左右，因此反相加法电路还需要为其提供足够的增益；而对于线路输入的音频信号，其幅度相对较大，比如主板标准音频输出一般是 10 kΩ 输出阻抗，2.4 V 的幅度。这意味着反相加法电路对线路输入音频更多是给予"衰减"，因此两路信号的增益调节方式不能采用统一的形式。第二，对于 9 V 单电源供电的 LM386 功率放大电路，若采用图 5.9.2 所示的典型结构（即"1""8"脚开路时），可为信号提供 26 dB 的增益（对输入信号放大 20

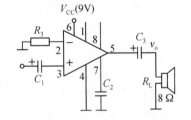

图 5.9.2　LM386 功放电路典型结构

倍），因此反相加法电路对麦克风输入音频至少需要提供 20 dB 的增益（放大 10 倍）。第三，典型单电源 LM386 功率放大电路本质上是一个 OTL 电路，理论上输出交流信号的幅度最大等于电源电压的一半，考虑到电源衰落、器件内部饱和压降等因素的影响，这个幅度还要更小一些，一般会比 $\dfrac{1}{2}V_{CC}$ 低 1～2 V。以 9 V 供电电源为例，输出信号幅度 V_{om} 最大为 4 V（实际中往往也达不到），根据输出功率的计算公式 $P_{om} = \dfrac{V_{om}^2}{2R_L}$ 可粗略估算出，最大输出功率仅为 1 W（还是在理想化情况下），这显然无法满足实际要求，因此需要使用推挽结构的 LM386 功率放大电路。

混音放大器的完整电路如图 5.9.3 所示。其中：A_1、$R_1 \sim R_5$、$C_1 \sim C_3$、$R_{P1} \sim R_{P3}$ 等器件构成反相加法电路，R_{P1} 用于 MIC 输入信号 v_{MIC} 的增益调节，R_{P2} 用于线路输入信号 v_{Line} 的增益调节，R_{P3} 用于后续功放电路输入信号大小的调节（可调节整体的输出音量）。A_2、A_3 部分是两个 LM386 芯片构成的功率放大电路，它们接成推挽式结构，输入信号分别加在两个 LM386 的同相端和反相端，负载跨接在两个功放的输出端之间。整个电路采用 9 V 单电源供电，电容 C_6 为电源去耦电容。C_1、C_2、C_4 为输入与输出耦合电容。C_3 为频率补偿电容，用于防止反相放大器产生自激振荡。

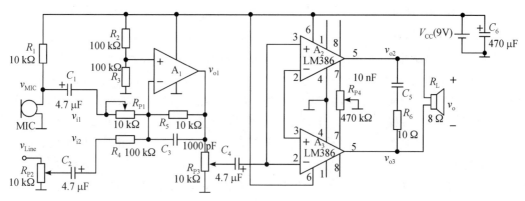

图 5.9.3　混音放大器完整电路原理图

二、原理分析

1. 反相加法电路

小型驻极体麦克风 MIC 与电阻 R_1 串联的结构为声音-电压转换电路，当 MIC 拾取到声音信号时，两端电压会在原来静态偏置的基础上产生微小的变化，这种变化经电容 C_1 耦合至反相加法电路的一端，作为输入 v_{i1}。另一路输入信号 v_{i2} 则来自电位器 R_{P2} 对线路输入音频 v_{Line} 的衰减，因此反相加法电路的核心部分可以简化为图 5.9.4 所示的结构。需要说明的是，v_{i2} 并不是 R_{P2} 对 v_{Line} 的简单分压，因为运放反相端交流"虚地"，R_{P2} 滑动端到地的电阻应该还包括并联的 R_4。但因为 $R_{P2} \ll R_4$，因此 v_{i2} 可近似看作 R_{P2} 对 v_{Line} 的分压，调节 R_{P2} 滑动端位置可改变 v_{i2} 的大小。

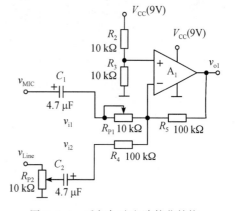

图 5.9.4　反相加法电路简化结构

对于反相加法电路，因为采用单电源供电，为了使得输出摆幅够大，输出端需要有 $\frac{1}{2}V_{CC}$ 的静态电位，所以采用 R_2、R_3 分压的结构，为运放同相输入端提供 $\frac{1}{2}V_{CC}$ 的静态电位。根据运放的"虚短、虚断"可知，静态时反相输入端和输出端电位均为 $\frac{1}{2}V_{CC}$。对于两路交流信号，可根据运算电路的分析方法得出具体运算关系：

$$v_o = -\frac{R_5}{R_{P1}}v_{i1} - \frac{R_5}{R_4}v_{i2}$$

上式中的 v_o 是指纯粹的输出交流分量，也就是图中 v_{o1} 中的变化成分。根据图中参数计算得知：该电路最少可对 v_{i1} 放大 10 倍，且增益的大小可通过 R_{P1} 调节，R_{P1} 越小，增益越大；v_{i2} 虽然没有放大，但因为 v_{i2} 本身源于对 v_{Line} 的衰减，因此可以认为调节 R_{P2} 实际上就是在调整线路输入音频信号的增益。两路音频信号经过反相加法电路，得到大约几百毫伏的输出。考虑后续功率放大电路存在最大不失真输入范围，因此需要通过 R_{P3} 的适当衰减，反相加法电路的输出信号才能作为后续功率放大电路的输入信号。

2. 推挽式功率放大电路

推挽式功率放大电路如图 5.9.5 所示，其中并联在负载两端的 C_5、R_6 主要用于负载匹配和防止功放电路自激，其参数主要源于器件参数手册。经过衰减之后的混合音频信号，经过电容 C_4 耦合至功放的输入端，成为功放的输入信号 v_i。两个 LM386 信号的输入位置恰好相反，一个在同相输入端，一个在反相输入端。这意味着，A_2 输出端的交流信号 v_{o2} 与 v_i 同相，A_3 输出端的交流信号 v_{o3} 与 v_i 反相，v_{o2} 与 v_{o3} 必然大小相等、极性相反，因此负载两端交流电压 $v_{o3} = v_{o2} - v_{o3} = 20v_i - (-20v_i) = 40\ v_i$。由此可见，在不额外使用增益调整元件的基础上，推挽式结构的输出电压可以是图 5.9.2 所示典型结构的 2 倍，理论上最大输出功率将是图 5.9.2 所示典型结构的 4 倍。由图 5.9.5 可近似估算：单个 LM386 输出对地交流信号的幅度为 3 V 时（对地），负载上得到的信号的最大幅值 $V_{om} = 6$ V 时，最大输出功率 $P_{om} = 2.25$ W。与此同时，也可以估算出输入电压 v_i 的最大幅度，即 $V_{om} = 6$ V$/40 = 150$ mV。

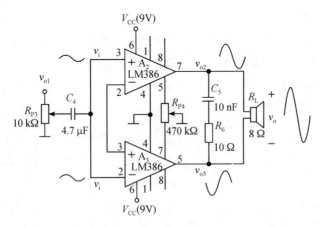

图 5.9.5 推挽式功率放大电路

需要额外说明的是：单电源供电的 LM386，输出端静态电位被芯片自动偏置到 $\frac{1}{2}V_{CC}$

位置，也就是 A_2、A_3 输出端的交流信号 v_{o2} 与 v_{o3} 是叠加在 $\frac{1}{2}V_{CC}$ 之上的。如果两个

LM386 的输出端电位存在差异，则负载上将出现直流分量，对扬声器产生直流冲击，从而产生明显的直流噪声。鉴于此，需要通过静态平衡电位器 R_{P4} 将两者的输出端静态电位调为一致。

三、仿真验证

混音放大器整体仿真电路如图 5.9.6 所示。仿真的主要目的除验证整体电路功能外，还要确定各个电位器的调节范围，便于指导调试实现。通常音频信号的频率范围为 $300 \sim 3400$ Hz，仿真过程中，可以用两个函数发生器产生的两路正弦信号来模拟麦克风输入和线路输入的音频信号，比如 10 mV、1.5 kHz 的"麦克风输入"音频，1 V、900 Hz 的"线路输入"音频。

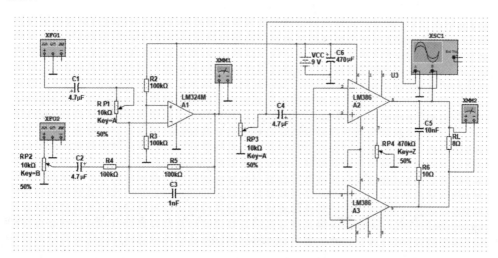

图 5.9.6　混音放大器仿真电路

具体仿真过程如下：

首先在零输入时，用三用表测量运放和 LM386 的输出电位，微调 R_{P4} 使负载上的静态电压近似为 0 V。

然后，加入两路输入信号，调节 R_{P2} 使线路输入信号的幅度衰减至 150 mV 以内，用示波器观察反相加法电路的输入、输出波形。在此基础上，调节 R_{P1} 与 R_{P2}，观察示波器波形，验证混音放大功能。

最后，在保证反相加法电路输出在 150 mV 左右时，通过调节 R_{P2} 的值，观察功放电路的输出波形，验证音量调节功能。具体波形如图 5.9.7 所示。

通过仿真过程可知：电路混音和功率放大功能均可以实现，在负载上信号幅度小于 6 V时，能够保证无失真放大。对于"麦克风输入"音频信号，整个电路的增益能达到 52 dB。要使得音量调节功能比较明显，R_{P3} 对反相加法电路的输出信号的衰减要较大，因此 R_{P3} 实

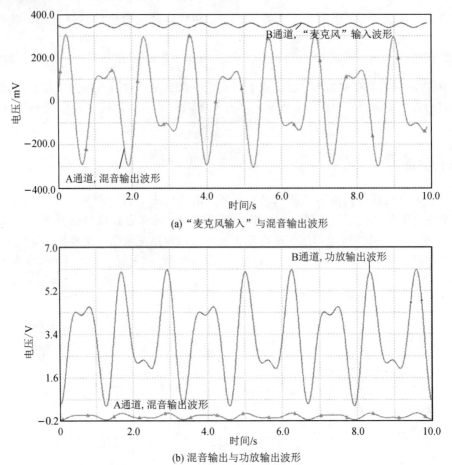

(a)"麦克风输入"与混音输出波形

(b)混音输出与功放输出波形

图 5.9.7　混音放大器仿真电路

际的可调节范围有限,可以考虑将其改为一个小电位器与固定电阻串联的结构,确保电位器调整至最大或最小位置时,输出不会出现失真现象。R_{P2} 对线路输入信号也是一种衰减,需要将 1 V 以上的线路输入信号衰减到 100 mV 左右,因此他也可以采用类似的结构(比如 10 kΩ 固定电阻与 1 kΩ 电位器的串联)。

四、调试实现

仿真验证之后就可以选择合适的器件进行焊接调试了。其中集成运放选用 TL082、OP07、LM324 等通用型集成运放均可,$R_{P1} \sim R_{P4}$ 选择精密电位器,其他电阻选择相应阻值的标称电阻即可。总体调试的过程与仿真的过程类似,鉴于输入信号是两路音频,调试时可以分别调试。具体过程如下:

首先,在确保电路连接关系准确无误的情况下,调节 R_{P4} 将扬声器上的静态电压调为 0 V,此时扬声器直流噪声明显减弱。

其次,调节 R_{P3} 至较小位置(对混音放大衰减较大),仅接入"线路输入"音频,调节 R_{P2} 将其衰减到原来的十分之一以内,此时扬声器上应该能听到微弱的声音。

然后,调试麦克风输入语音信号,调节 R_{P1} 至最大位置(对应增益最小),确定扬声器上有经过放大的语音后，再调节 R_{P1} 至合适位置。需要注意的是，R_{P1} 不能调至太小（混音放大增益不能太大），否则极易引起功放输出失真。若调试过程中发现，扬声器发出的声音始终过小，应适当调节 R_{P3} 而非一味调小 R_{P1}。

最后，同时接入两路信号，对整体混音效果进行调试。

调试过程中存在的典型问题包括：推挽式功率放大电路连接错误或输出未调零，导致扬声器始终存在较大的直流噪声；功率放大电路端电位器调节不当，导致功率放大电路输出出现严重失真；反相加法电路偏置错误或线路输入音频衰减不够导致运放始终处于饱和状态；等等。对于存在问题，可对照电路原理和仿真验证部分，测量相关节点电位后分析原因，逐项进行排查。

五、功能拓展

本项目可实现两路音频信号的混音放大，合理确定电位器的调节范围可实现类似调音台的功能。在此基础上，可以考虑进一步的功能拓展和改进完善。一是考虑增加更多路输入，因为实际调音台处理的信号往往是来自主唱、伴唱、伴奏、特效的多路音频信号，不同的音频信号幅度不同，对增益的要求也不同，用单运放反相加法电路的结构可能难以兼顾，这时可考虑使用多级的方式进行实现。二是考虑进一步改善音质。可在混音放大之后增加运放构成的有源带通滤波器，滤除电路引入的各种低频/高频干扰，甚至利用不同的滤波特性来实现更具创意的"变声"效果。三是考虑增加辅助功能。比如：将小功率直流稳压电源模块进行集成，以此来减少电源衰落，使输出更加稳定；或者尝试和"简易电子琴"电路进行集成，以此来实现"弹""唱"一体的功能。这些改进和拓展，或许离真正的调音台等成熟电子产品还有很大差距，但读音一定能在实践的过程中深化对模拟电子技术的理解，在探索的过程中激发创新思维。

5.10　多功能运动计数器

一、电路结构

本项目属于难度较高的"数模混合类"实验项目，适合多人协作完成，侧重电路功能的调试和实现。本项目设计目标是：设计一款多功能计数器，使它能对俯卧撑、引体向上等体育运动次数进行计数，能根据运动项目对计数器的反应距离进行调节，同时还具有定时/不定时计数功能。通过对设计目标进行剖析可知，该项目实质上要实现的功能是，人体运动过程中合适的距离触发传感器，进而产生一个计数脉冲，利用数字电路中相应的模块对其进行计数即可。本项目的核心显然是计数脉冲的产生部分。具体实现思路是：以红外发光和接收二极管为传感器，利用红外发射电路驱动二极管发射特定频率的红外脉冲，该红外脉冲经反射后被红外接收与放大电路捕获，经过放大、整流、滤波后转变为特定幅度的直流电平，电平高低与反射距离成正比，由此将距离转换为电信号；然后将代表距离的电信号同电压比较器的门限电压进行比较，从而产生计数脉冲；最后利用数字电路中的计数、译码及显示电路将运动次数显示出来。本项目的初步系统框图如图 5.10.1 所示。

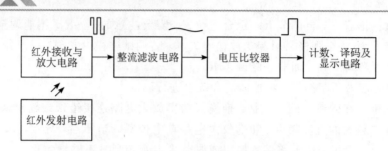

图 5.10.1　多功能运动计数器初步系统框图

处理具备上述分析中的典型模块外，系统设计过程中还需要紧贴应用背景，具体包括以下三点：

第一，比较器的类型选择。以俯卧撑计数为例，当胸口距地面达到临界距离（如20 cm）时，代表距离的电信号超过比较器的门限电压，比较器输出发生一次跳变，这可简单理解为产生一个可以进行计数的脉冲。但实际中人体始终处于运动状态，在临界距离时代表距离的电信号是会发生波动的，因此可能存在反复跨越门限的现象，单门限电压比较器极易产生错误跳变，进而出现错误计数脉冲。另外，俯卧撑一次完整的运动过程中，身体距地面有最远和最近两个状态，如果只设立一个最小距离，容易产生"投机"行为（比如故意只在临界距离附近进行小幅度屈臂），因此比较器应该使用具有上下两个门限，具有一定抗干扰能力的迟滞比较器。

第二，计数脉冲的产生。通常计数器芯片在工作时有上升沿触发和下降沿触发两种模式，无论哪一种模式都希望计数脉冲高低电平跳变的过渡过程比较"陡峭"，考虑运放构成迟滞比较器的输出摆率、计数器要求的计数模式等因素，迟滞比较器的输出并不适合直接作为计数脉冲使用，因此还需要增加波形整形电路，将迟滞比较器输出转化为较为理想的计数脉冲。

第三，定时计数功能的实现。实际中，为了能对类似"一分钟俯卧撑，一分钟引体向上、一分钟仰卧起坐"等运动进行计数，本项目还需要具备定时计数功能，因此系统中还应该包含门控信号产生电路，通过调节门控信号的时长，来控制计数、译码及显示电路工作的时间。

本项目完整的系统框图如图 5.10.2 所示。

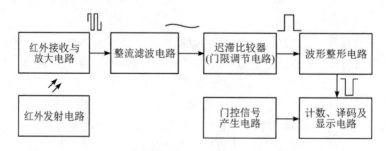

图 5.10.2　多功能运动计数器完整系统框图

将系统框图中的单元模块替换为具体实现电路，可以得到完整的系统原理图，如图 5.10.3 所示。其中，U_1、$R_1 \sim R_3$、C_1、C_2 等器件构成红外发射电路，其本质一个 555 计时器构成的多谐振荡器，驱动红外发射管 D_T 发射红外脉冲。A_1、$R_4 \sim R_8$、R_{P1}、C_3、C_4 等器

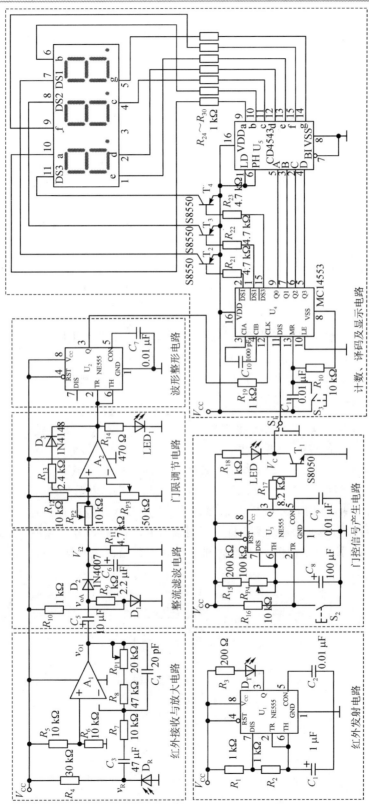

图 5.10.3 多功能运动计数器原理图

件构成红外接收与放大电路，其本质一个增益可调的反相电压放大器，对红外接收二极管 D_R 接收到的反射脉冲信号进行放大，放大后的交流信号经 C_5 耦合至整流滤波电路的输入端。$R_9 \sim R_{11}$、D_1、D_2、C_5、C_6 等器件构成整流滤波电路，其本质是一个半波整流及电容滤波电路，可将放大后的交流信号转变为直流电平，直流电平的大小取决于输入交流信号的幅度，与接收到的红外信号强度成正比。红外信号反射距离越近，该直流电平越大。A_2、$R_{12} \sim R_{14}$、R_{P2}、R_{P3}、D_3 等器件构成门限调节电路，其本质是一个同相型迟滞比较器，通过调节 R_{P2}、R_{P3} 实现门限调节，对应于实际中能对红外反射距离做出"反应"的两个极限。U_2、C_7 构成波形整形电路，其本质是一个 555 计时器构成的施密特触发器，用于将比较器的输出转换为所需要的计数脉冲。U_3、$R_{15} \sim R_{18}$、C_8、C_9、R_{P4}、T_1 等器件构成门控信号产生电路，其本质是一个"单稳态触发器＋反相器"的结构，555 计时器构成的单稳态触发器输出高电平，该电平经过三极管反相器的反相后变为低电平，以此控制后续计数器芯片的工作时长。调节 R_{P4} 可改变 T_1 集电极低电平的持续时间。电路中计数器 MC14553 及译码器 CD4543 等构成计数、译码及显示电路。整个电路采用 9 V 单电源供电。

二、原理分析

该项目中，红外发射电路、红外接收与放大电路以及整流滤波电路均在之前项目（红外探测雷达）中进行过详细分析，只是参数略有不同，此处不再赘述，仅对其他单元模块的原理进行介绍。因其中的数字电路均采用了典型接法，因此仅对其原理进行概述。

1. 门限调节电路

门限调节电路如图 5.10.4 所示。该电路是一个单个门限独立可调的同相输入型迟滞比较器，其输入 V_{i2} 为经过放大、整流和滤波后的红外信号，可以认为其幅度大小就代表了反射距离的远近，距离越近幅度越大，反之亦然。迟滞比较器的上下两个门限 V_{T+} 和 V_{T-}（$V_{T+} > V_{T-}$），可以结合电路实际应用场景对其进行理解。以俯卧撑计数为例，当屈臂下撑至身体距离地面 20 cm 时，红外反射信号最强，V_{i2} 超越上门限 V_{T+}，A_2 输出高电平 V_{oH}；双臂上撑，身体与地面距离增大，红外反射信号减弱，V_{i2} 减小。虽然 V_{i2} 低于上门限 V_{T+}，但此时对应的门限是下门限，因此 A_2 的输出依然保持高电平 V_{oH}，直到 V_{i2} 低于下门

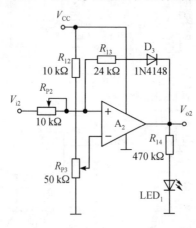

图 5.10.4　门限调节电路

限，身体距地面大于一定值（比如 40 cm）时，A_2 的输出才会跳变为低电平 V_{oL}，对应后续计数器计数一次。

根据图中电压比较器的结构，R_{P3} 与 R_{12} 构成的串联分压结构为 A_2 的反相端提供参考电位，即 $v_{N2}=V_{REF}$。A_2 的同相端电位 v_{P2} 由输入 V_{i2} 及输出 V_{o2} 共同决定。当 A_2 的输出为高电平 V_{oH} 时，二极管 D_3 的负极为高电位，因此 D_3 截止。此时，运放反相端电位 $v_{N2}=V_{REF}$，同相端电位 $v_{P2}=V_{i2}$，因此上门限 $V_{T+}=V_{REF}$，调节 R_{P2} 即可。上门限 V_{T+} 的大小，实际代表了最小反射距离的大小。当 A_2 的输出为低电平 V_{oL} 时，二极管 D_3 的负极为低电位，因此 D_3 导通。同相端电位 v_{P2} 可以看作 V_{i2} 与 V_{oL} 两个独立源共同作用的结果。将运放输入端"虚断"，根据"叠加原理"可写出 v_{P2} 的表达式：

$$v_{P2}=\frac{R_{13}}{R_{13}+R_{P2}}V_{i2}+\frac{R_{P2}}{R_{13}+R_{P2}}V_{oL}\quad(V_{o2}=V_{oL})$$

根据门限电压的定义，$v_N=v_P$ 时的 v_i 即为门限电压。因此令 $v_{P2}=V_{REF}$ 可得下门限的表达式：

$$V_{T-}=\left(1+\frac{R_{P2}}{R_{13}}\right)V_{REF}-\frac{R_{P2}}{R_{13}}V_{oL}\quad(V_{o2}=V_{oL})$$

对上式进行变形可得

$$V_{T-}=V_{REF}+\frac{R_{P2}}{R_{13}}(V_{REF}-V_{oL})\quad(V_{o2}=V_{oL})$$

显然，为了保证 $V_{T+}>V_{T-}$，需要 $V_{REF}<V_{oL}$。即该电路上门限的设定不能太高，以 TL082 为例，其 V_{oL} 大约为 1.5 V 左右，因此 V_{T+} 应设置为 1 V 左右。

2. 波形整形电路

波形整形电路如图 5.10.5(a) 所示。该电路实际是 555 计时器构成的施密特触发器，从模拟电子技术角度看，它就是一个迟滞比较器。其低电平触发端（TR 端）和高电平触发端（TH 端）接输入信号 V_i，当 V_i 由低电平（运放输出的低电平）变化为高电平，且 $V_i>\frac{2}{3}V_{CC}$ 时，555 计时器的输出才会由高电平 V_{oH}（接近电源电压）跳变为低电平 V_{oL}（接近 0 V）；当 V_i 由高电平（运放输出的高电平）变化为低电平，且 $V_i<\frac{1}{3}V_{CC}$ 时，555 计时器的输出才会由低电平 V_{oL} 跳变为高电平 V_{oH}，其电压传输特性如图 5.10.5(b) 所示。从功能角度看，波形整形电路似

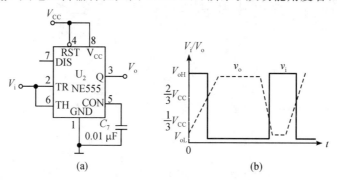

图 5.10.5　波形整形电路及其电压转移特性

乎只是对输入高低电平的变化进行了"反相"，实际上，运放输出的高低电平并不够"理想"，且变化也不够"陡峭"，直接充当后续电路的计数脉冲极易出现"错计"和"漏计"。555 计时器的输出高低电平更接近电源电压和 0 V，而且其构成的迟滞比较器（施密特触发器）的回差电压更高（$\Delta V_T = \frac{2}{3}V_{CC} - \frac{1}{3}V_{CC}$），因此具有更强的抗干扰能力，对 V_i 中包含的非理想因素具有更高的容忍能力，因此用作波形整形电路，为后续下降沿计数的芯片 MC14553 提供计数脉冲。对应到实际应用场合（仍以俯卧撑计数为例），屈臂下撑过程，V_i 为低电平，V_o 为高电平；屈臂下撑至最低点，V_i 变为高电平，V_o 跳变为低电平，产生用于计数的"下降沿"跳变；屈臂撑起过程，V_o 保持低电平，直至直臂状态时 V_i 变为低电平，V_o 跳变为高电平，为下一次跳变做准备。由此可见，增加波形整形电路后，计数的过程和运动的过程产生更好的关联关系。若只使用前级比较器（门限调节电路），则计数的"时机"是在完全直臂状态时才发生的，这其实也是设计波形整形电路的另一重要原因。

3. 门控信号产生电路

门控信号产生电路如图 5.10.6 所示。其中：555 计时器构成单稳态触发器，三极管 T_1 构成反相器。当闭合复位开关 S_2 后，555 计时器由稳态进入暂稳态，其输出"Q"端由低电平跳变为高电平，T_1 因基极电位由低变高而从原本的截止状态变为导通（饱和）状态，集电极电位 V_C 由高电位（电源电压）跳变为低电位（饱和管压降，一般 1 V 以下）。555 计时器的输出高电平持续一段时间后，电路再次进入稳态，Q 端跳变为低电平，T_1 截止，集电极电位 V_C 重新变为高电位。T_1 连接着后续计数器的使能端（DIS 端），当 DIS 端为低电平时，计数器正常工作。因此，闭合复位开关 S_2 后，555 计时器暂稳态的持续时间就代表了计数器的工作时间。

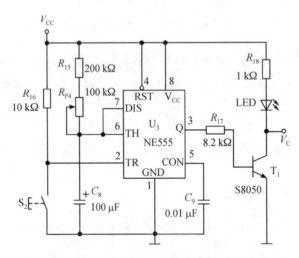

图 5.10.6 门控信号产生电路

555 计时器构成单稳态触发器的基本原理是：电路接通电源后，低触发端 TR 为高电位，V_{CC} 通过 R_{15}、R_{P4} 向电容 C_8 充电，电容上电压 v_{C_8} 达到 $\frac{2}{3}V_{CC}$ 时，内部的 RS 触发器复位，输出端（Q 端）输出低电平 V_{oL}，内部放电管导通，C_8 放电，电路进入稳态。按下开关

S_2 后，TR 端瞬间被拉至低电位，因其电位小于 $\frac{1}{3}V_{CC}$，输出跳转为高电平 V_{oH}，内部放电管截止，电路进入暂稳态。此时，C_8 再次被充电，充电过程中，输出保持高电平 V_{oH}，直至 v_{C_8} 达到 $\frac{2}{3}V_{CC}$ 时，输出跳变为低电平 V_{oL}，电路重新进入稳态，整个过程如图 5.10.7 所示。由此可见，电路保持暂稳态的时间 T_W 取决于电容 C_8 充电的时常数。T_W 可用"三要素法"求得（过程略去），具体如下式所示：

$$T_W = (R_{15} + R_{P4}) C_8 \ln \frac{V_{CC}}{V_{CC} - \frac{2}{3}V_{CC}}$$

$$= (R_{15} + R_{P4}) C_8 \ln 3$$

$$\approx 1.1 (R_{15} + R_{P4}) C_8$$

调节 R_{P4} 即可调节 T_W，进而控制"Q"端高电平持续时间和三极管集电极低电平持续时间。

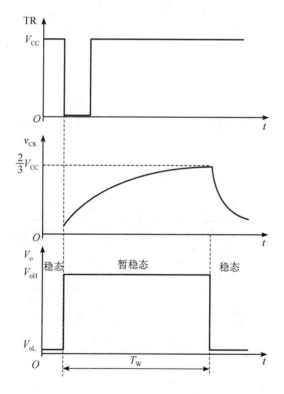

图 5.10.7　555 计时器构成单稳态触发器工作波形示意

4. 计数、译码及显示电路

计数、译码及显示电路如图 5.10.8 所示。其中：MC14553 是一款三位十进制计数芯片，当使能端（DIS）为低电平时，计数器采用下降沿触发的方式开始对时钟端（CLK）方波进行计数，计数结果以 BCD 码形式由 $Q_0 \sim Q_3$ 端输出。MC14553 的主要功能如表 5.10.1 所示。

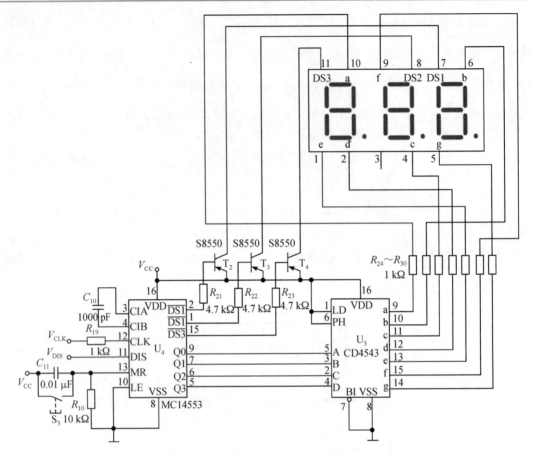

图 5.10.8 计数、译码及显示电路

表 5.10.1 MC14553 主要功能表

置零端(MR)	时钟端(CLK)	使能端(DIS)	测试端(LE)	输出
0	上升沿	0	0	不变
0	下降沿	0	0	计数
0	×	1	×	不变
0	1	上升沿	0	计数
0	1	下降沿	0	不变
0	0	×	×	不变
0	×	×	上升沿	锁存
0	×	×	1	锁存

需要说明的是，MC14553 采用动态扫描工作方式，它有三个分时同步控制信号端 DS1、DS2、DS3，为计数器的输出提供分时输出控制信号，低电平有效，如图 5.10.9 所示。三个 DS 端分别通过三个 PNP 管连接至三位数码管的片选端。当某位 DS 端为低电平时，对应三极管导通，其集电极变为高电位，三位数码管片选端为高电位，对应位的数码管选中并显示，具体显示内容由 $Q_0 \sim Q_3$ 输出 BCD 码经过译码器 CD4543 译码决定。这样，虽

然 MC14553 只有一组 BCD 码输出，但通过分时控制可以形成三位十进制计数，既节省译码器，又便于简化数字逻辑。简单地说：当 DS3 为低电平时，"个位"显示被选中，$Q_0 \sim Q_3$ 输出个位要显示的值，经译码器译码后驱动七段数码管显示；当 DS2 为低电平时，"十位"显示被选中，$Q_0 \sim Q_3$ 输出十位要显示的值；当 DS1 为低电平时，"百位"显示被选中。

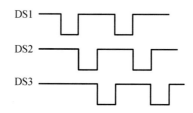

图 5.10.9   MC14553 分时同步控制信号示意图

三、仿真验证

在完成电路结构设计和原理分析之后，可以利用 Multisim 等软件搭建仿真电路，对电路功能进行验证，同时辅助进行器件的选择。本项目的关键是红外接收信号最终能否转化为合适的计数脉冲，因此重点对除数字电路外的其他部分进行仿真验证。

1. 门控信号产生电路

门控信号产生仿真电路如图 5.10.10 所示。开始仿真后，LED 不亮三极管 T_1 集电极电位等于电源电压；闭合开关"S2"后，555 计时器的输出跳为高电平，三极管 T_1 导通，集电极电位降低为 100 mV 左右，LED 点亮；断开"S2"，T_1 集电极保持低电平很长时间后才会跳变为高电平，LED 熄灭。

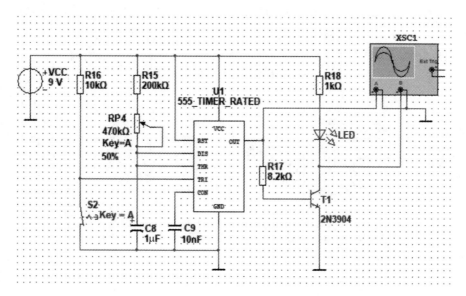

图 5.10.10   门控信号产生仿真电路

2. 红外发射与接收电路仿真

对于红外发射二极管与接收二极管传感器，仿真软件只能对其"通断"状态进行验证，无法对红外接收信号随距离变化的过程进行仿真，因此电路重点对红外发射-接收功能进行验证，具体电路如图 5.10.11(a)所示。闭合电源后，可观察到红外发射二极管和接收二极管闪动。用示波器观察 555 计时器的输出端电位和红外接收二极管两端电压，可得到图 5.10.11(b)所示仿真波形，进一步可测量得到矩形脉冲的周期约为 2.17 ms，频率约为 460 Hz。理论计算时 $T = T_1 + T_2 \approx 0.7(R_1 + 2R_2)C_1 = 2.1$ ms，两者一致。至此红外发射和接收电路功能得到验证。

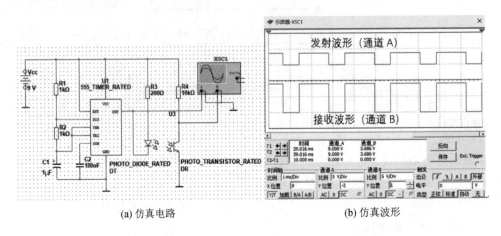

(a) 仿真电路　　　　　　　　　　　(b) 仿真波形

图 5.10.11　红外发射与接收部分仿真电路及波形

3. 主要模拟部分仿真

红外信号放大、整流滤波及门限调节电路等主要模拟部分仿真电路如图 5.10.12 所示。其中：输入端用函数发生器产生周期方波来模拟接收到的红外信号，其幅度可通过电位器调节，模拟不同距离条件下接收到的红外信号。与原理图略有区别的是，整流滤波中的二极管 D_1 直接用 LED2 替代，因其导通电压比普通整流管和开关管更大，整流滤波后的直流信号会更大一些。

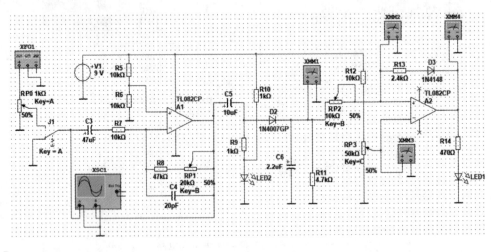

图 5.10.12　红外信号放大、整流滤波及门限调节等主要模拟部分仿真电路

具体仿真过程是：第一，在静态时测量运放输入端与输出端电位，了解其失调输出大

小；第二，通过"RP3"将比较器上门限调整至 1.2 V 左右（也可以更小一些），接入交流输入后用示波器观察放大过程，通过调节"RP1"验证增益调整功能，具体波形如图 5.10.13 所示；第三步，调节输入端电位器，使整流滤波后的直流信号大于迟滞比较器的上门限值，采用三用表可测得迟滞比较器输出端由低电平跳变为高电平，同时可观察到输出端"LED1"被点亮；第四步，通过开关将输入置零或通过电位器将输入信号幅度调小，观察整流滤波后的直流信号与"LED1"的变化情况。正常情况下，输入减小并略低于上门限时，迟滞比较器的输出并不会马上跳变，只有低于下门限时输出才跳变为高电平，具体现象就是"LED1"会延迟一段时间才熄灭。至此，主要模拟部分的功能得到验证。

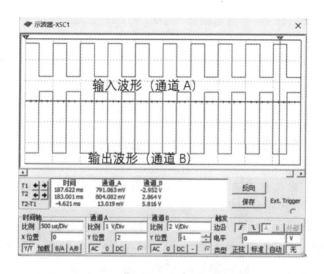

图 5.10.13　信号放大过程仿真波形

四、调试实现

1. 器件选择

本项目包含 A_1、A_2 两个集成运放，可选用一片包含双运放的 TL082 来实现，红外发射二极管 D_T 和接收二极管 D_R 选择波长 940 nm 的 IR333（发射管）与 PT334（接收管）；D_2 用于半波整流，可选用 1N4001、1N4007 等小功率整流管；D_3 一般选择小型高速开关管如 1N4148 等；D_1 主要用于电位提升，可选择常见的整流管或直接用 LED 替换；三极管 $T_1 \sim T_4$ 可选择实验室中常见的小功率三极管，如 NPN 管 S8050、2N3904，S1815，PNP 管 S8550、2N3905 等。其他器件及参数如原理图所示。

2. 布局焊接

在进行装配焊接之前，还需要根据芯片引脚分布进行合理的器件布局。整体可采用分模块布局的方式，器件尽量采用统一的横排（或竖排）竖装的方式，以减少导线使用，同时便于焊接和调试。红外发射和接收二极管应并排放置于板件的边缘部分，平齐且保持 1～2 cm 的间距。竖装时还需保持一定的高度，以此来减少其他器件对红外信号传播路径产生的干扰。电路中的开关和电位器应尽量置于板件的边缘或单元模块的边缘部分。因为电路整体结构比较复杂，焊接过程中应采用分模块焊接的方式，建议分色用线并尽量减少

"飞线"，单元电路中相距较近的元件尽量采用"锡接过线"的方式焊接。特别是数字电路部分，它们虽然结构典型，甚至不需要额外调试，但对良好的焊点接触、加电、接地等有较强的依赖性，因此焊接时需要格外注意。

3. 调试排障

完成相应焊接和连线检查后，就可以加电进行功能调试了。一般采用分模块调试的方法，在排查模块连线与焊接问题后进行功能测试，验证其功能，最后再进行系统联调。具体可参考如下步骤：

第一步，门控信号产生功能调试。按动复位开关 S_2 后测量 555 计时器的输出（3 脚）电位是否有高电平，三极管的集电极电位是否会由 9 V 跳变为接近 0 V，观察 LED 是否常亮一段时间；调节 R_{P4} 后，测试 LED 点亮的时间是否会有变化；

第二步，红外发射和接收功能调试。在遮挡和无遮挡时测量红外接收管负极电位是否有明显变化，正常时直流电压表会测到明显的电位变化。

第三步，主要模拟电路功能调试。可先调节 R_{P3} 使 TL082 的 6 脚（运放 A_2 反相端）电位略小于 1.5 V，即确定迟滞比较器的上门限；在近距离反射条件下测量 TL082 的 5 脚（运放 A_2 同相端）电位，适当调节 R_{P1} 使 5 脚电位明显高于反相端（正常情况下可达到 2.5 V 左右），此时若观察到 LED_1 点亮，即说明迟滞比较器输出为低电平，相应 U_2 的 3 脚（整形电路输出）为低电平。撤离遮挡物，测量并观察 TL082 的 5 脚电位的变化，适当调整 R_{P2}，使 5 脚电位明显低于 6 脚电位时，LED_1 熄灭。

第四步，数字电路部分功能调试。首先检查计数器分时控制与 LED 片选功能。在不加电时选择三用表的"二极管"挡，红表笔搭接 $T_2 \sim T_4$ 任一三极管的集电极，黑表笔依次点触译码器输出字段端，正常时数码管 a~g 相应字段将被点亮。然后在加电情况下，观察数码管是否被点亮，按下复位开关 S_3 后数码管显示能否清零。最后验证计数功能是否正常，将开关 S_1 置于接地（使计数器 DIS 端始终低电平），使用三用表"二极管"挡，黑表笔接地，红表白快速扫过 MC14553 的 11 及 12 引脚（相当于给计数器下降沿脉冲），看三位数码管能否计数显示（不要求每次加一），若可以则说明计数译码显示功能正常。

第五步，系统功能联调。首先，将开关 S_1 置于接地位置，在触发计数的预设距离（比如 20 cm）上，调节放大电路增益（调 R_{P1}），使得迟滞比较器的输出能从低电平跳变为高电平，LED 能被点亮，计数器计数加一。其次，适当调节 R_{P2}，使得反射距离增加一段（比如增加至 40 cm）后，LED 熄灭，计数器并不计数。然后，将开关 S_1 置于门控电路输入位置，按下 S_2，变换反射距离，观察 LED 的亮灭和数码管的计数显示。此过程中，需要反复微调 R_{P1} ～R_{P3} 才能达到比较理想的效果。

装配调试过程中常见的故障主要有：电容极性接反导致红外发射电路不工作或器件烧毁；红外接收二极管极性接错导致无法接收到红外脉冲；运放输入端虚焊、漏焊引起输出始终处于饱和状态，无法实现红外光电信号的放大，整流滤波的输出始终维持恒定；迟滞比较器的门限调节不当，导致输出变为高电平后始终无法跳回低电平，或输出端电位出现明显的线性变化；数字电路部分片选三极管电极错焊导致数码管不亮；显示电路虚焊、漏焊导致数码管亮度不一或个别字段始终不亮等问题。对于存在的问题，可对照电路原理和调试指导，测量相关节点电位后分析原因，逐项进行排查。最终，经过调试之后的多功能运动计数器如图 5.10.14 所示。

(a) 正面　　　　　　　　　　　　(b) 背面

图 5.10.14　多功能运动计数器实物照片

经测试，该项目所制作的多功能运动计数器，结构紧凑、反应灵敏、抗干扰能力强，可在 10～60 cm 距离上实现良好的计数功能，最大计数 999；同时具有定时计数和不定时计数功能，定时计数可在 25～65 s 范围内进行调节，对于俯卧撑、引体向上、仰卧起坐等运用项目计数，具有良好的应用价值。具体功能如表 5.10.2 所示。

表 5.10.2　多功能运动计数器功能说明

器件	功　能	说　明
S_1	定时/不定时计数选择	最大计数 999。S_1 置于接地为不定时计数
S_2	定时计数启动	S_1 置于接地，按 S_2 时可启动定时计数
S_3	计数显示清零	数码管显示清零
R_{P1}	增益调节	触发计数预设距离设定，10～60 cm 可调
R_{P2}/R_{P3}	门限调节	上下限门限调节，对应计数反应的灵敏度
R_{P4}	计数时常调节	25～65 s 范围内可调

五、功能拓展

该项目适当调整放大电路增益，还可实现集会等场合的人流量计数、红外心率计数等功能，具有良好的可移植性和可拓展性。

5.11　三极管检测电路

一、电路结构

该项目属于中等难度的"运放应用类"实验项目，侧重对基本电路的理解、设计与优化。本项目设计目标是：设计一个三极管检测电路，完成常见三极管电极和类型的判断。基本实现思路是：插入三极管时根据三极管结构特征判断三极管各电极类型（发射极 E、集电极 C 或基极 B），在完成电极判断的基础上进一步判断三极管的类型（NPN 型或 PNP 型）。三极管检测电路的系统框图如图 5.11.1 所示。依据三极管特征，使用特征提取模块完成三极管电极和类型等特征的提取；根据已提取特征，使用特征判断模块对三极管的电极和类型进行判断；使用运放作为电平控制模块，该模块为整个检测电路提供所需电平；使用 LED 指示灯作为显示模块，以便指示判断结果；5～12 V 直流电源为整个电路供电。

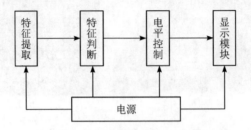

图 5.11.1　三极管检测电路系统框图

具体实现电路如图 5.11.2 所示，根据三极管原理预先提取三极管电极和类型特征，将特征预置在特征判断模块中，特征判断模块设置 4 个判断位，分别预置为发射极 E、基极 B、集电极 C、发射极 E，插入三极管时判断三极管电极和预置信息是否一致，判断结果由 LED 显示。电极判断完成后，按照电极顺序插入，判断三极管类型。判断结果由 LED 显示。

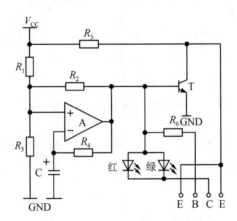

图 5.11.2　晶体管检测电路

二、原理分析

1. 特征提取模块

三极管分为 NPN 型和 PNP 型两种类型，结构如图 5.11.3 所示，三极管有两个 PN 结即发射结和集电结，因此三极管从结构上可以看作两个串联的 PN 结。

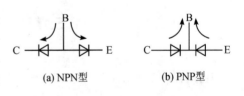

图 5.11.3　三极管结构

三极管的电极排列顺序有 6 种：EBC、ECB、BCE、BEC、CBE、CEB。其中 EBC、ECB、BCE 3 种类型较为常见，在工程中使用也较为广泛，因此本节以常见三极管为例提取特征，后续改进电路扩展到不常见三极管。

EBC、ECB、BCE 三极管的结构分别如图 5.11.4 所示，假设三极管引脚从左至右分别编号为 1、2、3，则三极管具备以下特征：EBC 型三极管有两个 PN 结，分别位于 1、2 引脚

和 2、3 引脚之间；ECB 型三极管有一个 PN 结，位于 2、3 引脚之间；BCE 型三极管有一个
PN 结，位于 1、2 引脚之间。

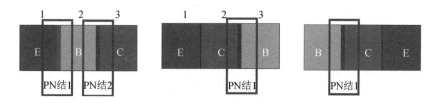

图 5.11.4　三极管结构

2. 特征判断模块

根据以上分析，三极管电极排列顺序不同，PN 结的数量和位置不同，因此可以根据
PN 结的特性判断三极管引脚顺序。PN 结最基本的特性是单向导电性（正向导通、反向截
止），可采取图 5.11.5(a)所示电路进行判断。分别按顺序将三极管的两只引脚插入判断区，
任意指示灯亮说明引脚之间存在 PN 结，不亮则说明引脚之间不存在 PN 结。

在电极判断电路基础上继续扩展电路，引入新支路，则电极判断电路就变成了类型判
断电路，如图 5.11.5(b)所示，在判断区插入三极管后，根据不同指示灯的状态，可以判断
出三极管类型（NPN 型或 PNP 型）。

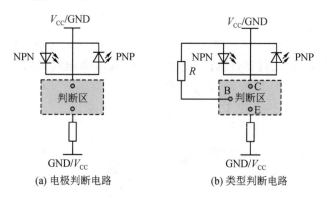

(a) 电极判断电路　　　　　　　(b) 类型判断电路

图 5.11.5　特征判断电路

3. 电平控制模块

根据特征判断模块的分析，引脚判断电路和类型判断电路都需要一个在高低电平之间
不断切换的电源，电源特征符合矩形波特征，因此可结合迟滞比较器特性设计一个矩形波
发生电路。迟滞比较器有两个门限 V_{T-}、V_{T+}，具体表达式如下：

$$V_{T-} = \frac{R_3 V_{REF} - R_2 V_o}{R_2 + R_3}, \quad V_{T+} = \frac{R_3 V_{REF} + R_2 V_o}{R_2 + R_3}$$

进一步可以画出迟滞比较器的传输特性曲线，如图
5.11.6 所示，当输入电压逐渐升高超过上门限 V_{T+} 时，输
出电压由高到低跳变为 0 V；当输入电压逐渐减小低于下
门限 V_{T-} 时，输出电压由 0 跳变为 V_{oH}。

使用迟滞比较器并结合一阶 RC 电路充放电特性搭
建矩形波发生电路，如图 5.11.7 所示。当运放输出为高

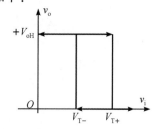

图 5.11.6　迟滞比较器传输特性

电平时，电容被充电，反相输入端电位逐渐抬升，直至达到上门限 V_{T+}，运放输出跳变为低电平，致使电容电压高于运放输出电压，电容启动放电，反相输入端电位逐渐降低，直至达到下门限 V_{T-}，运放输出再次跳变为高电平，由此得到矩形波。

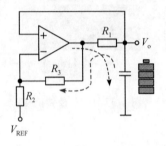

图 5.11.7　矩形波发生电路

4. 显示模块

电极和类型的判断结果通过两种不同颜色的 LED 进行显示。

5. 电源模块

$5\sim12$ V 直流电源为电路供电，本电路使用 9 V 电池供电。

三、仿真验证

在完成电路结构设计和原理分析之后，可以利用 Multisim 等软件搭建仿真电路，对其功能进行验证，同时辅助进行器件选择。具体 Multisim 仿真电路如图 5.11.8 所示，利用示波器观测到的矩形波的波形如图 5.11.9 所示。

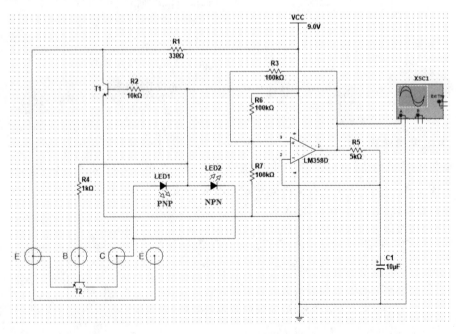

图 5.11.8　三极管检测电路的仿真电路

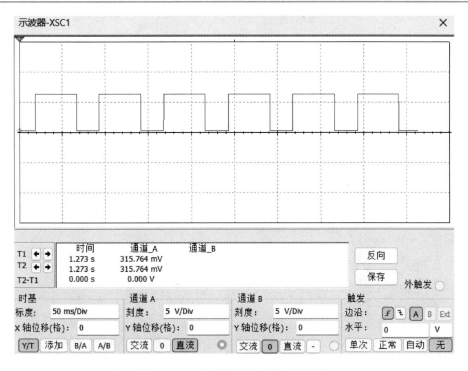

图 5.11.9 矩形波发生电路仿真结果

插入三极管后若 LED2 亮起代表三极管为 NPN 型，如图 5.11.10 所示；插入三极管后若 LED1 亮起代表三极管为 PNP 型，如图 5.11.11 所示。

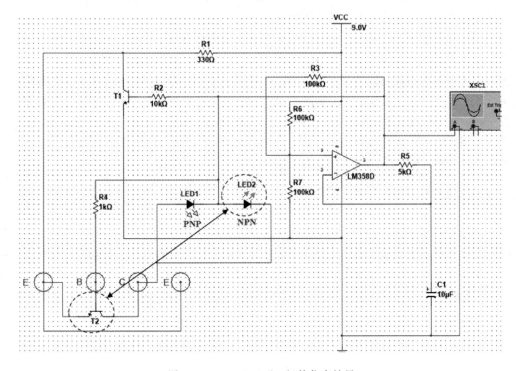

图 5.11.10 NPN 型三极管仿真结果

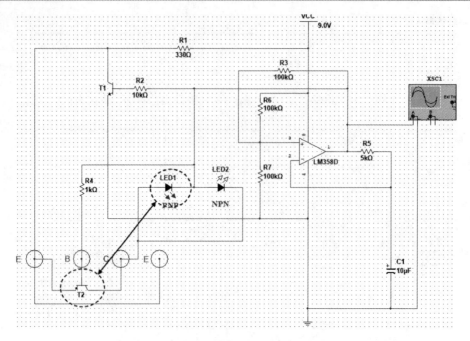

图 5.11.11　PNP 型三极管仿真结果

四、调试实现

在完成仿真验证之后，需要进一步完成实物的焊接、调试与验证。由于本电路需要使用电压比较器，在低频场景下，可利用集成运放工作于非线性时的特性实现电压比较器的功能，因此选用通用型集成运放，如 LM358、LM324、TL082、OP07 等实验室常见运放。三极管则选用典型小功率管，如 8050、9013 等。

器件焊接完毕后就可以进行电路调试了。具体的过程是：先利用三用表检查电路连接关系，确定无误后再加电，测量运放同相端、反相端及输出端的电位，判断其与理论设计值是否一致，若不一致，进一步确定存在的故障。常见的故障主要包括运放与电路不共地、三极管或 LED 电极接错、运放引脚漏接等。当排除故障、实现电路功能后，可插入三极管进行测试，通过指示灯判断晶体管的电极和类型。

五、功能拓展

在实现基本功能的基础上，可考虑电路的升级完善和功能拓展，比如：将常见三极管电极和类型的检测扩展到不常见三极管（见原理分析），以实现所有三极管电极和类型的检测；将当前检测电路分步完成三极管的判断，扩展为单次测试便可完成三极管电极和类型的判断；当前电路针对三极管电极和类型判断，主要依靠三极管内的 PN 结，二极管内部同样具有 PN 结，因此该检测电路可以扩展为晶体管（二极管、三极管）检测电路。

参 考 文 献

[1] 康华光. 电子技术基础：模拟部分[M]. 7 版. 北京：高等教育出版社，2022.

[2] 王立志. 模拟电子技术基础[M]. 北京：高等教育出版社，2018.

[3] 杨素行. 模拟电子技术基础简明教程[M]. 4 版 北京：高等教育出版社，2022.

[4] 李佳. 电子技术实验指导[M]. 西安：西安电子科技大学出版社，2019.

[5] 黄虎. 电子系统设计：专题篇[M]. 北京：北京航空航天大学出版社，2009.

[6] 郑宽磊. 模拟电子技术实验与课程设计[M]. 北京：电子工业出版社，2023.

[7] 高吉祥. 模拟电子线路与电源设计[M]. 北京：电子工业出版社，2019.